普通高等教育"十一五"国家级规划教材

辽宁省"十二五"普通高等教育本科省级规划教材

辽宁省优秀教材

粉体力学与工程

（第三版）

Powder Mechanics and Engineering

谢洪勇　刘志军　刘凤霞　编著

化学工业出版社

·北京·

内容简介

本书介绍粉体力学的基础理论及其在粉体操作单元中的应用，主要包括颗粒物性、粉体物性、粉体静力学、粉体动力学、料仓设计、气-固两相系统、粒体数值模拟、造粒、粉碎、混合等方面的内容。本书可供过程装备与控制工程的本科生或研究生作为教材使用，亦可作为相关工程技术人员的参考书。

图书在版编目（CIP）数据

粉体力学与工程/谢洪勇，刘志军，刘凤霞编著.
—3 版.—北京：化学工业出版社，2020.6（2024.1重印）
普通高等教育"十一五"国家级规划教材
ISBN 978-7-122-36572-9

Ⅰ.①粉…　Ⅱ.①谢…　②刘…　③刘…　Ⅲ.①粉体-力学-
高等学校-教材②粉末法-高等学校-教材　Ⅳ.①TB44

中国版本图书馆 CIP 数据核字（2020）第 052713 号

责任编辑：丁文璇　程树珍　　　　　　　　装帧设计：张　辉
责任校对：宋　玮

出版发行：化学工业出版社（北京市东城区青年湖南街 13 号　邮政编码 100011）
印　　装：北京科印技术咨询服务有限公司数码印刷分部
787mm×1092mm　1/16　印张 16¾　字数 403 千字　　2024 年 1 月北京第 3 版第 2 次印刷

购书咨询：010-64518888　　　　　　　　售后服务：010-64518899
网　　址：http://www.cip.com.cn
凡购买本书，如有缺损质量问题，本社销售中心负责调换。

定　价：55.00 元　　　　　　　　　　　　　　　　版权所有　违者必究

第一版
序

按照国际标准化组织（ISO）的认定，社会经济过程中的全部产品通常分为四类，即硬件产品（hardware）、软件产品（software）、流程性材料产品（processed material）以及服务产品（service）。在21世纪初，我国和世界上各主要发达国家都已经把"先进制造技术"列为自己国家优先发展的战略性高技术之一。通常，先进制造技术主要是指硬件产品的先进制造技术和流程性材料产品的先进制造技术。所谓"流程性材料"，则是指以流体（气、液、粉粒体等）形态为主的材料。

过程工业是加工制造流程性材料产品的现代国民经济的支柱产业之一。成套过程装置则是组成过程工业的工作机群，它通常是由一系列的过程机器和过程设备，按一定的流程方式，用管道、阀门等连接起来的一个独立的密闭连续系统，再配以必要的控制仪表和设备，即能平稳连续地使以流体为主的各种流程性材料，在装置内部经历必要的物理化学过程，制造出人们需要的新的流程性材料产品。单元过程设备（如塔、换热器、反应器与贮罐等）与单元过程机器（如压缩机、泵与分离机等）二者统称为过程装备。为此，有关涉及流程性材料产品先进制造技术的主要研究发展领域应该包括以下几个方面：①过程原理与技术的创新；②成套装置流程技术的创新；③过程设备与过程机器——过程装备技术的创新；④过程控制技术的创新。持续推进这些技术的创新，就有可能把过程工业需要实现的最佳技术经济指标——高效、节能、清洁和安全不断推向新的技术水平，以确保该产业在国际上的竞争实力。

过程装备技术的创新，其关键首先应着重于装备内件技术的创新，而其内件技术的创新又与过程原理和技术的创新以及成套装置工艺流程技术的创新密不可分，它们互为依托，相辅相成。这一切也是流程性产品先进制造技术与一般硬件产品的先进制造技术的重大区别所在。另外，这两类不同的先进制造技术的理论基础也有着重大的区别，前者的理论基础主要是化学、固体力学、流体力学、热力学、机械学、化学工程与工艺学、电工电子学和信息技术科学等，而后者则主要侧重于固体力学、材料与加工学、机械机构学、电工电子学和信息技术科学等。

"过程装备与控制工程"本科专业在新世纪的根本任务是为国民经济培养大批优秀的能够掌握流程性材料产品先进制造技术的高级专业人才。

四年多来，教学指导委员会以邓小平同志提出的"教育要面向现代化，面向世界，面向未来"的思想为指针，在广泛调查研讨的基础上，分析了国内外化工类与机械类高等教育的现状、存在问题和未来的发展，向教育部提出了把原"化工设备与机械"本科专业改造建设为"过程装备与控制工程"本科专业的总体设想和专业发展规划建议书，于1998年3月获得教育部的正式批准，建立了"过程装备与控制工程"本科专业。以此为契机，教学指导委员会制定了"高等教育面向21世纪'过程装备与控制工程'本科专业建设与人才培养的总体思路"，要求各院校从转变传统教育思想出发，拓宽专业范围，以培养学生素质、知识与能力为目标，以发展先进制造技术作为本专业改革发展的出发点，重组课程体系，在加强通用基础理论与实践环节教学的同时，强化专业技术基础理论的教学，削减专业课程的分量，淡化专业技术教学，从而较大幅度地减少总的授课时数，以加强学生自学、自由探讨和发展的空间，并有利于逐步树立本科学生勇于思考与创新的精神。

高质量的教材是培养高素质人才的重要基础，因此组织编写面向21世纪的迫切需要的核心课程教材，是专业建设的重要内容。同时，为了进一步拓宽高年级本科学生和研究生的专业知识面，进一步加强理论与实际的联系，进而增强解决工程实际问题能力，我们又组织编写了这套"过程装备与控制工程"的专业丛书，以帮助学生能有机会更深入地了解专业技术领域的理论研究与技术发展的现状和趋势，力求使高校的课堂教学与社会工程实践能够更好地衔接起来。

这套丛书，既可作为选修课教材，也可作为毕业设计环节的教学参考书，还可供广大工程技术人员作为工程设计理论分析与实践的有力助手。

"过程装备与控制工程"本科专业的建设将是一项长期的任务，以上所列工作只是一个开端。尽管我们在这套丛书中，力求在内容和体系上能够体现创新，注重拓宽基础，强调能力培养。但是，由于我们目前对于教学改革的研究深度和认识水平都很有限，在这套丛书中必然会有许多不妥之处。为此，恳请广大读者予以批评和指正。

全国高等学校化工类及相关专业教学指导委员会

副主任委员兼化工装备教学指导组组长

大连理工大学　博士生导师

丁信伟　教授

2001年10月于大连

前 言

本书第二版于 2007 年出版。

日常生活中，几乎人们使用的所有日用品的加工和制备都与粉体加工技术及设备密切相关。近十年来，粉体和散装固体加工、处理和分析技术领域取得了重要进展，粉体加工技术和装备的创新发展越来越多地应用于化工、制药、食品、陶瓷、玻璃、环境保护、资源回收、非金属矿（采矿及加工）等许多重要领域的生产中。

粉体力学的基本理论以及粉体工程相关机械设备的构造、工作原理与性能对粉体加工、制备的新技术、新工艺、新装备的研发设计至关重要，其理论基础和技术原理涉及复杂的科学问题和工程问题，对过程装备与控制工程、化学工程、机械工程、材料科学与工程等专业的学生以及从事相关工作的技术人员来说，都是非常重要的。因此，根据近年来粉体力学与工程学科的新理论和新技术成果，我们对本书进行了修订。除对粉体物性一章进行补充外，还增加了料仓设计理论和方法的相关内容。

参加本书第三版修订工作的有 谢洪勇 、刘志军、刘凤霞。

本书在修订过程中，部分采用了大连理工大学流体与粉体工程研究设计所的研究成果和实验数据，大连理工大学教务处对本书的编写和出版给予了大力支持，在此一并表示感谢。

由于粉体力学的理论体系较为复杂，粉体工程的技术装备发展比较迅速，加之编著者的经历与水平有限，不妥之处在所难免，敬请读者提出宝贵意见。

编著者
2020 年 3 月

第一版 前言

粉体力学与工程又称颗粒学,是一门新兴的综合性技术科学。由于其跨学科、跨技术的交叉性和基础理论的概括性,因此它既与若干基础科学相毗邻,又与工程应用广泛联系。20世纪40年代有了颗粒学的第一部专著《Micromeritics》。由于石油化工、能源和矿山技术的发展,颗粒学在二十世纪六七十年代得到了迅速的发展,在世界各地出版了各种版本的颗粒学专著。这些颗粒学专著对粉体工程理论与应用的发展起到了很大的推动作用。

20世纪80年代以来,随着微米和超细颗粒材料制备与应用技术的发展,由于微米和超细颗粒的行为与颗粒的行为差异很大,微米和超细颗粒成为颗粒学热门研究课题。自20世纪90年代以来,纳米材料制备与应用技术的发展赋予了颗粒学新的生命,从原子和分子的微观尺度来表征颗粒的性能,从原子和分子的微观尺度和纳米尺度来研究颗粒的行为,使颗粒学成为一门多学科交叉的尖端学科。

粉体同人类的生活和生产活动有着极其广泛的联系并具有重要的作用。在自然界中,粉体是常见的一种物质存在形式,如河沙、粉尘等。在日常生活中,粉体是不可缺少的生活用品,如食盐、米、面粉、洗衣粉等。在工业中,粉体有着更重要的位置;如在食品、医药、电子、冶金、矿山、能源等工业中,粉体不仅是重要的原料,也是重要的产品。特别是化学工业,约60%的产品是粉体;如果加上粉体悬浮在液体的产品,粉体和含粉体的产品可达80%;考虑粉体原料和中间产物,在化学工业中粉体的处理量可达粉体产品的3~4倍。

由于粉体在工业中有着重要的地位,对国民经济的发展也有举足轻重的作用。美国各工业粉体的销售额示于图0-1。由图0-1可见,粉体的销售总额约为1万亿美元,占美国国民生产总值的15%,可见粉体在国民经济中的重要性。其中,化学工业粉体产品的销售额约为3020亿美元,为粉体销售总额的30.2%;其次是食品和饮料工业的粉体销售额,约为2680亿美元,为粉体销售总额的26.8%。

虽然粉体的操作单元可追溯到19世纪或更早,但是直到20世纪50年代,Rumpf教授首次在德国Karlsruhe大学化工机械系开展了粉体工程的教学活动,对粉体工程学科的发展起到了推动作用。20世纪60年代Williams博士在英国Bradford大学化学工程系建立了粉体技术研究生院(Graduate School of Post-graduate Studies in Powder Technology),从事本科生及研究生的教学及科研活动,以及对企业技术人员的培训工作,并创办了《粉体技术

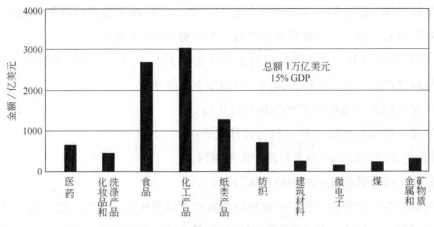

图 0-1　美国各工业粉体的销售额

（Powder Technology）》杂志。目前，世界各国对粉体工程都有不同程度的教学与科研活动。如德国现有 13 所大学、日本有 24 所大学从事粉体工程的教学与科研活动。美国自然科学基金（NSF）在 1994～1995 年间扶持了 50 所大学从事粉体工程的教学与科研活动。

　　随着粉体工程教学和科研活动的开展，一些国际组织也应运而生。20 世纪 70 年代由 20 多家跨国公司集资成立了"国际细粉学会"（International Fine Particle Research Institute）。该学会每年出资设立 30 个项目用于解决与粉体有关的生产问题及产品开发研究，现已发展为约 40 家成员公司。20 世纪 90 年代起美国化学工程师学会每 4 年举办一次的"颗粒技术论坛"，对粉体工程的科研及教学的发展很有影响。于 1990 年召开的"显微隧道扫描技术国际会议"预示着纳米技术的诞生，每两年一次的"纳米技术国际会议"已举办了 6 次。20 世纪 80 年代在中科院过程工程研究所（原化冶所）郭慕孙院士的建议下成立了"中国颗粒学会"，对促进粉体工程学科在我国的发展起到了积极的推动作用。

　　随着粉体工程学科的不断发展，各国对粉体工程的投资强度也在增加。1985 年英国科委（SERC）设立了颗粒技术专项基金（Specially Promoted Programme in Particles Technology），用于支持高校在粉体工程领域的科研及教学活动。1991 年美国杜邦公司（DuPont）和陶氏化学公司（Dow Chemicals）共投资 24 亿美元用于建立"颗粒技术中心"。这一投资强度相当于当年美国化学工业 R&D（非军事）总经费的一半，10 倍于联邦政府给高校化学和化工（非军事）的研究经费。在 1994～1995 年期间，美国自然科学基金（NFS）出资扶持了 50 所大学从事粉体工程的教学和科研活动。近年来随着纳米技术的发展，世界各国均制定了相应的研究与发展计划。1990 年，中国制定了为期 10 年的"纳米科学攀登计划"。1995 年，日本政府已将纳米技术列为应开发的 4 大基础科学技术项目之一。2000 年，美国制定了"国家纳米技术规划"，计划在 5 年间投资 10 亿美元用于资助纳米基础研究。

　　由于粉体工程涉及众多的工业领域，粉体涉及广泛的操作单元，可粗略地概括为粉体的储存、输送、混合、分离、制粉、造粒、流态化等操作单元。这些操作单元涉及了工程、力学、物理、化学、材料等学科的基础理论和技术，所以粉体工程学科是一门多学科交叉的综合学科。虽然粉体工程学科已有近半个世纪的历史，但粉体工程学科的基础理论还很不完善，粉体操作单元的设计仍主要依赖于经验或半经验半理论的结果。

20 世纪 80 年代美国一家咨询公司对美国和加拿大在 20 世纪 80 年代建立的 37 家与粉体有关（原料或产品）的工厂作了调研，得到如下的结论：

① 2/3 工厂的运行负荷小于 90％的设计负荷；

② 1/3 工厂的运行负荷小于 60％的设计负荷；

③ 20 世纪 80 年代与 60 年代的设计水平相当。

可见粉体工程学科仍处于早期的发展阶段。

本书的宗旨是介绍粉体工程的基础理论及其在粉体操作单元中的应用。第 1 章为颗粒物性，着重介绍颗粒的尺寸、颗粒的球形度及其测量方法、颗粒间的作用力及颗粒的团聚性、颗粒的阻力系数与沉降速度。第 2 章为粉体物性，着重介绍粉体的库仑定律、Molerus 粉体分类、粉体的流动性。第 3 章为粉体静力学，着重介绍粉体应力分析方法和 Rankin 应力状态。第 4 章为粉体动力学，着重介绍粉体流动的 Jenike 塑性理论和塑黏性流体模型。第 5 章为气-固两相系统，着重介绍 Reh 气-固两相接触操作图、Geldart 流态化颗粒分类、颗粒反应动力学及流化床反应器模拟。第 6 章为造粒，着重介绍火焰 CVD 法制备纳米陶瓷颗粒材料及过程模拟及喷雾干燥造粒技术，简单介绍机械化学法制备纳米材料技术。第 7 章为粉碎，简单介绍颗粒的强度和 Bond 粉碎功定律及其应用。第 8 章为混合，简单介绍混合操作的过程与设备。

本书的部分内容是在教育部回国人员科研启动费、辽宁省自然科学基金、大连理工大学人才基金和大连理工大学材料学科基金资助下完成的，作者在此表示衷心的谢意。本书的很多内容均采用马丽霞、张州波、陈淑花、张大为、张华丽、王达望等同学的研究工作，在此向他们表示衷心的感谢。本书说明图和工艺图的制作得到了李铭老师的大力帮助，在此表示诚挚的谢意。由于粉体工程涉及面很广，加之著者的经历与水平有限，在取材上的疏漏和编写上的错误在所难免，敬请读者提出宝贵意见。

编著者
2002 年 10 月

第二版
前言

本书第一版于 2003 年出版。

为了使学生更好地理解和掌握本书的基本内容，本版在修订中增加了相应的例题和习题。根据粉体力学与工程国内外近几年的发展及编著者近几年在粉体力学与工程领域所取得的科研成果，本版增加了粉粒体数值模拟一章，由刘志军编写。并在第 5 章气-固两相系统中，增加了流化床气泡与密相、气泡相与密相传质实验与理论的研究成果。在第 7 章造粒中，增加了火焰 CVD 法制备纳米含碳 TiO_2，火焰 CVD 法制备纳米/超细颗粒材料过程的动力理论及工艺过程的计算与分析方法及机械化学制备亚微米 B_4C 的研究成果。在第 8 章粉碎中，增加了研磨过程动力学及研磨过程分析计算方法的研究成果。

参加本书第二版编写及修订工作的有谢洪勇、刘志军。

本书在编写及修订过程中，采用了大连理工大学流体与粉体工程研究所的马丽霞、张州波、陈淑花、张大为、张华丽、王达望、张薇、宋春林、郝晓梅、邓丰等同学的研究数据和结论，再次表示感谢。

许晓飞、赵亚、杨凌等对本书的部分文字和图表加工做了许多工作，在此深表谢意。

大连理工大学教务处对本书的编写和出版给予了大力支持，在此表示感谢。

由于粉体工程涉及面很广，加之著者的经历与水平有限，在取材上的疏漏及编写上的不妥在所难免，敬请读者提出宝贵意见。

编著者
2007 年 6 月

目 录

3　粉体静力学

4 粉体动力学

5 料仓设计

6 气-固两相系统

1 颗粒物性

粉体是由许多小颗粒物质组成的集合体，颗粒是构成粉体的最小单元，颗粒的性质决定了粉体的性质。粉体在加工、处理、使用等方面表现出了独特的性质，尽管在物理学上没有明确界定，还是有一种观点认为"粉体"是物质存在状态的第四种形态（流体和固体之间的过渡状态）。粉体的构成应该满足以下三个条件：

ⅰ.微观的基本单元是小固体颗粒；

ⅱ.宏观上是大量的颗粒的集合体；

ⅲ.颗粒之间有相互作用。

工程研究的粉体颗粒尺度和结构的量变，必将带来粉体宏观特性的质变。本章介绍颗粒的尺寸、形状、受力等特点。

1.1 颗粒的尺寸与尺寸分布

1.1.1 颗粒尺寸

对于球形颗粒，其尺寸就是它的直径。但对于非球形颗粒，其尺寸则取决于尺寸的定义。尺寸的定义有很多，常用的有如下 4 种。

（1）筛分尺寸 d_P

d_P 是由筛分所测得的颗粒尺寸。筛分法是粉体粒径分析最常用的方法之一，该方法是用带孔的筛子把粒度大小不同的混合物料分成各种不同的粒度级别。当颗粒通过粗筛网并停留在细筛网上时，粗细筛孔的孔径范围称为筛分径。例如：粉末的粒径为 45～60 目表示该粉末可通过 45 目粗筛网，而停留在 60 目筛网上。GB/T 21524—2008 和 GB/T 6005—2008 分别对无机化工产品中的粒度测定和试验筛做出了规定。

（2）球当量直径

以球体的某个物理量为基准，将非球形颗粒按该物理量折算成球，这个球的直径即为球当量直径，常用的有等体积球当量直径 d_V、等表面积球当量直径 d_S、等比表面积球当量直径 d_{SV} 等。

① 等体积球当量直径 d_V　定义为非球形颗粒折成等体积球的直径

$$d_V = \left(\frac{6V}{\pi}\right)^{\frac{1}{3}} \tag{1-1}$$

式中 V——颗粒的体积。

库尔特计数器和激光粒度仪所测的尺寸为等体积球当量直径。

② 等表面积球当量直径 d_S 定义为非球形颗粒折成等表面积球的直径

$$d_S = \sqrt{\frac{S}{\pi}} \tag{1-2}$$

式中 S——颗粒的表面积,对于无孔颗粒,可由颗粒的比表面积求得。

$$d_S = \sqrt{\frac{\sigma \rho_P d_V^3}{6}} \tag{1-3}$$

式中 σ——颗粒的比表面积;

ρ_P——颗粒的密度。

式(1-3) 通常近似为

$$d_S = \frac{6}{\sigma \rho_P} \tag{1-4}$$

③ 等比表面积球当量直径 d_{SV} 定义为非球形颗粒折成等体积与表面积之比球的直径。

根据定义 d_{SV} 为

$$d_{SV} = \frac{d_V^3}{d_S^2} \tag{1-5}$$

（3）Stokes 尺寸 d_{St}

Stokes 尺寸定义为等沉降速度球的直径,根据 Stokes 定律

$$d_{St} = \sqrt{\frac{18\mu u_t}{(\rho_P - \rho_f)g}} \tag{1-6}$$

式中 μ、ρ_f——分别为沉降介质的黏性系数和密度;

u_t——颗粒的自由沉降速度;

g——重力加速度。

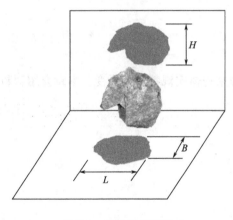

图 1-1　三轴径示意图

由沉降法测的尺寸为 Stokes 尺寸。

（4）三轴径

利用外接长方体的长 L、宽 B、高 H 定义的颗粒尺寸称为三轴径,如图 1-1 所示。常用的三轴径表示方式见表 1-1。

表 1-1　常用三轴径表示方式

名称	计算式	意义
二轴平均径	$(L+B)/2$	显微镜下出现的颗粒基本大小的投影
三轴平均径	$(L+B+H)/3$	算术平均
三轴调和平均径	$3/(L^{-1}+B^{-1}+H^{-1})$	与颗粒的比表面积相关联

名称	计算式	意义
二轴几何平均径	$(LB)^{-1/2}$	接近于颗粒投影面积的度量
三轴几何平均径	$(LBH)^{-1/3}$	假想的等体积的正方体的边长
	$[2(LB+LH+LBH)/6]^{-1/2}$	假想的等表面积的正方体的边长

1.1.2　颗粒的尺寸分布

通常，粉体由不同尺寸的颗粒组成，即颗粒有尺寸分布。颗粒尺寸分布有表格表达法和作图表达法。表 1-2 为某一粉体颗粒尺寸的分布数据，表中给出了 12 个尺寸区间 dx、每一区间的平均尺寸 x、每一区间的颗粒数 dN 和颗粒百分数 $d\phi$、单位尺寸区间的颗粒百分数 $d\phi/dx$、单位对数尺寸区间的颗粒百分数 $d\phi/dlgx$。可以看出绝大多数颗粒的尺寸在 $4.8 \sim 27.2\mu m$ 之间，并有如下的关系式

$$N = \sum dN = 1000 \tag{1-7}$$

$$d\phi = 100\frac{dN}{N} \tag{1-8}$$

$$\sum d\phi = 100 \tag{1-9}$$

表 1-2　某粉体颗粒尺寸的分布数据

$x_1 \sim x_2/\mu m$	$dx/\mu m$	$x/\mu m$	$dN/$个	$d\phi/\%$	$d\phi/dx$	$d\phi/dlgx$
1.4~2.0	0.6	1.7	1	0.1	0.2	1
2.0~2.8	0.8	2.4	4	0.4	0.5	3
2.8~4.0	1.2	3.4	22	2.2	1.8	15
4.0~5.6	1.6	4.8	69	6.9	4.3	46
5.6~8.0	2.4	6.8	134	13.4	5.6	89
8.0~11.2	3.2	9.6	249	24.9	7.8	167
11.2~16.0	4.8	13.6	259	25.9	5.4	173
16.0~22.4	6.4	19.2	160	16.0	2.5	107
22.4~32.0	9.6	27.2	73	7.3	0.8	49
32.0~44.8	12.8	38.4	21	2.1	0.2	14
44.8~64.0	19.2	54.4	6	0.6	0.0	4
64.0~89.6	25.6	76.8	2	0.2	—	1

尺寸分布图有尺寸频率分布图和积累尺寸分布图。表 1-2 粉体颗粒百分数的积累尺寸分布图示于图 1-2，该图的横坐标是颗粒尺寸，纵坐标是小于或大于某一尺寸的颗粒百分数 $d\phi$ 之和。从积累尺寸分布图可以容易地得到颗粒的中间尺寸 $d_{50\%}$，即颗粒百分数达到 50% 所对应的颗粒尺寸。但积累尺寸分布图不能直观地给出颗粒的尺寸分布特征。

表 1-2 粉体的颗粒数尺寸频率分布图如图 1-3 所示，其横坐标为颗粒尺寸，纵坐标为对应尺寸区间的颗粒数 dN。从图 1-3 可以清楚地看出该粉体的尺寸分布特征。尺寸频率分布

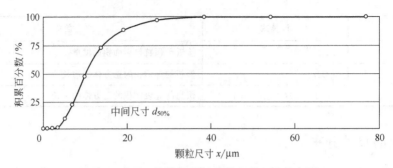

图 1-2　表 1-2 粉体颗粒百分数积累尺寸分布图

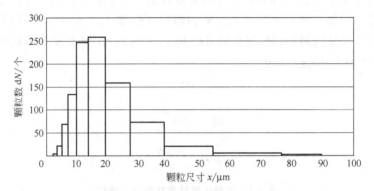

图 1-3　表 1-2 粉体的颗粒数尺寸频率分布图

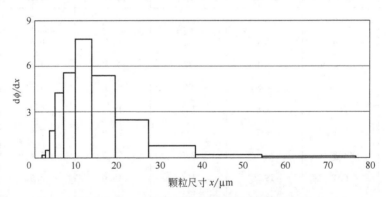

图 1-4　表 1-2 粉体的颗粒分数尺寸频率分布图

图的纵坐标可用单位尺寸区间的颗粒百分数 $\mathrm{d}\phi/\mathrm{d}x$ 表示，如图 1-4 所示。随着尺寸区间的减小，尺寸频率分布图可变为一条连续的曲线。此时尺寸频率分布可表示为

$$y = \frac{\mathrm{d}\phi}{\mathrm{d}x} = 100\,\frac{\mathrm{d}N}{N\,\mathrm{d}x} = f(x) \qquad (1\text{-}10)$$

和

$$\int_0^\infty y\,\mathrm{d}x = \int_0^\infty f(x)\,\mathrm{d}x = 100 \qquad (1\text{-}11)$$

　　式中 $f(x)$ 是尺寸分布函数或概率密度函数，常见的有正态分布、对数正态分布和 Rosin-Rammler 分布。气溶胶法、沉淀法制备而得的粉体更易呈现正态分布，正态分布的颗粒尺寸有统计规律的在某一常数附近摆动，呈钟形对称曲线（图 1-5），统计学上称为高斯曲线，其尺寸分布函数为

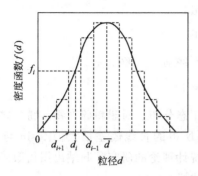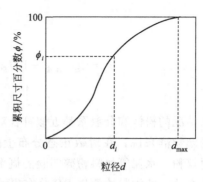

图 1-5 正态分布粉体的密度函数和累积尺寸分布

$$f(x) = \frac{1}{\sigma\sqrt{2\pi}}\exp\left[-\frac{(x-\overline{x})^2}{2\sigma^2}\right] \tag{1-12}$$

式中 $\overline{x}$ 是平均粒径
$$\overline{x} = \frac{\sum x\,\mathrm{d}\phi}{\sum \mathrm{d}\phi} \tag{1-13}$$

σ 是尺寸分布的标准偏差
$$\sigma = \sqrt{\sum_{i=1}^{n} f_i(x_i-\overline{x})^2} \tag{1-14}$$

定义相对标准差 $\alpha = \sigma/D$，则 α 越小，尺寸分布曲线越"瘦"，分布越窄。当 $\alpha = 0.2$ 时，有 68.3% 颗粒的粒度集中在 $\overline{d} \pm 0.2\overline{d}$ 这一狭小范围内。把 $\alpha \leqslant 0.2$ 的粉体近似称为单分散的体系，反之则称为多分散体系。因而标准偏差 σ 为

$$\sigma = d_{84.13} - d_{50} = d_{50} - d_{15.87} \tag{1-15}$$

式中 $d_{15.87}$, d_{50}, $d_{84.13}$——分别表示颗粒累积百分数为 15.87%、50% 和 84.13% 所对应的颗粒尺寸。

当颗粒尺寸范围较大时，尺寸频率分布图的纵坐标通常用单位对数尺寸区间的颗粒百分数 $\mathrm{d}\phi/\mathrm{dlg}x$ 表示，如图 1-6 所示。此时，尺寸分布函数采用对数正态分布函数

$$y = \frac{\mathrm{d}\phi}{\mathrm{dlg}x} = 100\frac{\mathrm{d}N}{N\mathrm{dlg}x} = \frac{1}{\sigma_z\sqrt{2\pi}}\exp\left[-\frac{(z-\overline{z})^2}{2\sigma_z^2}\right] \tag{1-16}$$

其中
$$z = \lg x \tag{1-17}$$

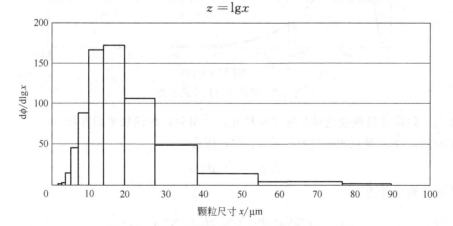

图 1-6 表 1-2 粉体的颗粒对数频率尺寸分布图

5

$$\overline{z} = \frac{\sum z \, \mathrm{d}\phi}{\sum \mathrm{d}\phi} \tag{1-18}$$

$$\sigma_z = \lg d_{84\%} - \lg d_{50\%} = \lg d_{50\%} - \lg d_{16\%} \tag{1-19}$$

且有
$$\int_{-\infty}^{\infty} y \, \mathrm{d}z = 1 \tag{1-20}$$

大多数情况的粉体和分散系都近似符合对数正态分布。对于粉碎产物、粉尘之类粒度分布范围广的颗粒群来说，在对数正态分布上作图所得的直线偏差很大。Rosin 与 Rammler 等人通过对煤粉、水泥等物料粉碎实验的概率和统计理论的研究，归纳出用指数函数表示粒度分布的关系式，此类粉体便用 RR 分布表示更贴切。

1.1.3 颗粒的平均尺寸

颗粒的平均尺寸是颗粒的一个重要特征尺寸，通常用于表征和区别不同颗粒的尺寸特征。常用的颗粒平均尺寸有三种，中间尺寸 $d_{50\%}$、最大频率尺寸和动量矩平均尺寸 $\overline{x}$。其中，中间尺寸 $d_{50\%}$ 是颗粒百分数达到 50% 所对应的颗粒尺寸，可从积累尺寸分布图获得。最大频率尺寸是频率尺寸分布图中颗粒频率峰值所对应的颗粒尺寸，如图 1-7 所示。在频率尺寸分布图中，动量矩平均尺寸 $\overline{x}$ 对纵坐标的动力矩等于所有颗粒尺寸区间对纵坐标动量矩之和，即

$$\overline{x} \sum \frac{\mathrm{d}\phi}{\mathrm{d}x} \delta x = \sum x \frac{\mathrm{d}\phi}{\mathrm{d}x} \delta x \tag{1-21}$$

式(1-21) 可简化为

$$\overline{x} = \frac{\sum x \, \mathrm{d}\phi}{\sum \mathrm{d}\phi} \tag{1-22}$$

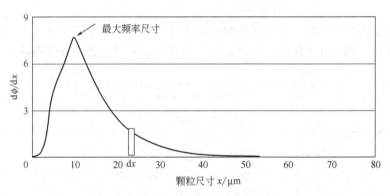

图 1-7　颗粒平均尺寸示意图

常用的颗粒平均尺寸是颗粒的动量矩平均尺寸，也叫颗粒的代数平均直径。

当颗粒的尺寸 x 是颗粒的体积尺寸 d_V 时，则有

$$N\overline{d}_V^3 = \sum d_V^3 \, \mathrm{d}N \tag{1-23}$$

颗粒的体积平均尺寸为

$$\overline{d}_V = \left(\sum d_V^3 \frac{\mathrm{d}N}{N} \right)^{\frac{1}{3}} = \left(\frac{1}{100} \sum d_V^3 \, \mathrm{d}\phi \right)^{\frac{1}{3}} \tag{1-24}$$

当已知颗粒的质量分数时，则有

$$dN = \frac{dm}{\frac{\pi}{6}\rho_P d_V^3}$$ (1-25)

和

$$N = \frac{1}{\frac{\pi}{6}\rho_P} \sum \frac{dm}{d_V^3}$$ (1-26)

把式(1-25)和式(1-26)代入式(1-24)得

$$\overline{d}_V = \left(\frac{\sum \dfrac{dm}{\frac{\pi}{6}\rho_P}}{\dfrac{1}{\frac{\pi}{6}\rho_P} \sum \dfrac{dm}{d_V^3}} \right)^{\frac{1}{3}} = \left(\frac{\sum dm}{\sum dm/d_V^3} \right)^{\frac{1}{3}} = \left(\frac{1}{\sum dm/d_V^3} \right)^{\frac{1}{3}}$$ (1-27)

式(1-27)也称为颗粒的几何平均尺寸。类似地，颗粒筛分尺寸的几何平均尺寸取为

$$\overline{d}_P = \frac{1}{\sum dm/d_P}$$ (1-28)

统计平均径也是描述粉体平均直径的常用方法，首先选定圆形为基本图形，找到与颗粒投影轮廓性质相同的圆，用圆的直径表示粒度，如定方向径（Feret 径）、定方向等分径（Martin径）、定向最大径、投影圆当量径（Heywood 径），然后，用某种统计的方法求得粉体的特定统计平均径，如图 1-8 所示。

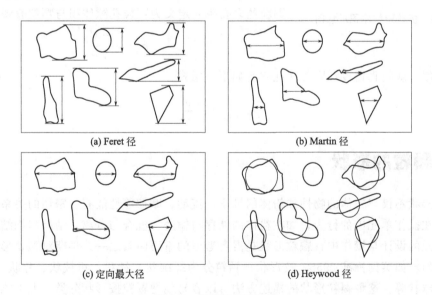

(a) Feret 径 (b) Martin 径

(c) 定向最大径 (d) Heywood 径

图 1-8　投影粒径的种类

1.1.4　尺寸分布宽度

平均尺寸可以表征颗粒尺寸的大小，但不能表征颗粒尺寸的分布特征。颗粒尺寸分布宽度 $\sigma/2d_{50\%}$ 定义为

$$\frac{\sigma}{2d_{50\%}} = \frac{d_{84\%} - d_{16\%}}{2d_{50\%}} \tag{1-29}$$

目前还没有评价颗粒尺寸分布特征的统一标准，常用颗粒尺寸分布宽度 $\sigma/2d_{50\%}$ 表征颗粒尺寸的分布特征，见表1-3。

表 1-3　颗粒尺寸分布宽度

$\sigma/2d_{50\%}$	<0.05	0.05~0.2	0.2~0.4	0.4~0.6	0.6~0.8	>0.8
尺寸分布宽度	很窄	窄	适中	宽	很宽	极宽

1.1.5　颗粒密度和多孔率

图1-9为一多孔颗粒的体积 V_P 和表观体积 V 的示意图。颗粒的表观体积为颗粒所占有的空间，颗粒的体积为颗粒的表观体积与颗粒内部孔隙体积之差。与之相应的颗粒密度有颗粒的动力密度（通常称为颗粒密度）和颗粒的真密度（颗粒的材料密度或简称为材料密度）。颗粒密度等于颗粒的质量除以颗粒的表观体积

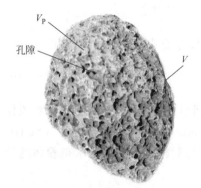

图 1-9　多孔颗粒体积示意图

$$\rho_P = \frac{M}{V} \tag{1-30}$$

颗粒的真密度为

$$\rho_{P,\ ABS} = \frac{M}{V_P} \tag{1-31}$$

颗粒的多孔率 e 定义为颗粒孔隙体积与颗粒表观体积之比

$$e = \frac{V - V_P}{V} \tag{1-32}$$

则颗粒密度、颗粒真密度和颗粒多孔率有如下关系式

$$\rho_{P,ABS} = \frac{\rho_P}{1 - e} \tag{1-33}$$

1.2　颗粒的形状

颗粒形状不仅与粉体的物性如粉体的堆积、流动、摩擦等性能有着密切的关系，还直接影响粉体在操作单元中的行为，如在粉体的储存与输送、混合与分离、结晶与烧结、流态化等操作单元的设计与操作中，颗粒形状是需要考虑的重要因素之一。早期对颗粒形状的描述多为定性的，如英国标准2955，按形状把颗粒分为纤维状、针状、树枝状、片状、多面体、卵石状、球状等。这种颗粒形状的描述方法可以容易地把颗粒按形状分类，但不能满足对颗粒形状定量表征的要求。上节介绍的几种非球形颗粒的尺寸只是颗粒的某一线性尺寸，还不能表征颗粒几何形状的全部信息。

表1-4列举了几种工业上常见颗粒形状的描述及要求，反映出颗粒的形状对粉体产品有很大的影响，涉及到粉体的比表面积、流动性、磁性、固着力、研磨特性、填充性、化学活性、涂料的覆盖能力、粉体层对流体的透过阻力、颗粒在流体中的运动阻力等性能指标和参数。

表 1-4　一些工业产品对颗粒形状的要求

产品种类	性质要求	颗粒形状要求	产品种类	性质要求	颗粒形状要求
涂料、墨水、化妆品	固着力、反光性	片状	洗涤剂和食品工业	流动性	球形
橡胶填料	增强性、耐磨性	非长方形	铸造型砂	强度、排气性	球形
塑料填料	冲击强度	长形	磨料	研磨性	多角状
炸药引爆物	稳定性	光滑球形			

　　颗粒的几何形状需要用数学语言描述，除特殊场合需要三种数据外，一般需要两种数据及其组合。描述颗粒形状的指标分为两种：表示各立体几何变量的关系的形状系数（shape factor）和表示颗粒大小的各种无因次组合的形状指数（shape index）。通常使用的数据包括三轴方向颗粒大小的代表值，二维图像投影的轮廓曲线、表面积和体积等立体几何数据。

　　下面介绍常见的 Heywood 颗粒形状定义、球形度和 Stokes 形状系数。

1.2.1　Heywood 形状系数

　　20 世纪 60 年代，Heywood 对颗粒的形状做了大量的统计研究工作。如图 1-10 所示，颗粒在水平面上摆放具有最大的稳定性，即重心最低。颗粒在三个互相垂直的方向上的外界长方体的长、宽、高分别为 L、B、H，在水平面上的投影面积为

$$A = \frac{\pi}{4} d_a^2 = \alpha_a BL \tag{1-34}$$

式中　d_a——等投影面积圆的直径，即 Heywood 直径；

　　　α_a——投影面积修正系数。

　　颗粒的体积则等于

$$V = \alpha_a BL p_r H = \alpha_{V,a} d_a^3 \tag{1-35}$$

式中　p_r——拟柱比；

　　　$\alpha_{V,a}$——体积修正系数。

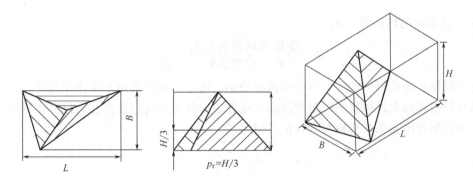

图 1-10　Heywoods 颗粒形状尺寸的定义

　　投影面积修正系数 α_a 和拟柱比 p_r 可由表 1-5 查得。结合式(1-34) 和式(1-35)，体积修正系数 $\alpha_{V,a}$ 可由下式计算

$$\alpha_{V,a} = \frac{\pi^{1.5}}{8} \frac{p_r}{\sqrt{\alpha_a}} \frac{H}{\sqrt{BL}} \qquad (1-36)$$

对颗粒的表面积，Heywood 用下式计算颗粒表面积修正系数 $\alpha_{S,a}$

$$\alpha_{S,a} = 1.5 + C\left(\alpha_{ea}\frac{H}{B}\right)^{\frac{4}{3}} \frac{LB}{L+B} \qquad (1-37)$$

式中的常数 C 和 α_{ea} 列于表 1-6。则颗粒的表面积为

$$S = \alpha_{S,a} d_a^2 \qquad (1-38)$$

表 1-5　投影面积修正系数 α_a 和拟柱比 p_r 值

颗 粒 形 状		α_a	p_r
不规则形状 （angular）	四面体	0.5～0.8	0.4～0.53
	拟柱体	0.5～0.9	0.53～0.90
准规则形状（sub-angular）		0.65～0.85	0.55～0.80
规则形状（rounded）		0.72～0.82	0.62～0.75

表 1-6　颗粒表面积修正系数 $\alpha_{S,a}$ 值

颗 粒 形 状		α_{ea}	C
标准几何形状	四面体	0.328	4.36
	立方体	0.696	2.55
	球体	0.524	1.86
不规则形状	四面体	0.38	3.3
	拟柱体	0.47	3.0
准规则形状		0.51	2.6
规则形状		0.54	2.1

1.2.2　颗粒的球形度

Wadell 定义的球形度 ψ 为

$$\psi = \frac{\text{等体积球的表面积}}{\text{颗粒的表面积}} = \frac{d_V^2}{d_S^2} \qquad (1-39)$$

由于同体积的几何形状中，球的表面积最小。所以，颗粒的球形度小于等于 1，且颗粒的形状与球偏离越大，颗粒的球形度越小。颗粒的球形度不仅能够描述颗粒形状与球的接近程度，而且能够得到非球形颗粒的其他几何尺寸

$$d_S = \frac{d_V}{\sqrt{\psi}} \qquad (1-40)$$

$$d_{SV} = \psi d_V \qquad (1-41)$$

及非球形颗粒的几何平均尺寸
$$\overline{d}_S = \sqrt{\frac{\sum m_i/d_V}{\psi \sum m_i/d_V^3}} \qquad (1-42)$$

$$\overline{d}_{SV} = \frac{\psi}{\left(\sum m_i/d_V^3\right)^{\frac{1}{3}}} \tag{1-43}$$

式中 m_i——颗粒尺寸区间的质量分数。

颗粒的球形度通常是由电镜或显微镜观测并与相近的几何形体相比来估算得到的。表1-7 给出了一些简单几何形体的球形度。表 1-8 给出了一些常见粉体的球形度，这些粉体的球形度的数值在不同资料里有些差别。

表 1-7　简单几何形状颗粒的球形度

颗 粒 形 状		球 形 度	颗 粒 形 状		球 形 度
球		1.0	正四面体		0.67
圆柱体	$H=d$	0.87	正八面体		0.83
	$H=2d$	0.83	长方体	1：2：2	0.77
	$H=4d$	0.73		1：2：4	0.68
圆盘	$H=d/2$	0.83		1：4：4	0.64
	$H=d/4$	0.69	椭球体	1：1：2	0.93
	$H=d/10$	0.58		1：1：4	0.78
长方体	1：1：1	0.81		1：2：2	0.92
	1：1：2	0.77		1：2：4	0.79
	1：1：4	0.68		1：4：4	0.70

表 1-8　一些常见粉体的球形度

粉 体	球 形 度	粉 体	球 形 度	粉 体	球 形 度
煤粉	0.75	水泥	0.57	碎玻璃	0.65
碎石	0.5~0.9	云母粉	0.28	糖	0.85
食盐	0.84	沙子	0.75~0.98	可可粉	0.61
钨粉	0.85	钾盐	0.70	铁催化剂	0.58
拉西填料	0.26~0.53	鲍尔填料	0.3~0.37	矩鞍形填料	0.14

1.2.3　Stokes 形状系数

在层流区，由 Stokes 定律可得球形颗粒的自由沉降速度 u_t 为

$$u_t = \frac{(\rho_P - \rho_f)gd^2}{18\mu} \tag{1-44}$$

式中 ρ_f、μ——分别为沉降介质的密度和黏性系数。

由于非球形颗粒的表面积大于同体积球的表面积，在层流区内非球形颗粒的流体阻力大于同体积球的流体阻力，所以非球形颗粒的自由沉降速度小于同体积球的自由沉降速度。

定义 Stokes 形状系数 K_V 为

$$K_V = \left(\frac{u_t}{u_{t,s}}\right)_V = \frac{18\mu u_t}{(\rho_P - \rho_f)gd_V^2} \tag{1-45}$$

式中，$u_{t,s}$ 是球形颗粒的自由沉降速度。下标 V 代表体积相同的球。颗粒的 Stokes 形状系数 K_V 可由沉降法测量。各种不同规则几何形状颗粒的球形度和 Stokes 形状系数如表1-9 所示。

11

表 1-9　不同规则几何形状颗粒的球形度和 Stokes 形状系数

颗　　粒	a/cm	b/cm	d_s/cm	d_V/cm	ψ	K_V
柱体, a 直径	0.070	0.270	0.1461	0.1257	0.7397	0.8421
柱体, a 直径	0.070	0.400	0.1754	0.1433	0.6740	0.7080
柱体, a 直径	0.070	0.490	0.1917	0.1533	0.6393	0.6621
柱体, a 直径	0.070	0.668	0.2218	0.1700	0.5870	0.5880
柱体, a 直径	0.070	1.210	0.2952	0.2072	0.4925	0.5247
柱体, a 直径	0.070	1.330	0.3091	0.2138	0.4785	0.4621
柱体, a 直径	0.070	1.758	0.3543	0.2347	0.4387	0.3728
柱体, a 直径	0.070	2.084	0.3851	0.2483	0.4158	0.3501
柱体, a 直径	0.080	0.270	0.1575	0.1374	0.7609	0.7994
柱体, a 直径	0.080	0.340	0.1744	0.1483	0.7238	0.7795
柱体, a 直径	0.080	0.390	0.1855	0.1553	0.7009	0.7520
柱体, a 直径	0.080	0.690	0.2417	0.1878	0.6040	0.6096
柱体, a 直径	0.080	0.780	0.2561	0.1956	0.5833	0.5766
柱体, a 直径	0.080	0.900	0.2742	0.2052	0.5599	0.5375
柱体, a 直径	0.080	1.400	0.3394	0.2378	0.4907	0.4424
柱体, a 直径	0.080	1.960	0.4000	0.2660	0.4421	0.3688
柱体, a 直径	0.080	2.200	0.4233	0.2746	0.4264	0.3593
直角三角形体	0.230	0.320	0.1750	0.1190	0.4625	0.5995
a, b 直角边	0.308	0.560	0.2577	0.1581	0.3764	0.5366
厚 0.24mm	0.540	1.020	0.4428	0.2328	0.2765	0.4055
直角三角形体	0.412	0.854	0.3893	0.2128	0.2986	0.4951
直角三角形体	0.726	0.766	0.4433	0.2336	0.2777	0.4171
矩形体	0.180	1.220	0.4051	0.2159	0.2892	0.3231
厚 0.24mm	0.246	1.220	0.4620	0.2396	0.2690	0.3004
矩形体	0.374	1.220	0.5611	0.2755	0.2411	0.2844
矩形体	0.668	1.220	0.7400	0.3343	0.2040	0.2560
矩形体	0.304	2.110	0.6673	0.3086	0.2140	0.2167
矩形体	0.510	2.110	0.8515	0.3667	0.1855	0.2101

　　实验结果表明颗粒的 Stokes 形状系数 K_V 可与颗粒的球形度 ψ 关联为

$$K_V = \psi^{0.83} \tag{1-46}$$

如图 1-11 所示。

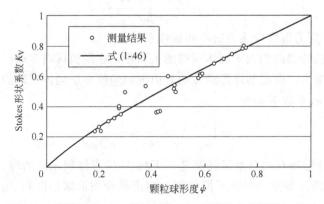

图 1-11　颗粒的 Stokes 形状系数 K_V 与颗粒的球形度 ψ 关系

12

结合式(1-45)和式(1-46)，可得如下的颗粒球形度公式

$$\psi = \left[\frac{18\mu u_{t}}{(\rho_{P}-\rho_{f})gd_{V}^{2}}\right]^{1.2} \tag{1-47}$$

所以，颗粒的球形度可由沉降法测量。即在层流区内，测量颗粒自由沉降速度，由式(1-47)获得颗粒的球形度。表 1-10 给出了一些谷物球形度的测量结果。

表 1-10　谷物颗粒球形度的测量结果

颗　　粒	$\rho_{P}/(\mathrm{kg/m^{3}})$	d_{V}/cm	$\mu/\mathrm{Pa \cdot s}$	$u_{t}/(\mathrm{cm/s})$	ψ
小米	1400	0.1583	0.2715	0.2715	1.0543
黄米	1328	0.2070	0.2557	0.3932	0.9796
小苞米糁子	1491	0.1210	0.2743	0.1567	0.8769
大米	1495	0.3046	0.2414	1.1562	0.8958
黑米	1433	0.3058	0.2228	1.1596	0.9208
香米	1498	0.3010	0.2296	0.9862	0.7129
高粱米	1415	0.3631	0.2315	1.4343	0.8580
黏高粱米	1405	0.3395	0.2238	1.2820	0.8658
小麦粒	1366	0.4478	0.2302	1.9603	0.8431
薏米	1271	0.5071	0.2325	2.0530	0.8741

由颗粒的 Stokes 尺寸定义及颗粒的 Stokes 形状系数的定义可得

$$d_{St} = \sqrt{K_{V}}\,d_{V} \tag{1-48}$$

把式(1-46) 带入式(1-48) 得

$$d_{St} = \psi^{0.415}d_{V} \tag{1-49}$$

由式(1-40)~式(1-43) 和式(1-49) 可以看出，只要测得颗粒的某一尺寸和颗粒的球形度，就可获得颗粒的其他尺寸，即可以完整地表征颗粒的几何特征。

1.3　颗粒的阻力系数与自由沉降速度

1.3.1　球形颗粒的阻力系数与自由沉降速度

1.3.1.1　球形颗粒的阻力系数

球形颗粒阻力系数 $C_{d,s}$ 的定义为

$$C_{d,s} = \frac{F_{d}}{\frac{\pi}{4}d^{2}\,\frac{1}{2}\rho_{f}u^{2}} \tag{1-50}$$

式中　F_{d}——流体对颗粒的曳力；

　　　u——流体的速度。

球形颗粒的阻力系数在层流区、过渡区和湍流区都有完整的计算公式、阻力系数表及阻力系数图。表 1-11 给出了球形颗粒的阻力系数 $C_{d,s}$ 与颗粒雷诺数 Re 的数据。球形颗粒的阻力系数 $C_{d,s}$ 与颗粒雷诺数 Re 的关系示于图 1-12。

表 1-11 球形颗粒的阻力系数 $C_{d,s}$ 与颗粒雷诺数 Re 的数据

Re	$C_{d,s}$	Re	$C_{d,s}$	Re	$C_{d,s}$
0.01	2400	5	7.03	2000	0.421
0.02	1204	10	4.26	5000	0.387
0.05	484	20	2.71	10000	0.405
0.1	244	50	1.57	20000	0.442
0.2	124	100	1.09	50000	0.474
0.5	51.5	200	0.77	10^5	0.5
1	27.1	500	0.555	5×10^5	0.376
2	14.76	1000	0.471	10^6	0.11

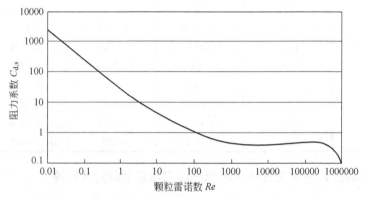

图 1-12 球形颗粒的阻力系数 $C_{d,s}$ 与颗粒雷诺数 Re 的关系

球形颗粒的阻力系数 $C_{d,s}$ 在层流区、过渡区和湍流区可用如下的公式计算。

层流区（Stokes 区）$10^{-4} < Re < 0.25$

$$C_{d,s} = \frac{24}{Re} \qquad (1\text{-}51)$$

过渡区（Allen 区）$2 < Re < 500$

$$C_{d,s} = \frac{10}{\sqrt{Re}} \qquad (1\text{-}52)$$

湍流区（Newton 区）$500 < Re < 1000$

$$C_{d,s} = 0.44 \qquad (1\text{-}53)$$

用于全区的计算公式有

$$\sqrt{C_{d,s}} = 0.63 + \frac{4.8}{\sqrt{Re}} \qquad (1\text{-}54)$$

或

$$C_{d,s} = \frac{24}{Re} + \frac{4}{\sqrt{Re}} + 0.4 \qquad (1\text{-}55)$$

式中的雷诺数 Re 为

$$Re = \frac{\rho_f \, du}{\mu} \qquad (1\text{-}56)$$

1.3.1.2 球形颗粒的自由沉降速度

当颗粒达到自由沉降时，流体对颗粒的曳力等于颗粒的重力减去流体对颗粒的浮力，即

$$F_d = \frac{\pi}{6}(\rho_P - \rho_f)gd^3 \tag{1-57}$$

把式(1-57)代入颗粒阻力系数的定义式(1-50)得

$$C_{d,s} = \frac{4}{3}\frac{\rho_P - \rho_f}{\rho_f}\frac{dg}{u_t^2} \tag{1-58}$$

式中 u_t——颗粒的自由沉降速度。

则颗粒的自由沉降速度为

$$u_t = \sqrt{\frac{4(\rho_P - \rho_f)gd}{3\rho_f C_{d,s}}} \tag{1-59}$$

把式(1-51)代入式(1-59)即得层流区内颗粒的自由沉降速度

$$u_t = \frac{(\rho_P - \rho_f)gd^2}{18\mu} \tag{1-60}$$

把式(1-53)代入式(1-59)即得湍流区内颗粒的自由沉降速度

$$u_t = 1.741\sqrt{\frac{(\rho_P - \rho_f)gd}{\rho_f}} \tag{1-61}$$

把式(1-58)的两边同乘以颗粒的自由沉降雷诺数 Re_t 的平方得到

$$C_{d,s}Re_t^2 = \frac{3}{4}Ar \tag{1-62}$$

其中颗粒的自由沉降雷诺数 Re_t 为

$$Re_t = \frac{\rho_f du_t}{\mu} \tag{1-63}$$

Ar 是颗粒的阿基米德数

$$Ar = \frac{(\rho_P - \rho_f)\rho_f gd^3}{\mu^2} \tag{1-64}$$

1.3.2 非球形颗粒的阻力系数与自由沉降速度

1.3.2.1 非球形颗粒的阻力系数

1.3.2.1.1 层流区内非球形颗粒的阻力系数

非球形颗粒的阻力系数通常定义为

$$C_d = \frac{F_d}{A_a\frac{1}{2}\rho_f u^2} \tag{1-65}$$

式中 A_a——颗粒沉降时的迎风截面积。

由于非球形颗粒在沉降过程中的取向不定性，本书中非球形颗粒的阻力系数定义为

$$C_d' = \frac{F_d}{\frac{\pi}{4}d_V^2\frac{1}{2}\rho_f u^2} \tag{1-66}$$

当颗粒达到自由沉降时有

$$C'_{d} = \frac{\frac{\pi}{6}(\rho_{P} - \rho_{f})gd_{V}^{3}}{\frac{\pi}{4}d_{V}^{2}\frac{1}{2}\rho_{f}u_{t}^{2}} = \frac{4}{3}\frac{\rho_{P} - \rho_{f}}{\rho_{f}}\frac{gd_{V}}{u_{t}^{2}} \tag{1-67}$$

把 Stokes 形状系数的定义式(1-45) 代入式(1-67) 得

在层流区

$$C'_{d} = \frac{24}{K_{V}Re_{t}} = \frac{C_{d,s}}{K_{V}} = \frac{C_{d,s}}{\psi^{0.83}} \tag{1-68}$$

即

$$C'_{d}\psi^{0.83} = C_{d,s} = \frac{24}{Re_{t}} \tag{1-69}$$

球形度为 0.2～1.0 时各种形状非球形颗粒阻力系数的实验结果示于图 1-13，其结果表明当颗粒的沉降雷诺数 Re_t 小于 1 时，实验结果与方程式(1-69) 吻合得很好。

所以在层流区内有

$$Re_{t} < 1 \qquad C'_{d}\psi^{0.83} = \frac{24}{Re_{t}} \tag{1-70}$$

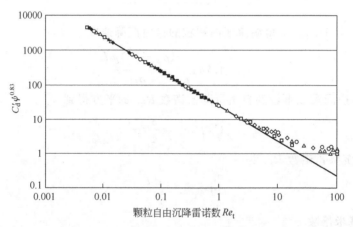

图 1-13 球形度为 0.2～1.0 时各种形状非球形颗粒阻力系数的实验结果

1.3.2.1.2 湍流区非球形颗粒的阻力系数

由非球形颗粒 Stokes 形状系数的定义式(1-45) 及非球形颗粒在湍流区的自由沉降速度式(1-61)，得到湍流区非球形颗粒的 Stokes 形状系数 K_{tu} 为

$$K_{tu} = \frac{u_{t}}{1.741\sqrt{\frac{(\rho_{P} - \rho_{f})gd_{V}}{\rho_{f}}}} \tag{1-71}$$

由式(1-71) 可知，湍流区非球形颗粒的 Stokes 形状系数 K_{tu} 可由颗粒的自由沉降实验测得。各种不同规则形状几何体颗粒的实验结果表明，湍流区非球形颗粒的 Stokes 形状系数 K_{tu} 不仅与颗粒的球形度有关，还与颗粒的形状有关。但可把颗粒分为柱状与片状两类：

对柱状颗粒

$$K_{tu} = \psi^{0.65} \tag{1-72}$$

对片状颗粒

$$K_{tu} = \frac{1}{5 - 4\psi} \tag{1-73}$$

如图 1-14 和图 1-15 所示。

由非球形颗粒 Stokes 形状系数的定义式(1-45) 和式(1-71) 及非球形颗粒的阻力系数定义式(1-66) 可得

$$C'_{d,tu} = \frac{F_d}{\frac{\pi}{4}d_V^2 \frac{1}{2}\rho_f u_t^2} = \frac{F_d}{\frac{\pi}{4}d_V^2 \frac{1}{2}\rho_f (u_{t,s}^2)_V} \left(\frac{u_{t,s}}{u_t}\right)_V^2 = \frac{C_{d,stu}}{K_{tu}^2} = \frac{0.44}{K_{tu}^2} \quad (1-74)$$

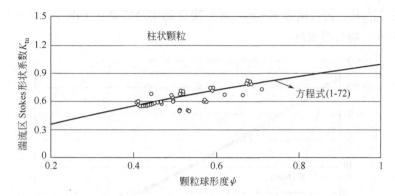

图 1-14　湍流区柱状颗粒的 Stokes 形状系数 K_{tu} 与颗粒球形度 ψ 的关系

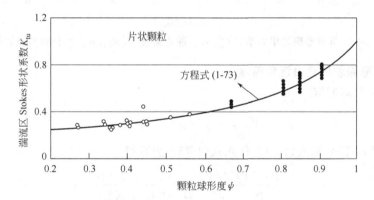

图 1-15　湍流区片状颗粒的 Stokes 形状系数 K_{tu} 与颗粒球形度 ψ 的关系

1.3.2.1.3　过渡区非球形颗粒的阻力系数

在过渡区内，颗粒的阻力设为

$$F_{d,tr} = F_{d,l} + F_{d,tu} \quad (1-75)$$

式中下标 l、tr 和 tu 分别代表层流区、过渡区和湍流区。层流区、湍流区和过渡区的阻力可写为

$$F_{d,l} = C'_d \frac{\pi}{4}d_V^2 \frac{1}{2}\rho_f u_t^2 = \frac{24}{K_V Re_t} \frac{\pi}{4}d_V^2 \frac{1}{2}\rho_f u_t^2 \quad (1-76)$$

$$F_{d,tu} = C'_{d,tu} \frac{\pi}{4}d_V^2 \frac{1}{2}\rho_f u_t^2 = \frac{0.44}{K_{tu}^2} \frac{\pi}{4}d_V^2 \frac{1}{2}\rho_f u_t^2 \quad (1-77)$$

$$F_{d,tr} = C'_{d,tr} \frac{\pi}{4}d_V^2 \frac{1}{2}\rho_f u_t^2 \quad (1-78)$$

把式(1-76)～式(1-78) 代入式(1-75) 得

$$C'_{d,tr} = \frac{24}{K_V Re_t} + \frac{0.44}{K_{tu}^2} \quad (1-79)$$

式(1-79) 可写为

$$C'_{d,tr} K_{tu}^2 = \frac{24}{\dfrac{K_V Re_t}{K_{tu}^2}} + 0.44 \tag{1-80}$$

阻力系数 $C'_{d,tr} K_{tu}^2$ 随雷诺数 $K_V Re_t / K_{tu}^2$ 变化的实验结果示于图 1-16，可以看出实验结果与理论式(1-80)吻合得很好。

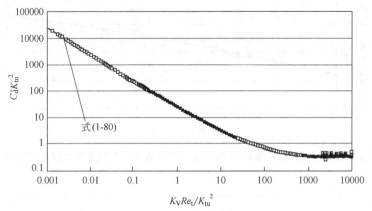

图 1-16 非球形颗粒阻力系数 $C'_{d,tr} K_{tu}^2$ 随雷诺数 $K_V Re_t / K_{tu}^2$ 变化的实验结果

1.3.2.2 非球形颗粒的自由沉降速度

由于在自由沉降时有

$$F_{d,tr} = \frac{\pi}{6}(\rho_P - \rho_f) g d_V^3 \tag{1-81}$$

把式(1-76)、式(1-77) 和式(1-81) 代入式(1-75) 整理得

$$\frac{\rho_P - \rho_f}{\rho_f} \frac{g d_V}{u_t^2} = \frac{18}{K_V Re_t} + \frac{0.33}{K_{tu}^2} \tag{1-82}$$

式(1-82) 可写为

$$\frac{Ar}{Re_t^2} = \frac{18}{K_V Re_t} + \frac{0.33}{K_{tu}^2} \tag{1-83}$$

式(1-83) 是 Re_t 的二次方程，它的解是

$$\frac{Re_t K_V}{K_{tu}^2} = 27.3\left(\sqrt{1 + 0.004 \frac{K_V^2}{K_{tu}^2} Ar} - 1 \right) \tag{1-84}$$

从方程式(1-84) 可得颗粒的自由沉降速度

$$u_t = 27.3 \frac{\mu}{\rho_f d_V} \frac{K_{tu}^2}{K_V}\left(\sqrt{1 + 0.004 \frac{K_V^2}{K_{tu}^2} Ar} - 1 \right) \tag{1-85}$$

这是颗粒自由沉降速度的一般解，适用于计算球形和非球形颗粒在层流区、过渡区和湍流区的自由沉降速度。图 1-17 比较了实验与理论计算结果，可以看出对各种不同形状的非球形颗粒，在层流区、过渡区和湍流区内，理论计算与实验结果的误差在 $\pm 30\%$ 以内。

对于在层流区内的小颗粒，有 $Ar \ll 1$，式(1-85) 可以近似为

$$u_t = 27.3 \frac{\mu}{\rho_f d_V} \frac{K_{tu}^2}{K_V} \times \frac{1}{2} \times 0.004 \frac{K_V^2}{K_{tu}^2} Ar \tag{1-86}$$

把颗粒的阿基米德数式(1-64) 代入上式得到

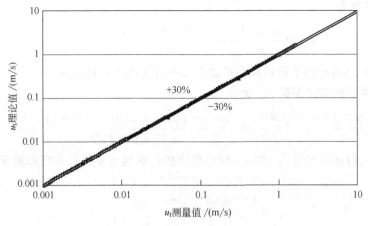

图 1-17 球形和非球形颗粒在层流区、过渡区和湍流区的
自由沉降速度的实验与理论结果的比较

$$u_t = K_V \frac{(\rho_P - \rho_f)g d_V^2}{18\mu} \tag{1-87}$$

即非球形颗粒的 Stokes 公式。

对于在湍流区内的大颗粒，有 $Ar \gg 1$，所以式(1-85) 可以近似为

$$u_t = 27.3 \frac{\mu}{\rho_f d_V} \frac{K_{tu}^2}{K_V} \sqrt{0.004 \frac{K_V^2}{K_{tu}^2} Ar} \tag{1-88}$$

把颗粒的阿基米德数式(1-64) 代入式(1-88) 即可得到湍流区非球形颗粒的 Newton 公式

$$u_t = K_{tu} 1.741 \sqrt{\frac{(\rho_P - \rho_f)g d_V}{\rho_f}} \tag{1-89}$$

【例题 1-1】 计算体积尺寸 $100\mu m$ 的水泥颗粒在室温空气和水中的自由沉降速度。已知空气和水的密度与黏性系数为 $\rho_{air} = 1.2 kg/m^3$，$\rho_{H_2O} = 1000 kg/m^3$，$\mu_{air} = 2 \times 10^{-5} Pa \cdot s$，$\mu_{H_2O} = 0.001 Pa \cdot s$，水泥的密度 $\rho_P = 2700 kg/m^3$。

解 由表 1-8 查得水泥颗粒的球形度等于 0.57，因为水泥为柱状颗粒，所以水泥颗粒层流区和湍流区非球形颗粒的 Stokes 形状系数分别为

$$K_V = \psi^{0.83} = 0.627, \quad K_{tu} = \psi^{0.65} = 0.694$$

① 空气中颗粒的阿基米德数 Ar 为

$$Ar = \frac{(\rho_P - \rho_{air})\rho_{air} g d_V^3}{\mu^2} = \frac{(2700 - 1.2) \times 1.2 \times 9.81 \times (10^{-4})^3}{(2 \times 10^{-5})^2} = 79.4$$

由式(1-85) 得体积尺寸为 $100\mu m$ 的水泥颗粒在室温空气中的自由沉降速度为

$$u_t = 27.3 \frac{\mu_{air}}{\rho_{air} d_V} \frac{K_{tu}^2}{K_V} \left(\sqrt{1 + 0.004 \frac{K_V^2}{K_{tu}^2} Ar} - 1 \right)$$

$$= 27.3 \times \frac{2 \times 10^{-5}}{1.2 \times 10^{-4}} \times \frac{0.694^2}{0.627} \left(\sqrt{1 + 0.004 \times \frac{0.627^2}{0.694^2} \times 79.4} - 1 \right)$$

$$= 0.427 (m/s)$$

19

颗粒的雷诺数为

$$Re_t = \frac{u_t \rho_{air} d_V}{\mu_{air}} = \frac{0.427 \times 1.2 \times 10^{-4}}{2 \times 10^{-5}} = 2.562$$

体积尺寸为 $100\mu m$ 的水泥颗粒在室温空气中自由沉降在过渡区。

② 水中颗粒的阿基米德数 Ar 为

$$Ar = \frac{(\rho_P - \rho_{H_2O})\rho_{H_2O} g d_V^3}{\mu^2} = \frac{(2700 - 1000) \times 1000 \times 9.81 \times (10^{-4})^3}{(0.001)^2} = 16.7$$

由式(1-85)得体积尺寸为 $100\mu m$ 的水泥颗粒在室温水中的自由沉降速度为

$$u_t = 27.3 \frac{\mu_{H_2O}}{\rho_{H_2O} d_V} \frac{K_{tu}^2}{K_V} \left(\sqrt{1 + 0.004 \frac{K_V^2}{K_{tu}^2} Ar} - 1 \right)$$

$$= 27.3 \times \frac{0.001}{1000 \times 10^{-4}} \times \frac{0.694^2}{0.627} \times \left(\sqrt{1 + 0.004 \times \frac{0.627^2}{0.694^2} \times 16.7} - 1 \right)$$

$$= 0.00564 \, (m/s)$$

颗粒的雷诺数为

$$Re_t = \frac{u_t \rho_{H_2O} d_V}{\mu_{H_2O}} = \frac{0.00564 \times 1000 \times 10^{-4}}{0.001} = 0.563$$

体积尺寸为 $100\mu m$ 的水泥颗粒在室温水中自由沉降在层流区，由层流区的近似式 (1-87) 得体积尺寸为 $100\mu m$ 的水泥颗粒在室温水中的自由沉降速度为

$$u_t = K_V \frac{(\rho_P - \rho_{H_2O}) g d_V^2}{18 \mu_{H_2O}} = 0.627 \times \frac{(2700 - 1000) \times 9.81 \times (10^{-4})^2}{18 \times 0.001} = 0.00581(m/s)$$

与式(1-85)所得的自由沉降速度吻合。

【例题 1-2】 计算体积尺寸 $100\mu m$ 的云母颗粒在室温空气和水中的自由沉降速度。已知空气和水的密度与黏性系数为 $\rho_{air} = 1.2 kg/m^3$，$\rho_{H_2O} = 1000 kg/m^3$，$\mu_{air} = 2 \times 10^{-5} Pa \cdot s$，$\mu_{H_2O} = 0.001 Pa \cdot s$，云母的密度 ρ_P 等于 $2700 kg/m^3$。

解 由表 1-8 查得云母颗粒的球形度等于 0.28，因为云母为片状颗粒，所以云母颗粒层流区和湍流区非球形颗粒的 Stokes 形状系数分别为

$$K_V = \psi^{0.83} = 0.348$$

$$K_{tu} = \frac{1}{5 - 4\psi} = \frac{1}{5 - 4 \times 0.28} = 0.258$$

① 空气中颗粒的阿基米德数 Ar 为

$$Ar = \frac{(\rho_P - \rho_{air})\rho_{air} g d_V^3}{\mu^2} = \frac{(2700 - 1.2) \times 1.2 \times 9.81 \times (10^{-4})^3}{(2 \times 10^{-5})^2} = 79.4$$

由式(1-85)得体积尺寸为 $100\mu m$ 的水泥颗粒在室温空气中的自由沉降速度为

$$u_t = 27.3 \frac{\mu_{air}}{\rho_{air} d_V} \frac{K_{tu}^2}{K_V} \left(\sqrt{1 + 0.004 \frac{K_V^2}{K_{tu}^2} Ar} - 1 \right)$$

$$= 27.3 \times \frac{2 \times 10^{-5}}{1.2 \times 10^{-4}} \times \frac{0.258^2}{0.348} \times \left(\sqrt{1 + 0.004 \frac{0.348^2}{0.258^2} 79.4} - 1 \right)$$

$$= 0.223(m/s)$$

颗粒的雷诺数为

$$Re_t = \frac{u_t \rho_{air} d_V}{\mu_{air}} = \frac{0.223 \times 1.2 \times 10^{-4}}{2 \times 10^{-5}} = 1.338$$

体积尺寸为 $100\mu m$ 的云母颗粒在室温空气中自由沉降在过渡区。

② 水中颗粒的阿基米德数 Ar 为

$$Ar = \frac{(\rho_P - \rho_{H_2O}) \rho_{H_2O} g d_V^3}{\mu^2} = \frac{(2700 - 1000) \times 1000 \times 9.81 \times (10^{-4})^3}{(0.001)^2} = 16.7$$

由式(1-85) 得体积尺寸为 $100\mu m$ 的云母颗粒在室温水中的自由沉降速度为

$$u_t = 27.3 \frac{\mu_{H_2O}}{\rho_{H_2O} d_V} \frac{K_{tu}^2}{K_V} \left(\sqrt{1 + 0.004 \frac{K_V^2}{K_{tu}^2} Ar} - 1 \right)$$

$$= 27.3 \times \frac{0.001}{1000 \times 10^{-4}} \times \frac{0.258^2}{0.348} \times \left(\sqrt{1 + 0.004 \times \frac{0.348^2}{0.258^2} \times 16.7} - 1 \right)$$

$$= 0.00308 (m/s)$$

颗粒的雷诺数为

$$Re_t = \frac{u_t \rho_{H_2O} d_V}{\mu_{H_2O}} = \frac{0.00308 \times 1000 \times 10^{-4}}{0.001} = 0.307$$

体积尺寸为 $100\mu m$ 的云母颗粒在室温水中自由沉降在层流区，由层流区的近似式 (1-87) 得体积尺寸为 $100\mu m$ 的云母颗粒在室温水中的自由沉降速度为

$$u_t = K_V \frac{(\rho_P - \rho_{H_2O}) g d_V^2}{18 \mu_{H_2O}} = 0.348 \times \frac{(2700 - 1000) \times 9.81 \times (10^{-4})^2}{18 \times 0.001} = 0.00322 (m/s)$$

与式(1-85) 所得的自由沉降速度吻合。

作用力

1.4 颗粒间的作用力

1.4.1 分子间的范德华力

当两极性分子相互靠近接触时，两分子间的范德华力与两分子的偶极矩 p_1 和 p_2、分子间距离 r 及两分子偶极的相对取向有关，两极性分子间的引力势能为

$$U_{d-d} = -\frac{2}{3kT} \frac{p_1^2 p_2^2}{r^6} \qquad (1-90)$$

当一极性分子与一非极性分子相互靠近接触时，非极性分子将产生入导极性，两分子间的引力势能为

$$U_{d-id} = -\frac{p_1^2 \alpha_2 + p_2^2 \alpha_1}{r^6} \qquad (1-91)$$

式中　α_1、α_2——两分子的极化强度。

卤族分子和直链烃的极化强度值列于表 1-12。

表 1-12　卤族分子和直链烃的极化强度值

分子	F_2	Cl_2	Br_2	I_2	CH_4	C_2H_6	C_3H_8
$\alpha/\text{Å}^3$	1.3	4.6	6.7	10.2	2.6	4.5	6.3

注：$1\text{Å}=10^{-10}\text{m}$。

对于非极性分子，尽管分子内电子是连续运动的，由于电子分布在时间平均上是对称的，分子的时均偶极矩为零。但在某一瞬时，电子分布可以是不对称的。因此，非极性分子间存在瞬时偶极矩。所以，当两非极性分子相互靠近接触时，由于瞬时偶极矩的作用，分子间存在着相互作用，这种相互作用称为色散作用。两分子间色散作用的引力势能为

$$U_{\text{disp}} \approx -\frac{3I_1I_2}{2(I_1+I_2)}\frac{\alpha_1\alpha_2}{r^6} \tag{1-92}$$

式中　I_1、I_2——两分子的电离能。

通常，当两分子相互靠近接触时，分子间这三种作用是同时存在的。一些分子间相互作用常数列于表 1-13。可以看出，对于极性较强的分子（如 H_2O 和 HCN），分子间的相互引力作用主要是偶极矩间的作用；对于极性不强的分子和非极性分子，分子间的相互引力作用以色散作用为主。由于这三种相互引力作用的势能都与分子间距离 r^6 成反比，分子间相互引力作用的总势能可写为

$$U_{\text{mm}} = -\frac{C_{\text{mm}}}{r^6} \tag{1-93}$$

式中　C_{mm}——London-van der Waals 常数。

表 1-13　一些分子间相互作用常数（25℃）

分子	p/D	$\alpha/\text{Å}^3$	I/eV	$10^{60}vr^6/(\text{erg}\cdot\text{cm}^6)$		
				d-d	d-id	d_{isp}-d_{isp}
Ar	0	1.63	15.8	0	0	50
N_2	0	1.76	15.6	0	0	58
C_6H_6	0	9.89	9.2	0	0	1086
C_3H_8	0.08	6.29	11.1	0.0008	0.09	528
HCl	1.08	2.63	12.7	22	6	106
CH_2Cl_2	1.60	6.48	11.3	106	33	570
SO_2	1.63	3.72	12.3	114	20	205
H_2O	1.85	1.59	12.6	190	11	38
HCN	2.98	2.59	13.8	1277	46	111

注：$1\text{Å}=10^{-10}\text{m}$；$1\text{erg}=10^{-7}\text{J}$。

当两分子十分接近时，除引力作用外，分子间还有斥力作用。常用的分子间作用势能为 Lennard-Jones 势能

$$U_{\text{mm}} = 4\varepsilon\left[\left(\frac{\sigma}{r}\right)^{12}-\left(\frac{\sigma}{r}\right)^6\right] \tag{1-94}$$

式中　ε——势能曲线的最小值，又称势井深度；

　　　σ——势能为零时分子间的距离。

表 1-14 给出了一些分子的 Lennard-Jones 常数，表中 k 是波耳兹曼常数。氩气分子的

Lennard-Jones 势能曲线示于图 1-18，其中图 1-18（b）是分子间相互作用的硬球模型。硬球模型的作用势能为

$$U = \begin{cases} 0 & r \geqslant d \\ \infty & r < d \end{cases} \tag{1-95}$$

式中　d——分子的直径。

表 1-14　一些分子的 Lennard-Jones 常数（25℃）

分子	$\frac{\varepsilon}{k}$/K	σ/nm	分子	$\frac{\varepsilon}{k}$/K	σ/nm
Ar	119.8	0.3405	He	10.8	0.263
Xe	229	0.406	Ne	35.6	0.2749
CH_4	148.2	0.3817	H_2	29.2	0.287
CO_2	189	0.4486	N_2	95.0	0.3698
O_2	117.5	0.358	Cl_2	357	0.412
CO	100.2	0.3763	Br_2	520	0.427
Kr	171	0.360	C_2H_6	243	0.3954
C_6H_6	440	0.527	CCl_4	327	0.588
C_2H_4	200	0.452			

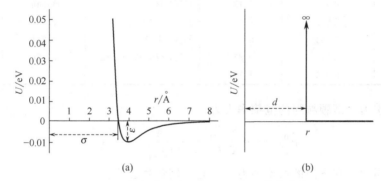

图 1-18　氩气分子的 Lennard-Jones 势能曲线

由式（1-93）和式（1-94）可得 London-van der Waals 常数 C_{mm} 为

$$C_{mm} = 4\varepsilon\sigma^6 \tag{1-96}$$

一些分子的 London-van der Waals 常数 C_{mm} 可由分子的 Lennard-Jones 常数经式（1-96）计算获得。

1.4.2　颗粒间的范德华力

1.4.2.1　Hamaker 理论

通常，颗粒是没有极性的，但由于构成颗粒的分子或原子，特别是颗粒表面分子和原子的电子运动，颗粒将存在瞬时偶极。当两颗粒相互靠近接触时，由于瞬时偶极的作用，两颗粒间产生相互吸引的作用力，称为颗粒间的范德华力。

用 London-van der Waals 引力势能和能量叠加原理，Hamaker 通过积分构成两颗粒所有的分子或原子间的引力势能来计算两颗粒间的引力势能

$$U_{pp}^0 = \iint\limits_{V_1 V_2} n_1 n_2 U_{mm} dV_1 dV_2 \tag{1-97}$$

式中下标 pp 代表颗粒，下标 1 和 2 分别代表颗粒 1 和颗粒 2。n_1 和 n_2 分别是颗粒 1 和 2 的分子密度。积分上式得到颗粒间的引力势能

$$U_{pp}^0 = -\frac{A}{12Z_0}\frac{d_1 d_2}{d_1 + d_2} \tag{1-98}$$

式中，d_1 和 d_2 是两颗粒的直径；Z_0 是颗粒间的距离，通常取为 4Å；A 是 Hamaker 常数，由下式得到

$$A = \pi^2 n_1 n_2 C_{mm} \tag{1-99}$$

Hamaker 常数不仅与颗粒的材料有关，还与颗粒所处的环境有关。表 1-15 给出了一些颗粒系统在真空和水中的 Hamaker 常数值。当材料不同的颗粒相互接触时，颗粒间相互作用的 Hamaker 常数等于

$$A_{12} = \sqrt{A_{11}A_{22}} \tag{1-100}$$

表 1-15　一些颗粒系统在真空和水中的 Hamaker 常数值

颗粒-颗粒	Hamaker 常数 A/eV		颗粒-颗粒	Hamaker 常数 A/eV	
	真空	水		真空	水
Au-Au	3.414	2.352	MgO-MgO	0.723	0.112
Ag-Ag	2.793	1.853	KCl-KCl	1.117	0.277
Cu-Cu	1.917	1.117	Cds-Cds	1.046	0.327
金属-金属	1.872	—	Al_2O_3-Al_2O_3	0.936	—
C-C	2.053	0.943	H_2O-H_2O	0.341	—
Si-Si	1.614	0.833	Polystyrene-Polystyrene	0.456	0.0263
Ge-Ge	1.996	1.112			

颗粒间的引力，即颗粒间的范德华力为

$$F_{vdw}^0 = -\frac{\partial U_{pp}^0}{\partial Z_0} = -\frac{A}{12Z_0^2}\frac{d_1 d_2}{d_1 + d_2} \tag{1-101}$$

式中负号代表引力，在下面的讨论中为方便起见把负号去掉。

当颗粒与平面相互接触时，由于此时 $d_2 \to \infty$，颗粒与平面间的范德华力为

$$F_{vdw}^0 = \frac{Ad}{12Z_0^2} \tag{1-102}$$

式中　d——颗粒的直径。

当等直径的两颗粒相互接触时，颗粒间的范德华力为

$$F_{vdw}^0 = \frac{Ad}{24Z_0^2} \tag{1-103}$$

1.4.2.2　吸附气体的影响

当颗粒表面吸附环境气体时，由于吸附气体与颗粒的作用，将增加颗粒间的范德华力。由 Hamaker 理论，此时颗粒间的引力势能等于

$$U_{pp+gp}^0 = \iint\limits_{V_1 V_2} n_1 n_2 U_{mm}\,dV_1\,dV_2 + \iint\limits_{S_1 V_2} q_1 n_2 U_{mm,gp}\,dS_1\,dV_2 +$$

$$\iint\limits_{S_2 V_1} q_2 n_1 U_{mm,gp}\,dS_2\,dV_1 \tag{1-104}$$

式中，q_1 和 q_2 是颗粒 1 和 2 单位颗粒表面积吸附气体分子的个数。积分式 (1-104)

可得

$$U_{\mathrm{pp+gp}}^0 = -\frac{A}{12Z_0}\frac{d_1 d_2}{d_1+d_2} - \frac{B}{12Z_0^2}\frac{d_1 d_2}{d_1+d_2} \tag{1-105}$$

式中，B 为气体吸附常数，由式(1-106) 计算。

$$B = \pi^2(n_1 q_2 + n_2 q_1)C_{\mathrm{mm,gp}} \tag{1-106}$$

颗粒材料的分子密度由式(1-107) 计算

$$n = \frac{N_0 \rho_{\mathrm{P}}}{M_{\mathrm{P}}} \tag{1-107}$$

式中　N_0——阿伏伽德罗常数，$6.023\times10^{26}\mathrm{kmol}^{-1}$；

　　　M_{P}——颗粒材料的摩尔质量。

单位颗粒表面积吸附气体分子的个数 q 为

$$q = \frac{m_{\mathrm{g}}}{\pi d^2}\frac{N_0}{M_{\mathrm{g}}} \tag{1-108}$$

式中　m_{g}，M_{g}——分别是颗粒吸附气体的质量与气体的摩尔质量。

式(1-108) 可写为

$$q = n\delta\frac{d}{6}\frac{M_{\mathrm{P}}}{M_{\mathrm{g}}} \tag{1-109}$$

式中　δ——单位颗粒质量所吸附气体的质量。

所以吸附常数

$$B = A\delta\frac{d_1+d_2}{6}\frac{M_{\mathrm{P}}}{M_{\mathrm{g}}}C_{\mathrm{mm,gp}} \tag{1-110}$$

式中气体和颗粒间相互作用的 London-van der Walls 常数 $C_{\mathrm{mm,gp}}$ 为

$$C_{\mathrm{mm,gp}} = \sqrt{C_{\mathrm{mm,gg}}C_{\mathrm{mm,pp}}} \tag{1-111}$$

当颗粒表面吸附环境气体时，颗粒间的范德华力为

$$F_{\mathrm{a}}^0 = -\frac{\partial U_{\mathrm{pp+gp}}}{\partial Z_0} = -\frac{A}{12Z_0^2}\frac{d_1 d_2}{d_1+d_2} - \frac{B}{6Z_0^3}\frac{d_1 d_2}{d_1+d_2} \tag{1-112}$$

上式可写为

$$F_{\mathrm{a}}^0 = F_{\mathrm{vdw}}^0\left(1+\frac{2B}{AZ_0}\right) \tag{1-113}$$

气体吸附对 FCC-FCC 颗粒间范德华力影响的计算结果示于图 1-19。计算用的常数列于表 1-16。可以看出吸附性较强的 CO_2 气体显著地增加了 FCC-FCC 颗粒间的范德华力。

表 1-16　计算气体吸附对 FCC-FCC 颗粒间范德华力影响的常数

气　　体	Ne	Ar	N_2	Air	CO_2
$C_{\mathrm{gg}}/\mathrm{Jm}^6$	9×10^{-79}	10^{-77}	10^{-77}	10^{-77}	10^{-77}
δ/(气体质量/单位质量颗粒)	0.0001	0.0036	0.004	0.007	0.1
FCC-FCC					
A/eV	0.936		$C_{\mathrm{ss}}/\mathrm{Jm}^6$	2.88×10^{-75}	

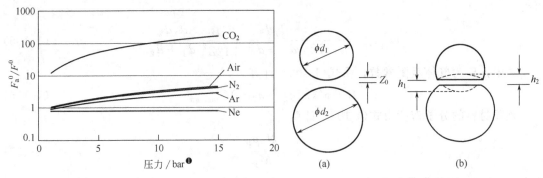

图 1-19　气体吸附对 FCC-FCC 颗粒间范德华力的影响　　图 1-20　颗粒接触变形示意图

1.4.2.3　颗粒变形的影响

当颗粒接触时，通常在接触点有变形，如图 1-20 所示。因此，颗粒的接触面积增加，即增加了颗粒间距离较近的分子数，从而增加了颗粒间的引力势能，增加了颗粒间的范德华力。由 Hamaker 理论，分子间的引力势能对两个变形颗粒的积分可得

$$U_{pp+gs} = -\frac{AD}{12Z_0}\left(1+\frac{a}{2\pi DZ_0}\right) - \frac{BD}{12Z_0^2}\left(1+\frac{a}{2\pi D^2}\right) \tag{1-114}$$

式中　a——颗粒变形后的接触面积；

　　　D——颗粒的接触直径。

$$D = \frac{d_1 d_2}{d_1 + d_2} \tag{1-115}$$

此时颗粒间的范德华力为

$$F_{vdw} = \frac{\partial U_{pp+gs}}{\partial Z_0} = F_{vdw}^0\left[\left(1+\frac{a}{\pi DZ_0}\right) + \frac{2B}{AZ_0}\left(1+\frac{a}{2\pi D^2}\right)\right] \tag{1-116}$$

当颗粒间的范德华力满足如下条件时

$$F_{vdw} \leqslant \frac{5.8d^2 Y^3}{K^2} \tag{1-117}$$

颗粒的变形为弹性变形，颗粒变形后的接触面积 a 为

$$a = 1.63\left(\frac{2F_{vdw}D}{K}\right)^{\frac{2}{3}} \tag{1-118}$$

式中　Y——接触颗粒中强度较弱的颗粒材料的屈服极限强度；

　　　K——接触颗粒的刚度系数。

$$\frac{1}{K} = \frac{1-\nu_1^2}{E_1} + \frac{1-\nu_2^2}{E_2} \tag{1-119}$$

式中　E——颗粒材料的弹性模量；

　　　ν——颗粒材料的泊松比。

当颗粒间的范德华力满足如下条件时

$$F_{vdw} \geqslant \frac{870d^2 Y^3}{K^2} \tag{1-120}$$

----

❶ 1bar=10^5Pa。

颗粒的变形为塑性变形，颗粒变形后的接触面积 a 为

$$a = \frac{F_{\mathrm{vdw}}}{3Y} \tag{1-121}$$

当颗粒间的范德华力满足如下条件时

$$\frac{5.8d^2Y^3}{K^2} \leqslant F_{\mathrm{vdw}} \leqslant \frac{870d^2Y^3}{K^2} \tag{1-122}$$

颗粒的变形为弹-塑性变形，颗粒变形后的接触面积 a 为

$$\frac{F_{\mathrm{vdw}}}{a} = 1.1Y + 0.58Y\ln\left(\frac{E\sqrt{a/\pi}}{1.15YD}\right) \tag{1-123}$$

此时，根据 Hertz 理论，弹性变形所引起的反弹力 $F_{\mathrm{e,rep}}$ 为

$$F_{\mathrm{e,rep}} = \frac{2\sqrt{2D}}{3}K\left(h_1^{\frac{3}{2}} + h_2^{\frac{3}{2}}\right) \tag{1-124}$$

其中 h_1 和 h_2 是变形高度，如图 1-20 所示。式(1-124) 可近似为

$$F_{\mathrm{e,rep}} = \frac{Ka^{\frac{3}{2}}}{3\pi^{\frac{3}{2}}D} \tag{1-125}$$

1.4.2.4　表面粗糙度的影响

当颗粒的表面不光滑而是比较粗糙时，颗粒间的接触距离增加了 R'，如图 1-21 所示。此时，颗粒间的范德华力为

$$F_{\mathrm{vdw}}^{0'} = \frac{AD}{12(Z_0 + R')^2} = \frac{F_{\mathrm{vdw}}^0}{(1 + R'/Z_0)^2} \tag{1-126}$$

其中 R' 是颗粒表面粗糙度的半径。表面粗糙度尺寸对颗粒间范德华力的影响示于图 1-22。可以看出，颗粒间范德华力随颗粒表面粗糙度半径的增加而迅速衰减。

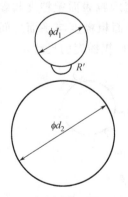

图 1-21　粗糙表面接触示意图

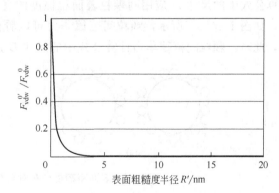

图 1-22　表面粗糙度半径对颗粒间范德华力的影响

当考虑颗粒表面粗糙度与另一颗粒间的范德华力 $F_{\mathrm{vdw}}^{0''}$ 时，由于颗粒表面粗糙度远小于颗粒的尺寸，范德华力 $F_{\mathrm{vdw}}^{0''}$ 为

$$F_{vdw}^{0''} = \frac{Ad'}{12Z_0^2} \tag{1-127}$$

其中 d' 是颗粒表面粗糙度的直径。此时，颗粒间总的范德华力 F_{vdw}^{0+} 为

$$F_{vdw}^{0+} = F_{vdw}^{0'} + F_{vdw}^{0''} = \frac{F_{vdw}^0}{(1+R'/Z_0)^2} + \frac{F_{vdw}^0}{D/d'} \tag{1-128}$$

即

$$\frac{F_{vdw}^{0+}}{F_{vdw}^0} = \frac{1}{(1+d'/2Z_0)^2} + \frac{d'}{D} \tag{1-129}$$

图 1-23 的计算结果表明，当颗粒表面粗糙度的直径小于 1nm 时，颗粒间的范德华力主要是母颗粒间的范德华力；当颗粒表面粗糙度的直径大于 100nm 时，颗粒间的作用力主要是表面粗糙度与另一颗粒的范德华力。所以，当颗粒表面粗糙度的直径小于 1nm 时，颗粒可以看作是光滑的；当颗粒表面粗糙度的直径大于 100nm 时，颗粒可以看作是粗糙的，此时颗粒间的范德华力被表面粗糙度屏蔽。

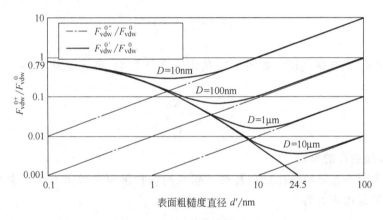

图 1-23　粗糙表面颗粒间的范德华力

讨论颗粒表面粗糙度对颗粒间范德华力的影响时，除表面粗糙度的尺寸外，还要考虑粗糙度分布的影响。当颗粒的表面粗糙度之间相互接触时，如图 1-24(a) 所示，颗粒间范德华力计算公式中的尺寸 D 应用两颗粒表面粗糙度的直径计算。当颗粒表面粗糙度与颗粒相接触时，如图 1-24(b) 所示，颗粒间范德华力可以看作是颗粒表面粗糙度与平面之间的范德华力，此时，颗粒间范德华力计算公式中的尺寸 D 应为颗粒表面粗糙度的尺寸 d'。

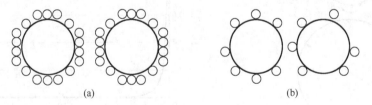

图 1-24　表面粗糙度分布对颗粒接触影响示意图

电镜测量结果表明 FCC 颗粒表面粗糙度的直径约为 100nm，当考虑粗糙度与颗粒相互接触时［图 1-24(b) 的情况］，FCC-FCC-CO_2 系统范德华力和颗粒变形后接触面积的计算结果列于表 1-17 并示于图 1-25。表 1-16 给出了计算参数。结果表明，变形对 FCC 颗粒的影响很小，但 CO_2 气体的吸附可显著增加 FCC 颗粒间的范德华力。

表 1-17　FCC-FCC-CO$_2$ 系统颗粒变形的接触面积　　　　　　　m^2

压力/bar	Ne	Ar	N$_2$	Air	CO$_2$
1	1.02×10^{17}	1.14×10^{17}	1.21×10^{17}	1.23×10^{17}	6.07×10^{17}
3	1.03×10^{17}	1.36×10^{17}	1.54×10^{17}	1.59×10^{17}	12.2×10^{17}
6	1.04×10^{17}	1.67×10^{17}	1.98×10^{17}	2.07×10^{17}	19.1×10^{17}
9	1.04×10^{17}	1.94×10^{17}	2.37×10^{17}	2.50×10^{17}	25.0×10^{17}
12	1.04×10^{17}	2.19×10^{17}	2.73×10^{17}	2.89×10^{17}	30.1×10^{17}
15	1.04×10^{17}	2.43×10^{17}	3.07×10^{17}	3.26×10^{17}	35.0×10^{17}

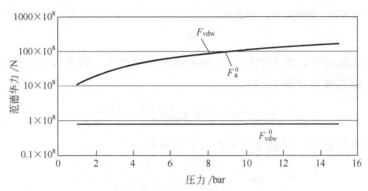

图 1-25　颗粒变形对 FCC-FCC-CO$_2$ 系统范德华力的影响

【例题 1-3】　计算尺寸为 1nm、10nm、100nm、1μm、10μm、100μm 的 FCC 颗粒间的范德华力 F_{vdw}^0、接触时变形面积 a、颗粒间的范德华力 F_{vdw}。已知 FCC 颗粒的表面粗糙度 $d'=100$nm，颗粒密度 ρ_P、弹性模量 E 和屈服极限应力 Y 分别等于 3800kg/m^3、10^{11}Pa 和 10^{10}Pa，FCC 颗粒间的 Hamaker 常数 $A=0.936$ eV$=15 \times 10^{-20}$J，$Z_0=4 \times 10^{-10}$m。

解　由式（1-103）计算的 1nm、10nm、100nm、1μm、10μm、100μm FCC 颗粒间的范德华力 F_{vdw}^0，式（1-121）计算的接触变形面积 a 如下。

d	1nm	10nm	100nm	1μm	10μm	100μm
D/nm	0.5	5	50	100	100	100
F_{vdw}^0/nN	0.00391	0.0391	0.391	0.781	0.781	0.781
a/nm^2	1.3×10^{-4}	1.3×10^{-3}	0.013	0.026	0.026	0.026
$a/\pi DZ_0$	0.0021	0.0021	0.0021	0.0021	0.0021	0.0021
F_{vdw}/nN	0.00391	0.0391	0.0391	0.783	0.783	0.783

1.4.3　颗粒间的毛细力

当粉体暴露在湿空气环境中时，颗粒将吸收空气中的水分。当空气的湿度接近饱和状态时，不仅颗粒本身吸水，颗粒间的空隙中也会有水分的凝结，在颗粒接触点形成液桥。形成液桥的临界湿度不仅取决于颗粒的性质，还与温度和压力有关。实验研究表明形成液桥的临界湿度在 $60\% \sim 80\%$ 之间。

颗粒间的液桥有三种情况，如图 1-26 所示。第一种是只在颗粒接触点形成液桥，第二种是在接触点附近的空隙也有液体存在，第三种是所有空隙充满了液体。

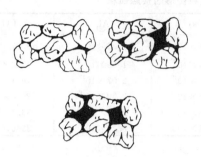

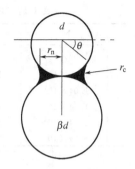

图 1-26　颗粒间三种液桥情况示意图　　　　图 1-27　颗粒间的毛细力示意图

当颗粒间形成液桥时，由于表面张力和毛细压差的作用，颗粒间将有作用力存在，称为毛细力。颗粒间的毛细力（图 1-27）为

$$F_c = 2\pi r_n T + \pi r_n^2 T \left(\frac{1}{r_c} - \frac{1}{r_n} \right) \tag{1-130}$$

式中，T 是表面张力。根据几何关系，上式可写为

$$\begin{cases} F_c = \pi d T \dfrac{\chi}{4(1+\beta)} \left[\dfrac{\chi}{4(1+\beta)} \dfrac{d}{r_c} - 1 \right] \\ \chi = \sqrt{32\beta(1+\beta)\dfrac{r_c}{d} + 64\beta\left(\dfrac{r_c}{d}\right)^2} \end{cases} \tag{1-131}$$

当颗粒的尺寸相等时，即 $\beta = 1$，颗粒间的毛细力为

$$F_c = \pi d T \sqrt{\frac{r_c}{d} + \left(\frac{r_c}{d}\right)^2} \left(\sqrt{1 + \frac{d}{r_c}} - 1 \right) \tag{1-132}$$

当颗粒与平面接触时，即 $\beta \to \infty$，颗粒与平面的毛细力为

$$F_c = \pi d T \left(2 - \sqrt{\frac{2r_c}{d}} \right) \tag{1-133}$$

图 1-28 比较了 FCC-FCC 颗粒间范德华力和 FCC-FCC-H_2O 系统的毛细力，可以看出颗粒间毛细力大于颗粒间范德华力。因此，当颗粒间形成液桥时，颗粒间的毛细力将决定粉体的行为。但当颗粒空隙间充满液体时，粉体将具有液浆的特征。

1.4.4　颗粒间的静电力

相互接触的颗粒有相对运动时，颗粒间将有电荷的转移。当相互接触的颗粒为导体时，由于它们电子电动势的不同，电荷将从电动势低的颗粒转移到电动势高的颗粒。由于电荷的转移，颗粒将带电，颗粒间有作用力的存在，称为静电力。

导体-非导体和非导体-非导体颗粒接触带电现象远比导体带电现象复杂，主要原因之一是非导体材料本身没有接受电荷的格点，带电现象很大程度上取决于颗粒所处的环境。因为颗粒所处的环境可"污染"非导体颗粒表面，使之能够接受并积累电荷，所以非导体颗粒带电现象对颗粒所处的环境很敏感。此外在粉体的操作单元中，除了颗粒间的接触形式如滚动接触、滑动接触、碰撞接触，接触次数、接触时间、接触面积等都很难定量，所以对颗粒带电现象的理解很不完善，目前仍达不到准确定量计算的程度。很多实

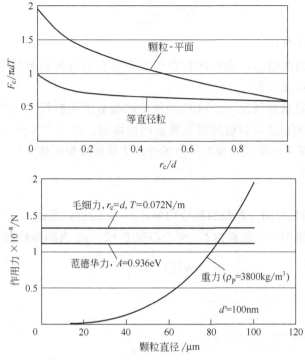

图 1-28　FCC-FCC 颗粒间范德华力和 FCC-FCC-H_2O 系统的毛细力

验和理论研究表明，除具有强带电性的高分子颗粒外，颗粒间的静电力远小于颗粒间的范德华力和毛细力。

表 1-18 给出了筛分、螺旋给料、研磨、雾化、气力输送粉体单元操作中颗粒带电强度的参考值。在某些情况下，电荷将随时间的增加而积累，电荷所产生的电场强度增加。当电荷的电场强度大于空气的击穿强度时，由于电荷的突然排放会产生爆炸等危害。

表 1-18　一些操作单元颗粒带电强度的参考值

操作单元	单位质量带电量/(C/kg)	操作单元	单位质量带电量/(C/kg)
筛　分	$10^{-9} \sim 10^{-11}$	雾　化	$10^{-4} \sim 10^{-7}$
螺旋给料	$10^{-6} \sim 10^{-8}$	气力输送	$10^{-4} \sim 10^{-6}$
研　磨	$10^{-6} \sim 10^{-7}$		

1.5　颗粒的团聚性

1.5.1　团聚机理

当颗粒间的作用力远大于颗粒的重力时，颗粒的行为很大程度上已不再受重力的约束，颗粒有团聚的倾向。颗粒的团聚有有利的方面，能改善细颗粒的流动性、避免粉尘、易于包装等；但也有不利的方面，如使用前需要混合操作等。

由于颗粒的团聚性主要取决于颗粒间的作用力和颗粒的重力之比，定义颗粒的团聚数 C_O 为

$$C_O = \frac{F_{inter}}{mg} \tag{1-134}$$

式中 m——颗粒的质量；

F_{inter}——颗粒间的作用力，颗粒间的作用力主要有颗粒间的范德华力、毛细力、静电力、烧结效应等。

在没有气体吸附效应的情况下，FCC 颗粒的团聚数随颗粒尺寸的变化示于图 1-29。可以看出随着颗粒尺寸的减少，颗粒的团聚数急剧地增加。对于尺寸小于 $1\mu m$ 的颗粒，颗粒的团聚数大于 10^6，可见小颗粒在颗粒间力的作用下将形成聚团体。

1.5.2 聚团强度

设图 1-30 是一颗粒聚团，颗粒的尺寸均匀，g—g 为过该聚团的一个切面，该切面切割 n 个颗粒并距某一颗粒中心的距离为 ζ，则中心在 $\zeta \rightarrow \zeta + d\zeta$ 内的颗粒数为

$$n(\zeta) = n\frac{d\zeta}{r} \tag{1-135}$$

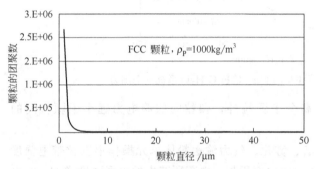

图 1-29　FCC 颗粒的团聚数随颗粒尺寸的变化

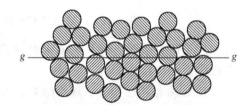

图 1-30　颗粒聚团示意图

若颗粒的配位数为 k_P，则单位颗粒表面 dS（图 1-31）的颗粒接触数 dn 为

$$dn = k_P \frac{dS}{4\pi r^2} \tag{1-136}$$

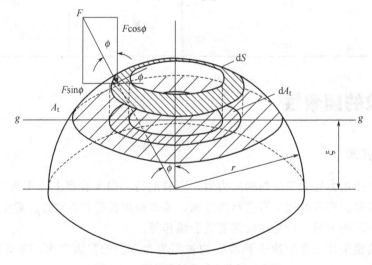

图 1-31　颗粒接触点受力分析示意图

则中心在 $\zeta \rightarrow \zeta + d\zeta$ 内颗粒间的作用力在垂直方向的分量（图 1-31）为

$$dF_{coh,\perp} = \left(\frac{k_P}{4\pi r^2} \int_S F\cos\phi\, dS \right) n \frac{d\zeta}{r} \tag{1-137}$$

由图 1-31 有
$$dA_t = \cos\phi\, dS \tag{1-138}$$

积分式(1-138)得

$$\int_S \cos\phi\, dS = \int_{A_t} dA_t = \pi(r^2 - \zeta^2) \tag{1-139}$$

把式(1-139)代入式(1-137)得

$$dF_{coh,\perp} = \frac{k_P F n \pi(r^2 - \zeta^2)}{4\pi r^3} d\zeta \tag{1-140}$$

则 g—g 切面上颗粒间作用力在垂直方向的分量为

$$F_{coh,\perp} = \frac{nk_P F}{4r^3} \int_0^r (r^2 - \zeta^2)\, d\zeta = \frac{nk_P F}{6} \tag{1-141}$$

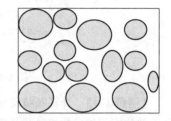

图 1-32　被 g—g 切面所切割
颗粒的截面积示意图

中心在 $\zeta \rightarrow \zeta + d\zeta$ 内被 g—g 切面所切割颗粒的截面积（如图 1-32 所示）为

$$A_t = \int_0^r n \frac{d\zeta}{r} \int_{A_t} dA_t = \int_0^r \pi(r^2 - \zeta^2) n \frac{d\zeta}{r} = \frac{2\pi r^2}{3} n \tag{1-142}$$

若聚团内的颗粒是随机排列的，则切面上的空隙率等于颗粒聚团的空隙率 ε，即

$$A_t = A(1 - \varepsilon) \tag{1-143}$$

式中，A 是 g—g 切面的面积。

由式(1-142)和式(1-143)可得 g—g 切面切割颗粒数 n 为

$$n = \frac{3A(1 - \varepsilon)}{2\pi r^2} \tag{1-144}$$

把式(1-144)代入式(1-141)得 g—g 切面上颗粒间作用力在垂直方向的分量为

$$F_{coh,\perp} = \frac{3A(1 - \varepsilon)}{2\pi r^2} \frac{k_P F}{6} = \frac{A k_P F(1 - \varepsilon)}{\pi d^2} \tag{1-145}$$

则 g—g 切面上颗粒聚团的强度 σ_p 为

$$\sigma_p = \frac{F_{coh,\perp}}{A} = \frac{k_P F(1 - \varepsilon)}{\pi d^2} \tag{1-146}$$

对于各向同性的随机排列，颗粒的配位数可近似为（参见第 3 章）

$$k_P = \frac{\pi}{\varepsilon} \tag{1-147}$$

则 g—g 切面上颗粒聚团的强度为

$$\sigma_p = \frac{1 - \varepsilon}{\varepsilon} \frac{F}{d^2} \tag{1-148}$$

FCC 颗粒的聚团强度随颗粒尺寸变化的计算结果示于图 1-33，可以看出颗粒的聚团强度随颗粒尺寸的减小而迅速增加。10nm FCC 颗粒的聚团强度可高达 10^8 Pa，可见 10nm 的 FCC 颗粒将以聚团的形式存在。1μm FCC 颗粒的聚团强度约为 10^4 Pa，即约为 $1 \text{mH}_2\text{O}$，所以大于 1μm 的 FCC 颗粒将不会团聚。

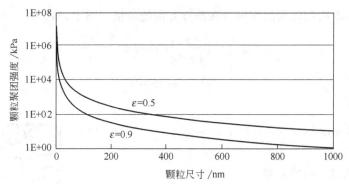

图 1-33　FCC 颗粒的聚团强度随颗粒尺寸的变化

【例题 1-4】 计算颗粒尺寸为 1nm、10nm、100nm、1μm、10μm、100μm 的 FCC 颗粒的团聚数、单位面积的颗粒接触数及聚团强度。已知 1nm、10nm、100nm、1μm、10μm、100μm 的 FCC 颗粒聚团的空隙率分别为 0.9、0.85、0.8、0.75、0.7 和 0.6，其他条件与例题 1-3 相同。

解　由例题 1-3 的计算结果和式(1-134)、式(1-144) 及式(1-148) 计算得 FCC 颗粒的团聚数、单位面积的颗粒接触数及聚团强度如下。

d	1nm	10nm	100nm	1μm	10μm	100μm
C_O	2.0×10^{14}	2.0×10^{12}	2.0×10^{10}	4.0×10^{7}	4.0×10^{4}	40.1
ε	0.9	0.85	0.8	0.75	0.7	0.6
$(n/A)/\mathrm{m}^{-2}$	1.9×10^{17}	2.9×10^{15}	3.8×10^{13}	4.8×10^{11}	5.7×10^{9}	7.6×10^{7}
σ_p/Pa	4.3×10^{5}	6.9×10^{4}	9785.9	261.0	3.355	0.052

习　题

1-1　分别用 Heywood 方法和比较简单几何形体法求小麦粒的球形度，并与表 1-8 的结果相比较。

1-2　计算尺寸为 1nm、10nm、100nm、1μm、10μm、100μm、1mm 的 Polystyrene 颗粒间的范德华力 F_{vdw}^{0}、接触变形面积 a、颗粒间的范德华力 F_{vdw}。已知 Polystyren 颗粒的表面粗糙度 $d'=100$nm，颗粒密度 ρ_P、弹性模量 E 和屈服极限应力 Y 分别等于 980kg/m^3、10^{10}Pa 和 10^8Pa，Polystyren 颗粒间的 Hamaker 常数 $A=0.456$eV$=7.5 \times 10^{-20}$J，$Z_0=4 \times 10^{-10}$m。

1-3　计算颗粒尺寸为 1nm、10nm、100nm、1μm、10μm、100μm、1mm Polystyrene 颗粒的团聚数、单位面积的颗粒接触数及聚团强度。已知 1nm、10nm、100nm、1μm、10μm、100μm、1mm Polystyrene 颗粒聚团的空隙率分别为 0.9、0.85、0.8、0.75、0.7、0.6 和 0.5，其他条件与习题 1-2 相同。

参 考 文 献

[1]　Allen T A. Particle Size Measurement. 4th ed. London：Chapman & Hall，1990.

[2]　Molerus O. Principles of Flow in Disperse Systems. London：Chapman & Hall，1993.

[3]　Fayed H E，Otten L. 粉体工程手册. 黄长雄，等译. 北京：化学工业出版社，1992.

[4]　张大为. 非球形颗粒的自由沉降速度和阻力系数. 大连：大连理工大学，2000.

[5]　Levine I N. Physical Chemistry. 2nd ed. New York：MaGraw-Hill，Inc，1983.

[6]　Xie H Y，Zhang D W. Stokes shape factor and its application in the measurement of sphericity of non-spherical particles. Powder Technology，2001，114：102-105.

[7]　Xie H Y. The role of interpaticle forces in the fluidization of fine particles. Powder Thechnology，1997，94：99-108.

2 粉体物性

很多人对粉体的认知都源于现实生活，比如餐桌上的米粉和面粉、教室里的粉笔灰等，米粉和面粉是由米粒或麦粒经过研磨加工而来，粉笔灰则由擦黑板而扬起，从而形成一种颗粒的尺度大于粉体的认知。然而，粉体是各个单独的固体颗粒的集合体，是对实物"粉"抽象化的判断，其基本组成单元是颗粒。

粉体具有一定的流动性和压缩性，由于粉体的基本组成单元是颗粒，因而也具有固体的一些特性。但是即便如此，粉体也体现出许多独特的性质：与固体相比，粉体具有异常发达的比表面积，且粉体是松散体，各颗粒间相对位置容易变动；粉体几乎没有刚度，容易变形和倾泻，容易发生颗粒间的相对运动。与流体相比，粉体的流动性起因于粉体颗粒间的相对运动，这是因为粉体具有松散性，与流体的流动性不同；流体是宏观上的连续体，而粉体是各个独立的松散颗粒的集合体，颗粒之间有空隙，空隙中填充着空气和水，所以粉体不是连续体，具有显著的不连续性。

粉体颗粒尺寸的上限无明确标明，无论用料仓储藏的是水泥或是碎石块，侧压和底压随高度的变化关系都服从于同一规律，此时设计料仓时，碎石块也可以作为粉体来处理。

2.1 粉体的堆积物性

粉体的填充和堆积是颗粒在空间排列的结果，其填充和堆积状态不同，粉体的力学、电学、传热学、流体透过性能就不同，因而粉体的空间排列是研究粉体诸多特性的基础。颗粒的粒度分布、形状和颗粒间的相互作用力等都影响着粉体的填充和堆积。粉体有两个极端填充状态：最疏松的填充状态和最紧密的填充状态。通常，粉体的排列方式是介于最疏松填充和最紧密填充两者之间的。

2.1.1 粉体的堆积密度

粉体的堆积密度 ρ_B 定义为粉体的质量 M 除以粉体的堆积体积 V_B

$$\rho_B = \frac{M}{V_B} \tag{2-1}$$

粉体的堆积密度不仅取决于颗粒的形状、颗粒的尺寸与尺寸分布，还取决于粉体的堆积方式。常用的堆积密度有疏松堆积密度 $\rho_{B,A}$ 和紧密堆积密度 $\rho_{B,T}$。疏松堆积是指在重力作用下慢慢沉积后的堆积，紧密堆积是通过机械振动所达到的最紧密堆积。

由于粉体的疏松堆积密度 $\rho_{B,A}$ 和紧密堆积密度 $\rho_{B,T}$ 受粉体堆积方式和堆积过程的影响，通常采用日本细川粉体物性测试机测量。图 2-1 是细川粉体物性测试机的示意图，其中测量容器的体积为 100ml，被测粉体通过振动筛落入测量容器，称得容器内颗粒的质量即可得到粉体的疏松堆积密度。振动筛的作用是使颗粒的聚团分散，振动筛的选取要稍大于颗粒的最大尺寸。当测量紧密堆积密度时，把测量容器置于振动设备上，测量容器的顶端外接一容器，用以盛多出的粉体，如图 2-1 所示。当外接容器内粉体的位置不再下降时，停止振动并移走外接容器，刮平测量容器顶端粉体后测量容器内粉体的质量，即可得到粉体的紧密堆积密度。

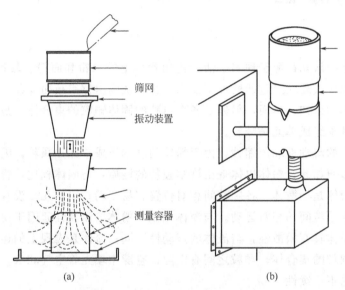

筛网

振动装置

测量容器

(a)　　　　　　　　　　　　(b)

图 2-1　细川粉体物性测试机示意图

FCC 催化剂颗粒是催化裂化装置中的重要组成部分，其填充、堆积和流动等性能直接影响催化裂化的结果。FCC 等颗粒的疏松堆积密度和紧密堆积密度随颗粒尺寸的变化示于图 2-2。随颗粒尺寸的减小，紧密堆积密度与疏松堆积密度的偏差增大，即堆积方式对小颗粒堆积密度的影响较大。当颗粒的尺寸较大时，FCC 颗粒和乳糖的疏松堆积密度与紧密堆积密度趋于相等，即堆积密度不受堆积方式的影响；但 PVC 粉和苏打粉的疏松堆积密度与紧密堆积密度在测试的尺寸范围内随尺寸的增加而趋于不变。

2.1.2　粉体堆积的填充率和空隙率

粉体堆积的填充率 ϕ 定义为粉体的堆积密度 ρ_B 除以颗粒的真实密度 ρ_P

$$\phi = \frac{\rho_B}{\rho_P} \tag{2-2}$$

粉体堆积的空隙率 ε 定义为颗粒间的空隙体积 V_v 除以粉体的堆积体积 V_B

$$\varepsilon = \frac{V_v}{V_B} = 1 - \frac{\rho_B}{\rho_P} = 1 - \phi \tag{2-3}$$

与堆积密度相同，堆积空隙率取决于颗粒的形状、颗粒的尺寸与尺寸分布及粉体的堆积

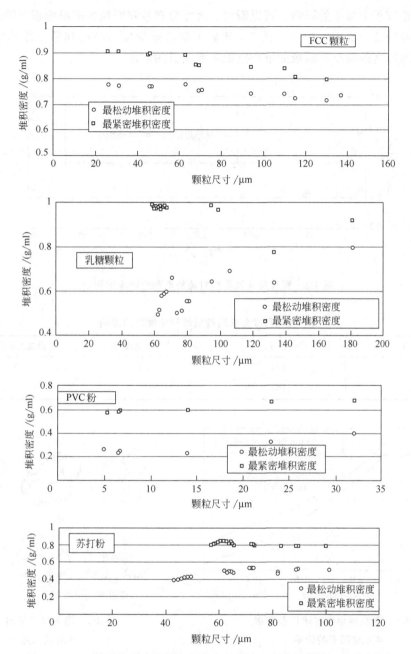

图 2-2 FCC 等颗粒的疏松堆积密度和紧密堆积密度随颗粒尺寸的变化

方式。与堆积密度相对应，常用的堆积空隙率有疏松堆积空隙率 $\varepsilon_{B,A}$ 和紧密堆积空隙率 $\varepsilon_{B,T}$，它们分别为

$$\varepsilon_{B,A} = 1 - \frac{\rho_{B,A}}{\rho_P} \tag{2-4a}$$

$$\varepsilon_{B,T} = 1 - \frac{\rho_{B,T}}{\rho_P} \tag{2-4b}$$

颗粒尺寸及形状对疏松堆积空隙率的影响示于图 2-3。可以看出疏松堆积空隙率随颗粒尺寸的减小而增加，不规则沙子的疏松空隙率高于球形颗粒的疏松空隙率。表 2-1 给出了尺

寸分布对疏松堆积空隙率的影响。可以看出，尺寸分布较宽颗粒的疏松堆积空隙率小于尺寸分布较窄颗粒的疏松堆积空隙率。图 2-4 比较了颗粒球形度对疏松和紧密堆积空隙率的影响，随颗粒球形度的减小，颗粒的堆积空隙率有明显的增加。

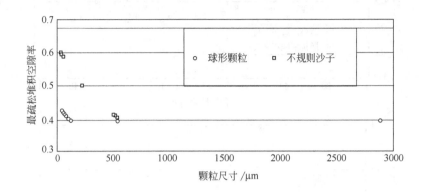

图 2-3　颗粒尺寸及形状对疏松堆积空隙率的影响

表 2-1　尺寸分布对疏松堆积空隙率的影响

颗　粒	筛分尺寸/μm	尺寸分布宽度/μm	最疏松堆积空隙率
沙子 1	195	75	0.432
沙子 2	197	7	0.469

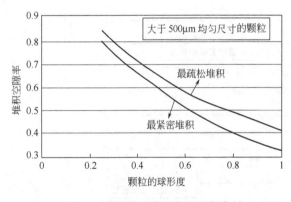

图 2-4　颗粒球形度对疏松和紧密
堆积空隙率的影响

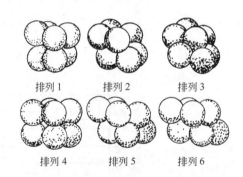

图 2-5　均匀尺寸球的 6 种排
列形式示意图

2.1.3　颗粒的配位数

颗粒的配位数是粉体堆积中与某一颗粒所接触的颗粒个数。均匀尺寸球的排列有图 2-5 所示的 6 种形式，其最小单元体的空间特性示于图 2-6。其中 1 和 4 是最松排列，3 和 6 是最密排列。表 2-2 给出了它们的空间特征的计算结果，其中填充率是颗粒体积占粉体堆积体积的比率；颗粒的配位数在 6～12 之间。均一尺寸球形颗粒的配位数与堆积空隙率的测量结果示于图 2-7。实验颗粒的直径为 7.56mm，堆积方式为自然投入。测量结果与表 2-2 中最小单元体空隙率的计算值一致。

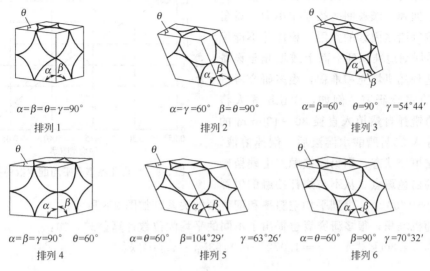

$\alpha=\beta=\theta=\gamma=90°$
排列 1

$\alpha=\gamma=60°$　$\beta=\theta=90°$
排列 2

$\alpha=\beta=60°$　$\theta=90°$　$\gamma=54°44'$
排列 3

$\alpha=\beta=\gamma=90°$　$\theta=60°$
排列 4

$\alpha=\theta=60°$　$\beta=104°29'$　$\gamma=63°26'$
排列 5

$\alpha=\theta=60°$　$\beta=90°$　$\gamma=70°32'$
排列 6

γ 是右平面与水平面的倾角

图 2-6　均匀尺寸球的 6 种排列形式最小单元体空间特性示意图

表 2-2　均匀尺寸球的 6 种排列形式最小单元体空间特征

排列号	底面积	$\theta/(°)$	$\beta/(°)$	单 元 体		空隙率	填充率	配位数	名　称
				总体积	空隙体积				
1	1	90	90	1	0.4764	0.4764	0.5236	6	立方体填充
2	1	60	90	$\frac{\sqrt{3}}{2}$	0.3424	0.3954	0.6046	8	正斜方体填充
3	1	54.44	60	$\frac{1}{\sqrt{2}}$	0.1834	0.2594	0.7406	12	棱面体填充
4	$\frac{\sqrt{3}}{2}$	90	90	$\frac{\sqrt{3}}{2}$	0.3424	0.3954	0.6046	8	正斜方体填充
5	$\frac{\sqrt{3}}{2}$	63.26	104.29	$\frac{3}{4}$	0.2264	0.3019	0.6981	10	楔形四面体填充
6	$\frac{\sqrt{3}}{2}$	54.44	90	$\frac{1}{\sqrt{2}}$	0.1834	0.2594	0.7406	12	六方最密填充

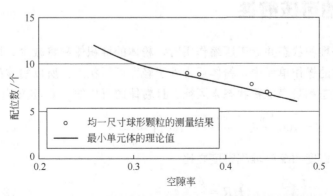

图 2-7　均一尺寸球形颗粒的配位数与堆积空隙率的测量结果

实际操作过程中，填充和堆积时，由于颗粒的碰撞、回弹，颗粒间的相互作用力，设备壁面的影响等诸多因素的作用，粉体并不能像图 2-5 那样规则地堆积到平面上或填充至设备中。对于这种随机填充和堆积，很多研究者进行了大量的实验研究。例如，Smith 等人将 3.78mm 的铅弹自然填入直径 80～130mm 的烧杯中，注入 20％醋酸水溶液后，倒掉溶液，若保持原先填充状态，则铅弹接触点上残留碱性醋酸铅的白色斑点。从不与烧杯接触的铅弹

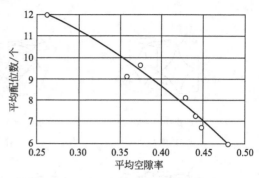

图 2-8　平均孔隙率和平均配位数的关系

中计数 900～1600 个，得到平均空隙率和配位数的关系，如图 2-8 所示。

对于随机堆积，很多研究者也提出了不同的平均配位数计算公式，如：

Ridgway & Tarbuck 式
$$\varepsilon = 1.072 - 0.1193k_P + 0.0043k_P^2 \tag{2-5}$$

Rumpf 式
$$k_P = \frac{\pi}{\varepsilon} \tag{2-6}$$

Shinohara 式
$$k_P = 20.01(1-\varepsilon)^{1.741} \tag{2-7}$$

如图 2-9 所示，当空隙率在 0.3～0.5 范围时，各计算公式给出一致的结果。

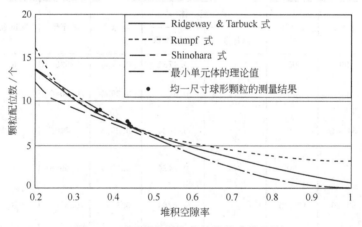

图 2-9　不同颗粒配位数计算公式的比较

2.2　粉体的可压缩性

当粉体在疏松堆积状态并处于压缩作用时，粉体的堆积体积将减少，即颗粒间的空隙在减少。由于在粉体的操作单元中，粉体通常处于轻微可压状态，所以粉体的可压缩性通常用粉体的疏松堆积状态和紧密堆积状态来表征，且粉体的可压缩性 C 定义为

$$C = 100\frac{V_{B,A} - V_{B,T}}{V_{B,A}} = 100\left(1 - \frac{\rho_{B,A}}{\rho_{B,T}}\right) \tag{2-8}$$

粉体紧密堆积密度和疏松堆积密度之比

$$HR = \frac{\rho_{B,T}}{\rho_{B,A}} \tag{2-9}$$

粉体的可压缩性

称为粉体的 Hausner 比值，常用于表征粉体的可压缩性和流动性。实验结果表明较粗颗粒的 HR 值较小（<1.2）；细颗粒的 HR 值较大（>1.4）；极细颗粒具有较高的 HR 值（>2）。

粉体的可压缩性和 Hausner 比值的关系为

$$C = 100\left(1 - \frac{1}{HR}\right) \tag{2-10}$$

表 2-3 给出了粉体的可压缩性、团聚性和流动性与 HR 值的关系。当 $HR<1.2$ 时，粉体的可压缩性小于 15%，粉体具有较好的流动性和不团聚性。当 HR 值在 1.2～1.4 之间时，粉体的可压缩性在 15%～30% 之间，粉体具有较好的流动性和轻微的团聚性。当 HR 值在 1.4～2.0 之间时，粉体的可压缩性在 30%～50% 之间，粉体具有较高的可压缩性，流动性差，团聚性强。当 $HR>2.0$ 时，粉体是高度可压的，具有不流动性和极强的团聚性。

表 2-3　粉体的可压缩性、团聚性和流动性与 *HR* 值的关系

Hausner 比值	<1.2	1.2～1.4	1.4～2.0	>2.0
可压缩性/%	<15	15～30	30～50	>50
流动性	流动性良好	流动性好	流动性差	不流动
团聚性	不团聚	轻微团聚性	强团聚性	极强的团聚性

2.3　粉体的安息角

粉体与流体流动行为的主要差别之一示于图 2-10～图 2-12。当粉体从容器流到平面时，与流体不同，流下的粉体堆积在平面上且堆积尺寸随粉体的流下而增加，但堆积角 α 保持不变，如图 2-10 所示。当提起盛满粉体的容器时，与流体不同，粉体保持静止不动直到容器与平面成倾角 α 时，粉体开始流动，如图 2-101 所示。当盛有粉体的圆筒旋转时，与流体不同，粉体的表面不是保持水平而是与水平面成一夹角 α，如图 2-12 所示。

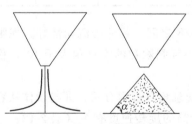

图 2-10　粉体和流体从容器流到
平面时流动行为示意图

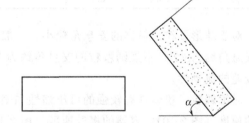

图 2-11　粉体和流体在提升容器内流动行为示意图

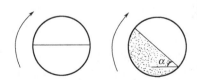

图 2-12　粉体和流体在旋转圆筒内流动行为示意图

实验表明，对同一粉体，粉体的堆积角、容器与水平面的倾角、转筒内粉体与水平面的夹角相等。这个角是粉体的基本物性之一，称为粉体的安息角（又称休止角）。安息角的测量方法很多，如图 2-13 所示。表 2-4 给出了一些粉体安息角的测量结果，表中 ϕ_i、ϕ_w、α 分别为粉体的内摩擦角、壁面摩擦角和安息角。

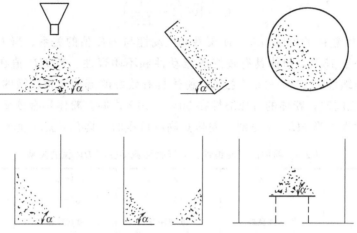

图 2-13　粉体安息角的测量方法示意图

表 2-4　一些粉体安息角的测量结果

粉　体	$\phi_i/(°)$	$\phi_w/(°)$	$\alpha/(°)$	粉　体	$\phi_i/(°)$	$\phi_w/(°)$	$\alpha/(°)$
高粱米	36.9	11.8	31	黄　豆	41.7	10.2	26
黏高粱米	32.5	10.3	34	豇　豆	30.2	8.7	29
大　米	41.0	11.0	35	花　豆	30.1	8.3	30
黑　米	21.6	7.6	31	小楂子	35.7	11.0	35
香　米	47.6	5.6	23	大楂子	50.8	9.3	33
薏　米	38.2	8.2	35	玻璃珠	30.0	6.5	27
小　米	34.9	10.2	36	玻璃珠	34.0	4.9	28
黄　米	35.5	13.6	34	沙　子	43.9	24.9	35
小　麦	30.8	8.7	35	铺路石	52.0	28.8	37

对于球形颗粒，粉体的安息角较小，一般在 23°～28°之间，粉体的流动性好。规则颗粒的安息角约为 30°；不规则颗粒的安息角约为 35°；极不规则颗粒的安息角大于 40°，粉体具有较差的流动性。

对细颗粒，粉体具有较强的可压缩性和团聚性，安息角与过程有关，即与粉体从容器流出的速度（图 2-10）、容器的提升速度（图 2-11）和转筒的旋转速度有关（图 2-12）。所以，安息角不是细颗粒的基本物性。

2.4　粉体的摩擦性

2.4.1　库仑定律

图 2-14 是一微元体在力作用下的变形与运动示意图。对于弹性固体，作用在微元体上

的切应力 τ 是切应变 γ 的函数。对于胡克固体有

$$\tau = G\gamma \tag{2-11}$$

式中，G 是剪切模量。

对于流体，作用在微元体上的切应力 τ 是切应变率 $\dot{\gamma}$ 的函数。对于牛顿流体有

$$\tau = \mu_N \dot{\gamma} \tag{2-12}$$

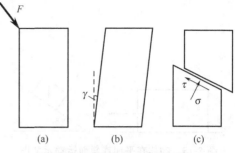

图 2-14　微元体在力作用下的变形与运动示意图

与弹性固体和流体不同，粉体颗粒在力的作用下可以保持静止不动。如图 2-11 中，当提升角小于安息角时，粉体保持静止不动，既无应变也无应变率。但当作用力大到一定时，粉体突然开始滑移。实验表明，粉体开始滑移时，滑移面上的切应力 τ 是正应力 σ 的函数

$$\tau = f(\sigma) \tag{2-13}$$

库仑定律

当粉体开始滑移时，如若滑移面上的切应力 τ 与正应力 σ 成正比

$$\tau = \mu_C \sigma + c \tag{2-14}$$

这样的粉体称为库仑粉体，式(2-14)称为库仑定律。库仑定律中的 μ_C 是粉体的摩擦系数，又称内摩擦系数，c 是初抗剪强度。初抗剪强度等于零的粉体称为简单库仑粉体。

库仑定律是粉体流动和临界流动的充要条件。当粉体内任一平面上的应力为 $\tau < \mu_C \sigma + c$ 时，粉体处于静止状态。当粉体内某一平面上的应力满足库仑定律 $\tau = \mu_C \sigma + c$ 时，粉体将沿该平面滑移。而粉体内任一平面上的应力 $\tau > \mu_C \sigma + c$ 不会发生。

2.4.2　内摩擦角

对简单库仑粉体，库仑定律为

$$\tau = \mu_C \sigma \tag{2-15}$$

式(2-15)两边同乘以滑移面的面积，得到力形式的库仑定律为

$$F = \mu_C N \tag{2-16}$$

这一关系式等同于物体在平面或斜面运动（如图 2-15 所示）的摩擦定律。所以库仑摩擦系数通常写为

$$\mu_C = \tan\phi_i \tag{2-17}$$

式中　ϕ_i——粉体的内摩擦角。

内摩擦角的测定方法有很多，常用的有剪切盒法、三轴压缩试验法、流出法、轴棒法、活塞法、慢流法、压力法等，其中剪切盒法是用以校准其他方法实验结果的标准方法。

图 2-16 是粉体内摩擦角测量装置——Jenike 剪切仪示意图。该剪切仪由上、下两个盛粉体的圆盒组成。下盒放在有滚珠的导轨上，并可通过匀速直流电机向其施加水平方向的作用力 F。上盒与测力仪和位移传感器相连，用以测量力 F 和上盒的位移。两盒中的粉体可通过图示的上盖对其施加垂直方向的作用力 N。

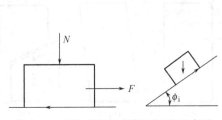

图 2-15　物体在平面或斜面运动示意图

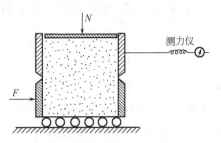

图 2-16　Jenike 剪切仪示意图

当电机开始运动时，水平轴向下盒施加水平方向的作用力 F。上盒通过两盒间的粉体受到水平方向力 F 的作用，力 F 由测力仪测得。则两盒间粉体的平面上将有剪力 F 和垂直力 N 的作用。当 F 小于粉体所能承受的最大剪力时，两盒处于平衡状态。当力 F 达到粉体所能承受的最大剪力时，两盒间的粉体开始流动，即两盒有相对位移。

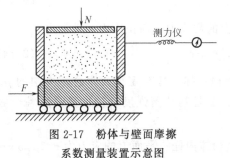

图 2-17　粉体与壁面摩擦
系数测量装置示意图

改变垂直作用力 N，重复上述实验，即可得到 N 所对应粉体能承受的最大剪力 F。这样就可得到一系列使两盒间粉体开始流动时 (F, N) 的临界值。除以两盒的截面积，就可得到一系列使两盒间粉体开始流动时 (τ, σ) 的临界值。通过线性回归就可得到粉体的库仑摩擦系数 μ_C 和初抗剪强度 c，由式 (2-17) 可得到粉体的内摩擦角 ϕ_i。

库仑粉体与壁面的摩擦也满足库仑定律，即

$$\tau_w = \mu_{Cw} \sigma_w + c_w \tag{2-18}$$

粉体与壁面的摩擦角 ϕ_w，简称壁面摩擦角为

$$\mu_{Cw} = \tan\phi_w \tag{2-19}$$

图 2-17 是粉体与壁面摩擦系数的测量装置示意图，其中下盒内不是粉体而是镶嵌的壁面材料。

图 2-18 是沙子内摩擦及与有机玻璃壁面摩擦临界应力 (τ, σ) 的测量结果，由线性回归得到沙子的内摩擦系数和与壁面摩擦系数分别为 0.962 和 0.464，内摩擦角和壁面摩擦角则分别等于 43.9° 和 24.9°。其他粉体的内摩擦角和壁面（有机玻璃壁面）摩擦角的测量结果列于表 2-4。

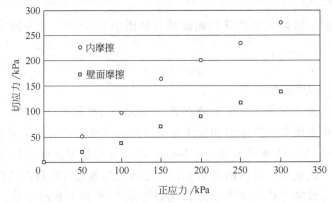

图 2-18　沙子内摩擦及与有机玻璃壁面摩擦临界应力 (τ, σ) 的测量结果

图 2-16 和图 2-17 所示的直线剪切仪剪切盒壁面的厚度有限，所以剪切运动的行程也受限。图 2-19 为两种旋转剪切仪的示意图，这种剪切仪没有行程长度的限制，测量上的适应性更强。普通旋转剪切仪 ［图 2-19(a)］ 尽管突破了行程限制，但在旋转过程中，轴心处的旋转速度为零，剪切盒侧壁面处速度最大，速度差太大，粉体受剪切力的程度不同，从而影响测试结果。环形旋转剪切仪 ［图 2-19(b)］ 避免了旋转剪切仪的速度差问题，将剪切区域限定在环形区域中，测试结果较准确。

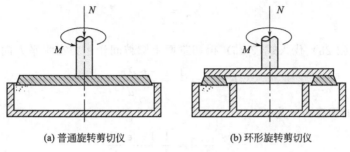

(a) 普通旋转剪切仪　　　　　(b) 环形旋转剪切仪

图 2-19　旋转剪切仪

2.4.3　库仑定律的理论推导

设颗粒是尺寸均匀的球形颗粒、两盒间隙为两盒间粉体的切割面、该切面切割 n 个颗粒并距某一颗粒中心的距离为 ζ，则中心在 $\zeta \rightarrow \zeta + \mathrm{d}\zeta$ 内的颗粒数为

$$n(\zeta) = n \frac{\mathrm{d}\zeta}{r} \tag{2-20}$$

若颗粒的接触数为 k_p，则单位颗粒表面 $\mathrm{d}S$ （图 1-31）的颗粒接触数 $\mathrm{d}n$ 为

$$\mathrm{d}n = k_\mathrm{p} \frac{\mathrm{d}S}{4\pi r^2} \tag{2-21}$$

则中心在 $\zeta \rightarrow \zeta + \mathrm{d}\zeta$ 内颗粒间作用力在水平方向的分量 （图 1-31） 为

$$\mathrm{d}F_{\mathrm{coh},\tau} = \left(\frac{k_\mathrm{p}}{4\pi r^2} \int_S F \sin\phi \, \mathrm{d}S \right) n \frac{\mathrm{d}\zeta}{r} \tag{2-22}$$

由图 1-31 有

$$\mathrm{d}A_r = \sin\phi \, \mathrm{d}S \tag{2-23}$$

由图 2-20 积分上式得

$$\int_S \sin\phi \, \mathrm{d}S = \int_{A_r} \mathrm{d}A_r = \frac{\beta r^2}{2} - r\zeta \sin\beta = r^2 \cos^{-1} \frac{\zeta}{r} - \zeta \sqrt{r^2 - \zeta^2} \tag{2-24}$$

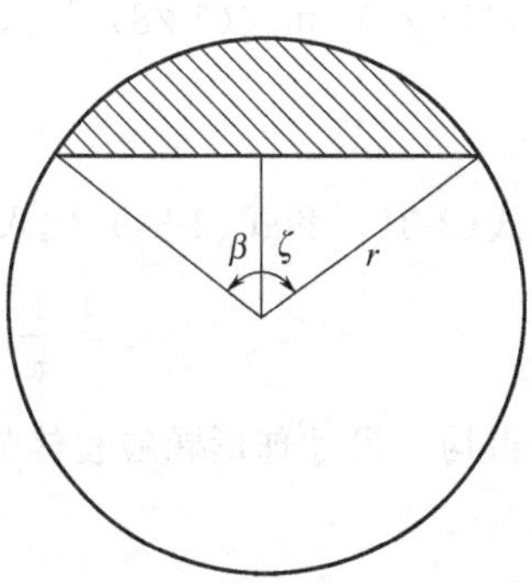

图 2-20　投影面积 A_r 示意图

把上式代入式(2-22) 得

$$\mathrm{d}F_{\mathrm{coh},\tau} = \frac{k_\mathrm{p} F n}{4\pi r} \left[\cos^{-1} \frac{\zeta}{r} \mathrm{d}\zeta - \sqrt{1 - \left(\frac{\zeta}{r} \right)^2} \frac{\zeta}{r} \mathrm{d}\zeta \right] \tag{2-25}$$

则切割面上颗粒间作用力在水平方向的分量为

$$F_{\mathrm{coh},\tau} = \frac{nk_{\mathrm{p}}F}{4\pi}\int_0^r \cos^{-1}\left(\frac{\zeta}{r}-\frac{\zeta}{2r}\right)\sqrt{1-\left(\frac{\zeta}{r}\right)^2}\,\frac{\mathrm{d}\zeta}{r} = \frac{nk_{\mathrm{p}}F}{6\pi} \tag{2-26}$$

由第 1 章的结果有

$$n = \frac{3A(1-\varepsilon)}{2\pi r^2} \tag{2-27}$$

$$k_{\mathrm{p}} = \frac{\pi}{\varepsilon} \tag{2-28}$$

把式（2-27）和式（2-28）代入式（2-26）得切割面上颗粒间作用力在水平方向的分量为

$$F_{\mathrm{coh},\tau} = \frac{1}{\pi}\frac{1-\varepsilon}{\varepsilon}\frac{AF}{d^2} \tag{2-29}$$

则切割面上的切应力 τ 为

$$\tau = \frac{F_{\mathrm{coh},\tau}}{A} = \frac{1}{\pi}\frac{1-\varepsilon}{\varepsilon}\frac{F}{d^2} \tag{2-30}$$

作用力 F 由两部分组成，一部分是颗粒间的作用力 F_{inter}，如颗粒间的范德华力、毛细力、静电力等，另一部分是由外载 N 所产生的作用力 $F_{\mathrm{ext},N}$，即

$$F = F_{\mathrm{inter}} + F_{\mathrm{ext},N} \tag{2-31}$$

参考图 1-31，由力平衡得

$$N = \int_0^r \left(\iint_S \frac{k_{\mathrm{p}}F_{\mathrm{ext},N}}{4\pi r^2}\cos\phi\,\mathrm{d}S\right)n\,\frac{\mathrm{d}\zeta}{r} = \frac{nk_{\mathrm{p}}F_{\mathrm{ext},N}}{6} \tag{2-32}$$

则由外载 N 所产生的作用力 $F_{\mathrm{ext},N}$ 为

$$F_{\mathrm{ext},N} = \frac{6N}{nk_{\mathrm{p}}} \tag{2-33}$$

把式（2-27）和式（2-28）代入上式得

$$F_{\mathrm{ext},N} = \frac{\varepsilon}{1-\varepsilon}\frac{Nd^2}{A} \tag{2-34}$$

把式（2-31）和式（2-34）代入式（2-30）得粉体的库仑定律为

$$\tau = \frac{1}{\pi}\frac{N}{A} + \frac{1}{\pi}\frac{1-\varepsilon}{\varepsilon}\frac{F_{\mathrm{inter}}}{d^2} = \frac{1}{\pi}\sigma + \frac{1}{\pi}\frac{1-\varepsilon}{\varepsilon}\frac{F_{\mathrm{inter}}}{d^2} \tag{2-35}$$

则得均一尺寸球形颗粒粉体的库仑摩擦系数为

$$\mu_{\mathrm{C}} = \frac{1}{\pi} = 0.318 \tag{2-36}$$

均一尺寸球形颗粒粉体的内摩擦角为 $17.7°$，这一结果与球形颗粒的测量结果十分吻合。

粉体的初抗剪强度为

$$c = \frac{1}{\pi}\frac{1-\varepsilon}{\varepsilon}\frac{F_{\mathrm{inter}}}{d^2} = \frac{1}{\pi}\sigma_{\mathrm{P}} \tag{2-37}$$

即粉体的初抗剪强度约为颗粒聚团强度的 $\frac{1}{3}$。

FCC 颗粒的初抗剪强度随颗粒尺寸变化的计算结果示于图 2-21，可以看出 FCC 颗粒的初抗剪强度随颗粒尺寸的增加而迅速减小。$10\mu\mathrm{m}$ FCC 颗粒的初抗剪强度约为 $10\mathrm{Pa}$，即约

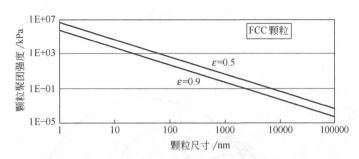

图 2-21　FCC 颗粒的初抗剪强度随颗粒尺寸的变化

为 1mm 水柱，所以大于 $10\mu m$ 的 FCC 颗粒为简单库仑粉体。

2.5　Molerus 粉体分类

2.5.1　Molerus Ⅰ类粉体

Molerus 按粉体的摩擦行为把粉体分为三类。初抗剪强度为零的粉体称为 Molerus Ⅰ类粉体，即简单库仑粉体。Molerus Ⅰ类粉体具有不团聚、不可压缩、流动性好且流动性与粉体预压缩应力无关等特征。在 (τ, σ) 坐标中 Molerus Ⅰ类粉体的临界流动条件为过原点的一条直线，如图 2-22 所示。

2.5.2　Molerus Ⅱ类粉体

初抗剪强度不为零，但与预压缩应力无关的粉体称为 Molerus Ⅱ类粉体。Molerus Ⅱ类粉体有一定的可压缩性，即在图 2-16、图 2-17 和图 2-19 中盒内粉体的空隙率与外载 N 无关，即初抗剪强度 c 与外载 N 无关。所以在 (τ, σ) 坐标中，Molerus Ⅱ类粉体的临界流动条件为一条直线，如图 2-23 所示，图 2-24 为脂肪酸粉体的临界流动曲线。

Molerus Ⅱ粉体具有一定的团聚性、可压缩性和流动性，但流动性与预压缩应力无关。即在粉体储存与输送的单元操作中，粉体的流动性与粉体加料的过程与方式无关。当粉体的储存与输送设备发生堵塞时，可通过敲打与振动的方式解决堵塞问题。

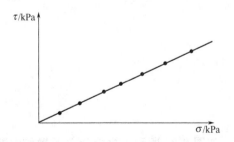

图 2-22　Molerus Ⅰ类粉体临界流动条件示意图

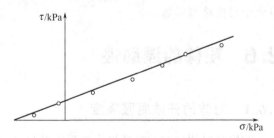

图 2-23　Molerus Ⅱ类粉体临界流动条件示意图

2.5.3　Molerus Ⅲ类粉体

初抗剪强度不为零且与预压缩应力有关的粉体称为 Molerus Ⅲ类粉体。通常 Molerus Ⅲ类粉体的内摩擦角也与预压缩应力有关，所以 Molerus Ⅲ类粉体的流动条件在 (τ, σ) 坐

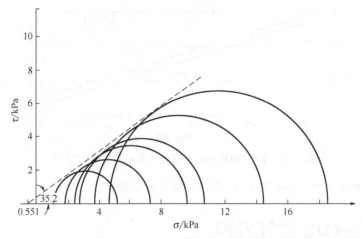

图 2-24　脂肪酸粉体的临界流动曲线

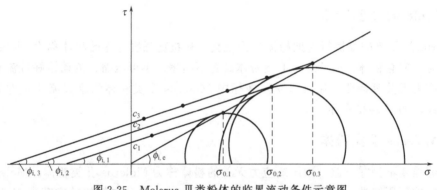

图 2-25　Molerus Ⅲ类粉体的临界流动条件示意图

标中是与预压缩应力有关的曲线族，如图 2-25 所示。与预压缩摩尔应力圆相切的曲线称为有效流动曲线，它与 σ 轴的夹角 $\phi_{i,e}$ 为有效内摩擦角，如图 2-25 所示。

　　Molerus Ⅲ类粉体有较强的团聚性和可压缩性、较差的流动性，且流动性与预压缩应力有关。在粉体储存与输送的单元操作中，粉体的流动性与粉体加料的过程与方式有关。敲打与振动能够使粉体处于紧密的压缩状态而造成粉体的流动性差，使粉体在储存与输送的操作单元中发生堵塞问题。

2.6　粉体的流动性

2.6.1　粉体的开放屈服强度

　　结拱是粉体储存与输送操作单元中常见的问题，如图 2-26 所示。拱能使单元操作中断，或影响产品质量，所以在生产和单元操作中应避免拱的产生。

　　由于拱有自由表面的存在，自由表面上既无切应力也无正应力，根据切应力互补原理，在与自由表面相垂直的表面上只有正应力而无切应力，如图 2-26 所示。取含自由表面的一微元体如图 2-27 所示，可以看出此正应力也是使拱破坏的最大正应力。这一最大正应力是粉体的物性，称为粉体的开放屈服强度或粉体的开放屈服应力。

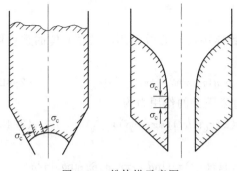

图 2-26　粉体拱示意图

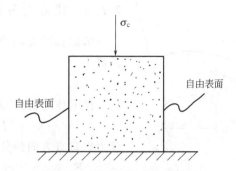

图 2-27　拱表面微元体示意图

考虑图 2-28 所示粉体开始流动时的库仑曲线，由于在拱的自由表面上既无切应力也无正应力，所以图 2-28 的坐标原点是拱自由表面的应力状态。则与拱自由表面相垂直的表面对应于 σ 轴上某一点，根据库仑定律，当过原点的莫尔应力圆与库仑曲线相切时，粉体开始流动，即拱破坏。所以，粉体的开放屈服强度对应于该莫尔圆与 σ 轴的交点，如图 2-28 所示。

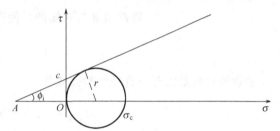

图 2-28　粉体拱处于临界流动时的应力图

由图 2-28 的几何关系可得

$$OA + \frac{\sigma_c}{2} = \frac{\sigma_c}{2\sin\phi_i} \quad (2\text{-}38)$$

$$OA = \frac{c}{\tan\phi_i} \quad (2\text{-}39)$$

从上两式可得粉体的开放屈服强度 σ_c 为

$$\sigma_c = \frac{2\cos\phi_i}{1 - \sin\phi_i}c \quad (2\text{-}40)$$

从上式可得 Molerus Ⅰ 类粉体的开放屈服强度为 0，即 Molerus Ⅰ 类粉体不结拱；Molerus Ⅱ 类粉体的开放屈服强度是一常数，与预压缩应力无关；Molerus Ⅲ 类粉体的开放屈服强度随预压缩应力的增加而增加，即拱的强度随预压缩应力的增加而增加。

2.6.2　Jenike 流动函数

Jenike 定义粉体流动函数 FF 为预压缩应力 σ_0 与粉体的开放屈服强度 σ_c 之比

$$FF = \frac{\sigma_0}{\sigma_c} \quad (2\text{-}41)$$

可见，Molerus Ⅰ 类粉体的 Jenike 流动函数 $FF \to \infty$；Molerus Ⅱ 粉体的流动函数 FF 是与预压缩应力无关的常数；Molerus Ⅲ 类粉体的流动函数 FF 与预压缩应力有关。Jenike 建议的粉体流动性与流函数 FF 的关系列于表 2-5。

表 2-5　粉体流动性与流函数 FF 的关系

粉体的流动函数 FF	$FF<2$	$2<FF<4$	$4<FF<10$	$FF>10$
团聚性	强团聚性	团聚性	轻微团聚性	不团聚
流动性	结拱	流动性差	流动性好	良好的流动性

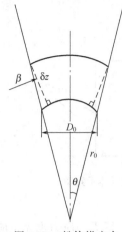

图 2-29　粉体拱应力
分析示意图

2.6.3　拱应力分析

考虑如图 2-29 所示的粉体拱及拱的微元体，拱微元体的重量可近似为

$$W_{arch} = \pi(r_0\sin\theta)^2 \delta z \rho_B g \tag{2-42}$$

微元体与自由面相垂直表面上的作用力为

$$F_{conf} = (2\pi r_0\sin\theta)(\delta z\cos\beta)\sigma_c \tag{2-43}$$

该力在垂直方向的分量为

$$F_{conf,\perp} = (2\pi r_0\sin\theta)(\delta z\cos\beta)\sigma_c\sin\beta = \pi r_0\sigma_c\delta z\sin\theta\sin2\beta \tag{2-44}$$

由力平衡得使拱稳定的开口直径为

$$D_0 = 2r_0\sin\theta = \frac{2\sigma_c\sin2\beta}{\rho_B g} \tag{2-45}$$

通常角 β 是未知的，使拱稳定的最大开口直径为

$$D_{max} = \frac{2\sigma_c}{\rho_B g} \tag{2-46}$$

使拱稳定的最大开口直径经验公式为

$$D_{max} = (2 + 0.00467\theta)\frac{\sigma_c}{\rho_B g} \tag{2-47}$$

式中 θ 的单位为角度。

习　　题

2-1　已知粉体的密度为 $2500kg/m^3$、真密度为 $2980kg/m^3$、100kg 粉体的最紧密和最疏松堆积体积分别为 $0.067m^3$ 和 $0.125m^3$，计算颗粒的空隙率、粉体的最紧密和最疏松堆积密度、最紧密和最疏松堆积空隙率、HR 值和可压缩性。

2-2　工业上，粉体的安息角常用来控制粉体的流量。习题图 2-1 为一常见的粉体送料装置，当底盘静止时，由于粉体具有安息角的特征，粉体将停止流动；当底盘转动或振动时，粉体的安息角遭到破坏，粉体开始流动，粉体的流量由转速或振动频率控制。若粉体的安息角等于 30°，设备的几何尺寸如图所示，求底盘的最小直径。

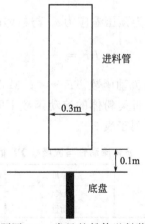

进料管

0.3m

0.1m

底盘

习题图 2-1　常见的粉体送料装置

2-3 测得某一库仑粉体的滑移条件为 $\tau = 0.786\sigma + 500$（Pa），求粉体的初抗剪强度、库仑摩擦系数、内摩擦角、开放屈服强度。说明该库仑粉体为 Molerus 几类粉体；若粉体料仓底部锥体的锥角等于 45°，计算不结拱的底部锥体最小开口尺寸（已知粉体的堆积密度为 1000kg/m^3）。

参 考 文 献

[1] Molerus O. Principles of Flow in Disperse Systems. London：Chapman & Hall，1993.
[2] Fayed H E，Otten L. 粉体工程手册. 黄长雄等译. 北京：化学工业出版社，1992.

3 粉体静力学

3.1 颗粒与连续介质

如前所述，颗粒是粉体的基本组成单元，粉体具有明显的不连续性，对于实际粉体来说，填充状态和力学性质均一的情况极少。然而，单个颗粒与整个粉体或粉体的操作单元设备相比尺寸很小，且当人们着眼于粉体这个集合，分析粉体的力学特征时，不讨论构成粉体层的单个颗粒，而将整体看作连续体，即粉体无空隙地分布于粉体所占据的整个空间；粉体在流动和变形过程中保持连续性，无颗粒和空隙的形式，不开裂或重叠。显然，在连续性假定下，表征粉体变形和内力的量就可以表示为坐标的连续函数。

连续介质力学把现实粉体抽象成理论模型，把现实粉体的运动抽象成理论模型的运动，利用数学和实验的方法，描述在外界作用下粉体的运动响应。

3.2 粉体的应力与应变

如图 3-1(a) 所示，在一平面上放置一些粉体，粉体保持静止状态；使平面缓慢倾斜 [图 3-1(b)]，即对粉体逐渐施加外力，在倾角 α 不够大时，粉体仍然保持静止状态；当倾角 α 达到一定角度时 [图 3-1(c)]，粉体开始向下滑移。这个过程便是一个非常典型的粉体受力的例子。

静止状态下固体的作用面上能够同时承受剪切应力和法向应力，在力的作用下固体发生变形。在弹性极限内，变形和作用力之间服从胡克定律，即固体的变形量和作用力的大小成正比。进一步增大作用力，固体将发生塑性变形或断裂破坏。尽管粉体也是在作用力达到一定程度时才崩坏、运动，但是这个极限值远小于固体的极限应力，且粉体达到这个崩坏极限后若没有后续的作用力继续施加，粉体很快便会静止下来。

流体受到任何微小的剪切力都会产生连续的变形，若忽略阻力，流体将永久运动下去，若考虑能量耗散，即使撤掉所施加的力场，流体完全静止下来也需要经历很长时间。不同于流体，粉体具备一定的抗受能力，只有力达到一定的程度，粉体才会由静止状态变为运动状态，并且粉体的流动并不像流体那样连续运动。

为了方便描述，粉体微元上的作用力可用正应力和切应力来表述。定义剪应力为零的作

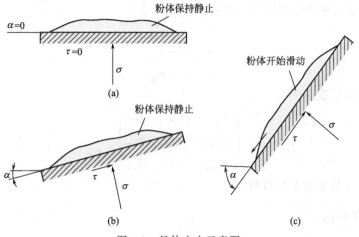

图 3-1　粉体应力示意图

用面上所受到的正应力为主应力，这个作用面则为主应力面。由于空间一点的应力系很复杂，但是任意一点的应力都可分解为相互垂直的三个主应力。令最大主应力为 σ_1，次之的主应力为 σ_2，最小的主应力为 σ_3。粉体的分析中常采用考虑最大主应力 σ_1 和最小主应力 σ_3 的二元应力系，即只考虑平面应力系。

3.2.1　粉体的应力规定

考虑如图 3-2 所示的微元体，作用在 x 面上的力 F_x 可分解为 x、y、z 方向的力 F_{xx}、F_{xy}、F_{xz}，其中第一个下标代表作用面，第二个下标代表力的方向。F_{xx}、F_{xy}、F_{xz} 除以 x 面的面积 A_x 得 x 面上的法向应力 σ_{xx} 及切应力 τ_{xy} 和 τ_{xz}。同样在 y 和 z 面上各有三个应力 σ_{yy}、τ_{yx}、τ_{yz} 和 σ_{zz}、τ_{zx}、τ_{zy}。这样作用在微元体上的应力张量为

$$\begin{pmatrix} \sigma_{xx} & \tau_{xy} & \tau_{xz} \\ \tau_{yx} & \sigma_{yy} & \tau_{yz} \\ \tau_{zx} & \tau_{zy} & \sigma_{zz} \end{pmatrix}$$

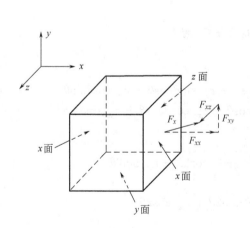

图 3-2　粉体微元体应力示意图

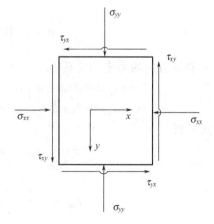

图 3-3　粉体应力规定示意图

由于粉体在操作单元中主要承受压缩作用，粉体的正应力规定为压应力为正，拉应力为负。切应力规定为逆时针为正，顺时针为负。图 3-3 表示了粉体正应力的方向。

对图 3-3 的微元取力矩得切应力互补定理为

$$\tau_{xy} = -\tau_{yx} \tag{3-1}$$

同样可得

$$\tau_{xz} = -\tau_{zx} \tag{3-2}$$

$$\tau_{yz} = -\tau_{zy} \tag{3-3}$$

这样粉体的应力张量变为

$$\begin{pmatrix} \sigma_{xx} & \tau_{xy} & \tau_{xz} \\ -\tau_{xy} & \sigma_{yy} & \tau_{yz} \\ -\tau_{xz} & -\tau_{yz} & \sigma_{zz} \end{pmatrix} \tag{3-4}$$

粉体的应力张量矩阵是反对称的。

3.2.2 莫尔应力圆

莫尔应力圆

考虑二维应力情况如图 3-3 所示，已知 x 和 y 面上的应力 σ_{xx}、τ_{xy}、σ_{yy}，求微元体逆时针旋转 θ 角（如图 3-4 所示）后 u 和 v 面上的应力 σ_{uu}、τ_{uv}、σ_{vv}。取如图 3-4 所示的三角元，设 v 面的面积为单位面积，则 x 和 y 面的面积分别为 $\sin\theta$ 和 $\cos\theta$。

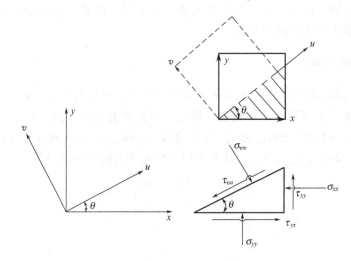

图 3-4　莫尔应力分析示意图

由 u 和 v 方向的力平衡关系得

$$\sigma_{vv} = \sigma_{xx}\sin\theta\sin\theta + \sigma_{yy}\cos\theta\cos\theta + \tau_{xy}\sin\theta\cos\theta - \tau_{yx}\cos\theta\sin\theta \tag{3-5}$$

$$\tau_{vu} = -\sigma_{xx}\sin\theta\cos\theta + \sigma_{yy}\sin\theta\cos\theta + \tau_{xy}\cos\theta\cos\theta + \tau_{yx}\sin\theta\sin\theta \tag{3-6}$$

由上两式可得

$$\sigma_{vv} = \frac{\sigma_{xx} + \sigma_{yy}}{2} + \frac{\sigma_{xx} - \sigma_{yy}}{2}\cos2\theta - \tau_{xy}\sin2\theta \tag{3-7}$$

$$\tau_{vu} = -\frac{\sigma_{xx} - \sigma_{yy}}{2}\sin2\theta + \tau_{xy}\cos2\theta \tag{3-8}$$

设

$$p = \frac{\sigma_{xx} + \sigma_{yy}}{2} \tag{3-9}$$

$$R = \sqrt{\left(\frac{\sigma_{xx} - \sigma_{yy}}{2}\right)^2 + \tau_{xy}^2} \tag{3-10}$$

$$\tan 2\psi = \frac{2\tau_{xy}}{\sigma_{xx} - \sigma_{yy}} \tag{3-11}$$

式(3-7) 和式(3-8) 可写为

$$\sigma_{vv} = p + R\cos(2\theta + 2\psi) \tag{3-12}$$

$$\tau_{vu} = R\sin(2\theta + 2\psi) \tag{3-13}$$

式(3-12) 和式(3-13) 在 (σ, τ) 坐标系中定义了以 $(p, 0)$ 为原点、以 R 为半径的圆，如图 3-5 所示。当 θ 为零时，X 和 Y 点对应着 x 和 y 面上的应力状态。V 对应着与 x 面逆时针方向成 θ 角的平面上的应力状态。角 ψ 是最大主应力面与 X 面顺时针方向旋转的夹角。

3.3 莫尔-库仑定律

库仑粉体的临界流动条件在 (σ, τ) 坐标中是一条直线，简称 IYF。粉体内任一点的应力状态可由莫尔应力圆表示，当粉体内任一点的莫尔应力圆在 IYF 下方时（如图 3-6 中直线 a 所示），粉体将处于静止状态。当粉体内某一点的莫尔应力圆与 IYF 相切时（如图 3-6 中直线 b 所示），粉体处于临界流动或流动状态，这一流动条件称为莫尔-库仑定律。根据库仑定律，粉体内某一点的莫尔应力圆与 IYF 相割的情况（如图 3-6 中直线 c 所示）不会出现。

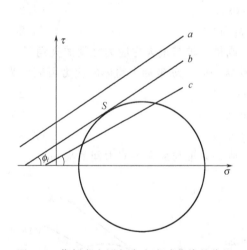

图 3-6　莫尔应力圆与库仑流动曲线的位置

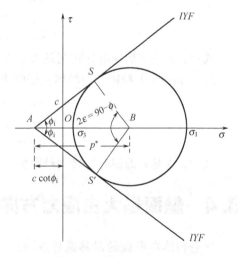

图 3-7　粉体滑移面莫尔应力圆

当粉体的 IYF 与某一点的莫尔应力圆相切时，在这一点有两个滑移面，对应于莫尔圆上 S 和 S' 点（如图 3-7 所示）。可以看出滑移面与最小主应力面的夹角为

$$\varepsilon = 45 - \phi_i/2 \tag{3-14}$$

莫尔圆的半径为
$$R = p^* \sin\phi_i \tag{3-15}$$

式中，p^* 是莫尔圆的圆心到 IYF 与 σ 轴交点的距离；ϕ_i 为内摩擦角。

最大主应力 σ_1 和最小主应力 σ_3 分别为

$$\sigma_1 = p^*(1 + \sin\phi_i) - c\cot\phi_i \tag{3-16}$$

$$\sigma_3 = p^*(1-\sin\phi_i) - c\cot\phi_i \tag{3-17}$$

当粉体处于临界流动或流动状态时，根据莫尔-库仑定律，粉体的应力可表示为

$$\sigma_{xx} = p^* + R\cos2\psi - c\cot\phi_i = p^*(1+\sin\phi_i\cos2\psi) - c\cot\phi_i \tag{3-18}$$

$$\sigma_{yy} = p^*(1-\sin\phi_i\cos2\psi) - c\cot\phi_i \tag{3-19}$$

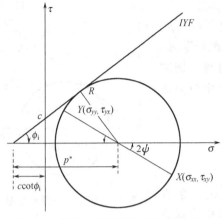

$$\tau_{yx} = -\tau_{xy} = R\sin2\psi = p^*\sin\phi_i\sin2\psi \tag{3-20}$$

式中，ψ 是 x 面逆时针转到最大主应力面的角（如图3-8所示），或是 x 轴与最大主应力间的夹角。

对 Molerus I 粉体，当粉体处于临界流动或流动状态时，粉体的应力可表示为

$$\sigma_{xx} = p(1+\sin\phi_i\cos2\psi) \tag{3-21}$$

$$\sigma_{yy} = p(1-\sin\phi_i\cos2\psi) \tag{3-22}$$

$$\tau_{yx} = -\tau_{xy} = p\sin\phi_i\sin2\psi \tag{3-23}$$

$$\sigma_1 = p(1+\sin\phi_i) \tag{3-24}$$

$$\sigma_3 = p(1-\sin\phi_i) \tag{3-25}$$

图3-8 粉体处于临界流动状态时应力
关系的莫尔应力圆

式中，p 是莫尔圆的圆心到坐标原点的距离。

对 Molerus I 粉体，当粉体处于临界流动或流动状态时，柱坐标中粉体的应力可表示为

$$\sigma_{rr} = p(1+\sin\phi_i\cos2\psi) \tag{3-26}$$

$$\sigma_{zz} = p(1-\sin\phi_i\cos2\psi) \tag{3-27}$$

$$\tau_{zr} = -\tau_{rz} = p\sin\phi_i\sin2\psi \tag{3-28}$$

式中，ψ 是 r 面逆时针转到最大主应力面的角，或是 r 轴与最大主应力之间的夹角。

对 Molerus I 粉体，当粉体处于临界流动或流动状态时，球坐标中粉体的应力可表示为

$$\sigma_{rr} = p(1+\sin\phi_i\cos2\psi) \tag{3-29}$$

$$\sigma_{\theta\theta} = p(1-\sin\phi_i\cos2\psi) \tag{3-30}$$

$$\tau_{\theta r} = -\tau_{r\theta} = p\sin\phi_i\sin2\psi \tag{3-31}$$

式中，ψ 是 r 面逆时针转到最大主应力面的角，或是 r 轴与最大主应力间的夹角。

3.4 壁面最大主应力方向

库仑粉体在壁面的滑移条件在（σ，τ）坐标中也是一条直线，简称 WYF。当壁面十分粗糙时，WYF 接近或与 IYF 重合。对于绝大多数壁面条件，WYF 在 IYF 下方。所以，WYF 与临界流动的莫尔圆相割，即与莫尔圆有四个交点 A、B、C、D，如图3-9所示，代表着壁面应力状态。

若壁面应力状态对应莫尔圆的 A 点，且壁面为 x 面，则从图3-10的几何关系可得壁面上最大主应力面与 x 面的夹角为

$$2\psi_{w,A} = 180° + (\omega - \phi_w) \tag{3-32}$$

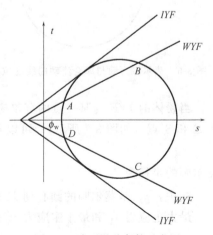

图3-9 壁面滑移条件示意图

若壁面应力状态对应莫尔圆的 B 点，则从图 3-10 的几何关系可得壁面上最大主应力面与 x 面的夹角为

$$2\psi_{w,B} = 360° - (\omega + \phi_w) \tag{3-33}$$

若壁面应力状态对应莫尔圆的 C 点，则从图 3-10 的几何关系可得壁面上最大主应力面与 x 面的夹角为

$$2\psi_{w,C} = \omega + \phi_w \tag{3-34}$$

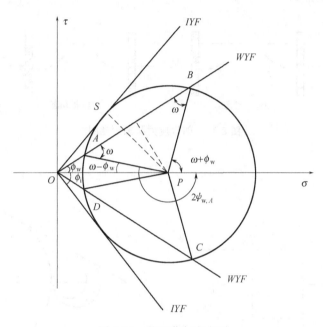

图 3-10 壁面莫尔应力圆

若壁面应力状态对应莫尔圆上的 D 点，则从图 3-10 的几何关系可得壁面上最大主应力面与 x 面的夹角为

$$2\psi_{w,D} = 180° - (\omega - \phi_w) \tag{3-35}$$

式中，ϕ_w 为壁面摩擦角。

从图 3-9 的几何关系可得

$$R\sin\omega = p\sin\phi_w \tag{3-36}$$

$$R = p\sin\phi_i \tag{3-37}$$

则得 ω 角为

$$\sin\omega = \frac{\sin\phi_w}{\sin\phi_i} \tag{3-38}$$

3.5 朗肯应力状态

朗肯应力状态可用图 3-11 的实验来说明，在图 3-11 中粉体装在两无限大的垂直平板之间。当两平板受力向外移动时，粉体将向外流动或有向外流动的倾向，如图 3-11(a) 所示，这种应力状态称为朗肯主动应力状态，简称主动态。当两平板受向内推力的作用时，粉体将

向内移动或有向内移动的倾向，如图 3-11(b) 所示，这种应力状态称为朗肯被动应力状态，简称被动态。

在图 3-11 的粉体中取一微元体如图 3-12 所示，其中 AA' 为自由表面，x 为水平方向，y 为垂直方向且向下为正。由于 AA' 为自由表面，AA' 面上没有应力。所以切应力 $\tau_{xy} = -\tau_{yx} = 0$，即微元体上只有正应力，如图 3-12 所示。且有

$$\sigma_{yy} = \rho_{\mathrm{B}}gy \tag{3-39}$$

但主应力 σ_{xx} 是不确定的。

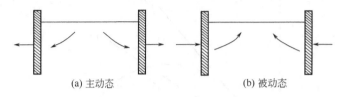

(a) 主动态   (b) 被动态

图 3-11　朗肯应力状态示意图

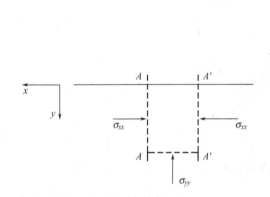

图 3-12　朗肯应力状态分析微元体

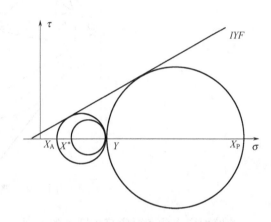

图 3-13　朗肯应力状态的莫尔应力圆

当两平板受力向外移动时，σ_{xx} 减小，相应的莫尔应力圆将向左延伸（图 3-13）。随两平板向外移动，相应的莫尔应力圆终将与粉体的临界流动曲线 IYF 相切，粉体开始流动。这个临界应力状态即朗肯主动应力状态，此时的应力 σ_{xx} 记为 σ_{A}，根据莫尔-库仑定律等于

$$\sigma_{\mathrm{A}} = p_{\mathrm{A}}^* - R_{\mathrm{A}} - c\cot\phi_{\mathrm{i}} = p_{\mathrm{A}}^*(1 - \sin\phi_{\mathrm{i}}) - c\cot\phi_{\mathrm{i}} \tag{3-40}$$

另有

$$\sigma_{yy} = p_{\mathrm{A}}^*(1 + \sin\phi_{\mathrm{i}}) - c\cot\phi_{\mathrm{i}} \tag{3-41}$$

由上两式可得

$$\sigma_{\mathrm{A}} = \frac{1 - \sin\phi_{\mathrm{i}}}{1 + \sin\phi_{\mathrm{i}}}\sigma_{yy} - 2c\frac{\cos\phi_{\mathrm{i}}}{1 + \sin\phi_{\mathrm{i}}} \tag{3-42}$$

对 Molerus Ⅰ类粉体有

$$\sigma_{\mathrm{A}} = \frac{1 - \sin\phi_{\mathrm{i}}}{1 + \sin\phi_{\mathrm{i}}}\sigma_{yy} = \frac{1 - \sin\phi_{\mathrm{i}}}{1 + \sin\phi_{\mathrm{i}}}\rho_{\mathrm{B}}gy = K_{\mathrm{A}}\rho_{\mathrm{B}}gy \tag{3-43}$$

式中 K_{A} 等于

$$K_A = \frac{1 - \sin\phi_i}{1 + \sin\phi_i} \tag{3-44}$$

称为朗肯主动态应力系数，简称主动态系数。对 Molerus Ⅰ类粉体，K_A 是在临界流动状态时最小主应力与最大主应力之比。

当两平板受向内的作用力时，σ_{xx} 增加，相应的莫尔应力圆将向右延伸（图 3-13）。随两平板向内移动，相应的莫尔应力圆终将与粉体的临界流动曲线 IYF 相切，粉体开始流动。这个临界应力状态即朗肯被动应力状态，此时的应力 σ_{xx} 记为 σ_P，根据莫尔-库仑定律等于

$$\sigma_P = p_P^*(1 + \sin\phi_i) - c\cot\phi_i \tag{3-45}$$

另有

$$\sigma_{yy} = p_P^*(1 - \sin\phi_i) - c\cot\phi_i \tag{3-46}$$

由上两式可得

$$\sigma_P = \frac{1 + \sin\phi_i}{1 - \sin\phi_i}\sigma_{yy} + 2c\,\frac{\cos\phi_i}{1 - \sin\phi_i} \tag{3-47}$$

对 Molerus Ⅰ类粉体有

$$\sigma_P = \frac{1 + \sin\phi_i}{1 - \sin\phi_i}\sigma_{yy} = \frac{1 + \sin\phi_i}{1 - \sin\phi_i}\rho_B gy = K_P \rho_B gy \tag{3-48}$$

式中 K_P 为

$$K_P = \frac{1 + \sin\phi_i}{1 - \sin\phi_i} \tag{3-49}$$

称为朗肯被动态应力系数，简称被动态系数。对 Molerus Ⅰ类粉体，K_P 是在临界流动状态时最大主应力与最小主应力之比。

对 Molerus Ⅰ类粉体，被动态应力 σ_P 与主动态应力 σ_A 之比等于

$$\frac{\sigma_P}{\sigma_A} = \frac{K_P}{K_A} = \left(\frac{1 + \sin\phi_i}{1 - \sin\phi_i}\right)^2 \tag{3-50}$$

通常，在粉体的操作单元中，填料过程的应力状态为朗肯主动态，如图 3-14 所示；排料过程的应力状态为朗肯被动态，如图 3-15 所示。

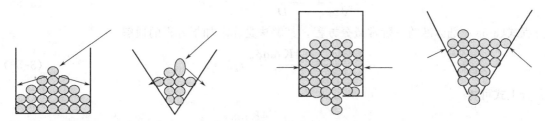

图 3-14　朗肯应力主动态示意图　　　　　图 3-15　朗肯应力被动态示意图

3.6　粉体应力 Janssen 近似分析方法

3.6.1　柱体应力分析

考虑如图 3-16 所示的柱体，取柱坐标 (r, z) 的原点在柱体上表面的中心点，z 轴沿

柱体中轴线垂直向下。Janssen 假设为：

ⅰ.应力在水平面内是均匀的；

ⅱ.水平和垂直方向的应力是主应力。

对图 3-17 所示微元体作力平衡得

$$\frac{\pi}{4}D^2\sigma_{zz} + \frac{\pi}{4}D^2\rho_B g\delta z = \frac{\pi}{4}D^2(\sigma_{zz} + \delta\sigma_{zz}) + \pi D\delta z\tau_w \tag{3-51}$$

整理上式得

$$\frac{d\sigma_{zz}}{dz} + \frac{4\tau_w}{D} = \rho_B g \tag{3-52}$$

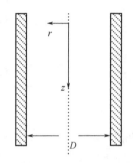

图 3-16　粉体柱体储存设备示意图

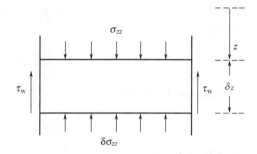

图 3-17　应力分析微元体

对 Molerus Ⅰ类粉体，粉体在壁面的库仑定律为

$$\tau_w = \sigma_{rr}\tan\phi_w \tag{3-53}$$

由于 σ_{rr} 和 σ_{zz} 是主应力，根据朗肯应力关系有

$$\sigma_{rr} = K\sigma_{zz} \tag{3-54}$$

式中，K 是 Janssen 应力常数，当 σ_{rr} 和 σ_{zz} 确是主应力时，Janssen 应力常数就是朗肯应力常数。

把式(3-53) 和式(3-54) 代入式(3-52) 有

$$\frac{d\sigma_{zz}}{dz} + \frac{4K\tan\phi_w}{D}\sigma_{zz} = \rho_B g \tag{3-55}$$

方程式(3-55) 是标准的一阶常微分方程，其解法是先求如下方程的通解

$$\frac{d\sigma_{zz}}{dz} + \frac{4K\tan\phi_w}{D}\sigma_{zz} = 0 \tag{3-56}$$

积分上式可得

$$\sigma_{zz} = C\exp\left(-\frac{4K\tan\phi_w}{D}z\right) \tag{3-57}$$

其中，C 是积分常数。设 C 是 z 的函数，对式(3-57) 求导得

$$\frac{d\sigma_{zz}}{dz} = \frac{dC}{dz}\exp\left(-\frac{4K\tan\phi_w}{D}z\right) - \frac{4K\tan\phi_w}{D}C\exp\left(-\frac{4K\tan\phi_w}{D}z\right) \tag{3-58}$$

把式(3-58) 代入式(3-55) 整理后得

$$\frac{dC}{dz} = \rho_B g\exp\left(\frac{4K\tan\phi_w}{D}z\right) \tag{3-59}$$

积分上式得

$$C = C' + \frac{\rho_B g D}{4K \tan\phi_w} \exp\left(\frac{4K \tan\phi_w}{D} z\right) \tag{3-60}$$

则式(3-55)的通解为

$$\sigma_{zz} = \frac{\rho_B g D}{4K \tan\phi_w} + C' \exp\left(-\frac{4K \tan\phi_w}{D} z\right) \tag{3-61}$$

应用边界条件

$$z = 0, \sigma_{zz} = \sigma_0 \tag{3-62}$$

得到应力分布方程为

$$\sigma_{zz} = \frac{\rho_B g D}{4K \tan\phi_w}\left[1 - \exp\left(-\frac{4K \tan\phi_w}{D} z\right)\right] + \sigma_0 \exp\left(-\frac{4K \tan\phi_w}{D} z\right) \tag{3-63}$$

$$\sigma_{rr} = K\sigma_{zz} = \frac{\rho_B g D}{4 \tan\phi_w}\left[1 - \exp\left(-\frac{4K \tan\phi_w}{D} z\right)\right] + K\sigma_0 \exp\left(-\frac{4K \tan\phi_w}{D} z\right) \tag{3-64}$$

$$\tau_w = \sigma_{rr} \tan\phi_w = \frac{\rho_B g D}{4}\left[1 - \exp\left(-\frac{4K \tan\phi_w}{D} z\right)\right] + K \tan\phi_w \sigma_0 \exp\left(-\frac{4K \tan\phi_w}{D} z\right) \tag{3-65}$$

可以看出当达到一定深度时，应力趋于渐近值

$$\sigma_{zz}^\infty = \frac{\rho_B g D}{4K \tan\phi_w} \tag{3-66}$$

$$\sigma_{rr}^\infty = \frac{\rho_B g D}{4 \tan\phi_w} \tag{3-67}$$

$$\tau_w^\infty = \frac{\rho_B g D}{4} \tag{3-68}$$

式(3-68)可由如下的力平衡关系得到

$$\frac{\pi}{4} D^2 dz \rho_B g = \pi D dz \tau_w^\infty \tag{3-69}$$

即当应力达渐近值时，粉体的重量由切应力承担。所以式(3-68)的适用性不受 Janssen 假设的限制。

由粉体在壁面的库仑定律 $\tau_w^\infty = \sigma_{rr}^\infty \tan\phi_w$ 可知，对 Molerus Ⅰ 类粉体，式(3-67)的适用性不受 Janssen 假设的限制。由于在 σ_{zz}^∞ 的表达式(3-66)中含 Janssen 常数 K，所以受 Janssen 假设适用性的限制。

【例题 3-1】 计算粉体在柱体内的应力分布。已知，粉体是 Molerus Ⅰ 类粉体。其内摩擦角为 40°，壁面摩擦角为 10°，堆积密度为 1000kg/m³；柱体的高度和直径分别为 30m 和 1m；初始应力 $\sigma_0 = 0$。

解 该粉体的朗肯主动态和被动态应力系数为

$$K_A = \frac{1 - \sin\phi_i}{1 + \sin\phi_i} = 0.217$$

$$K_P = \frac{1 + \sin\phi_i}{1 - \sin\phi_i} = 4.599$$

主动态时，应力为

$$\sigma_{zz} = \frac{\rho_{B}gD}{4K_{A}\tan\phi_{w}}\left(1-\mathrm{e}^{-\frac{4K_{A}\tan\phi_{w}}{D}z}\right) = 63.852\ (1-\mathrm{e}^{-0.153z})\ (\mathrm{kPa})$$

$$\sigma_{rr} = K_{A}\sigma_{zz} = 13.856(1-\mathrm{e}^{-0.153z})\ (\mathrm{kPa})$$

$$\tau_{w} = \tan\phi_{w}\sigma_{rr} = 2.452(1-\mathrm{e}^{-0.153z})\ (\mathrm{kPa})$$

应力分布的计算结果示于图 3-18。

被动态时，应力为

$$\sigma_{zz} = \frac{\rho_{B}gD}{4K_{P}\tan\phi_{w}}\left(1-\mathrm{e}^{-\frac{4K_{P}\tan\phi_{w}}{D}z}\right) = 0.533(1-\mathrm{e}^{-3.256z})\ (\mathrm{kPa})$$

$$\sigma_{rr} = K_{P}\sigma_{zz} = 2.451(1-\mathrm{e}^{-3.256z})\ (\mathrm{kPa})$$

$$\tau_{w} = \tan\phi_{w}\sigma_{rr} = 0.434(1-\mathrm{e}^{-3.256z})\ (\mathrm{kPa})$$

应力分布的计算结果示于图 3-19。由图可以看出，被动态时达到应力渐近值的距离远小于主动态时达到应力渐近值的距离。

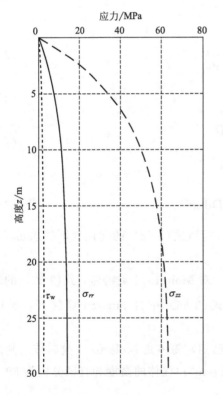

图 3-18　朗肯应力主动态的应力分布计算结果

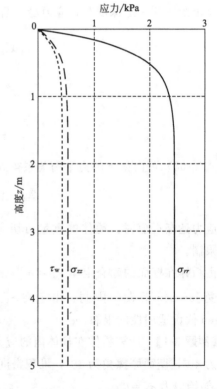

图 3-19　朗肯应力被动态应力分布计算结果

3.6.2　锥体应力分析

考虑如图 3-20 所示半角为 α 的锥体，锥体高为 H，选取的柱坐标 (r,z) 如图所示。采用 Janssen 假设，对图 3-21 所示的微元体作力平衡得

$$\sigma_{zz}\pi[(H-z)\tan\alpha]^2+\pi\rho_B g[(H-z)\tan\alpha]^2 dz =$$

$$(\sigma_{zz}+d\sigma_{zz})\pi[(H-z)\tan\alpha]^2+2\pi(H-z)\tan\alpha\frac{dz}{\cos\alpha}\tau_w\cos\alpha+$$

$$2\pi(H-z)\tan\alpha\frac{dz}{\cos\alpha}\sigma_{rr}\sin\alpha \tag{3-70}$$

整理得

$$\frac{d\sigma_{zz}}{dz}+\frac{2(\tau_w+\sigma_{rr}\tan\alpha)}{(H-z)\tan\alpha}=\rho_B g \tag{3-71}$$

把库仑定律和 Janssen 应力关系代入式(3-37)得

$$\frac{d\sigma_{zz}}{dz}+\frac{m}{H-z}\sigma_{zz}=\rho_B g \tag{3-72}$$

其中

$$m=2K\left(1+\frac{\tan\phi_w}{\tan\alpha}\right) \tag{3-73}$$

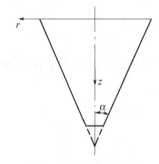

图 3-20 锥体示意图

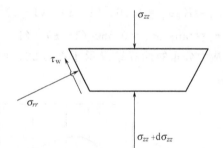

图 3-21 应力分析微元体

用与方程式(3-55)同样的求解方法可得方程式(3-72)的一般解为

$$m=1 \qquad \sigma_{zz}=C'(H-z)^m-\rho_B g(H-z)\ln(H-z) \tag{3-74}$$

$$m\neq1 \qquad \sigma_{zz}=C'(H-z)^m+\frac{\rho_B g}{m-1}(H-z) \tag{3-75}$$

用边界条件式(3-62)得

$$m=1 \qquad \sigma_{zz}=(\sigma_0+\rho_B gH\ln H)\frac{H-z}{H}-\rho_B g(H-z)\ln(H-z) \tag{3-76}$$

$$m\neq1 \qquad \sigma_{zz}=\left(\sigma_0-\frac{\rho_B gH}{m-1}\right)\left(\frac{H-z}{H}\right)^m+\frac{\rho_B g}{m-1}(H-z)$$

对于绝大多数粉体，在锥角较小的情况下，特别是在朗肯被动态时，m 值远大于 1，此时应力存在渐近值且等于

$$\lim_{z\to H}\sigma_{zz}=\frac{\rho_B g(H-z)}{m-1} \tag{3-77}$$

$$\lim_{z\to H}\sigma_{rr}=K\lim_{z\to H}\sigma_{zz}=\frac{K}{m-1}\rho_B g(H-z) \tag{3-78}$$

$$\lim_{z\to H}\tau_w=\tan\phi_w\lim_{z\to H}\sigma_{rr}=\frac{K\tan\phi_w}{m-1}\rho_B g(H-z) \tag{3-79}$$

即在锥体顶角附近应力与距顶角的距离成正比。

【例题 3-2】 计算粉体在锥体内的被动态的应力分布。已知，粉体是 Molerus Ⅰ 类粉体。其内摩擦角、壁面摩擦角和堆积密度分别为 40°、10° 和 1000kg/m³；锥体的高度 H 和半角分别为 1m 和 15°；初始应力 $\sigma_0 = 0$。

解 该粉体的朗肯主动态和被动态应力系数为

$$K_A = \frac{1 - \sin\phi_i}{1 + \sin\phi_i} = 0.217$$

$$K_P = \frac{1 + \sin\phi_i}{1 - \sin\phi_i} = 4.599$$

$$m = 2K_P\left(1 + \frac{\tan\phi_w}{\tan\alpha}\right) = 15.251$$

被动态时，应力为

$$\sigma_{zz} = \frac{\rho_B g(H-z)}{m-1} + \left(\sigma_0 - \frac{\rho_B g H}{m-1}\right)\left(\frac{H-z}{H}\right)^m = 0.688\left[(1-z) - (1-z)^{15.251}\right] \quad (\text{kPa})$$

$$\sigma_{rr} = K_P\sigma_{zz} = 3.164\left[(1-z) - (1-z)^{15.251}\right] \quad (\text{kPa})$$

$$\tau_w = \tan\phi_w\sigma_{rr} = 0.560\left[(1-z) - (1-z)^{15.251}\right] \quad (\text{kPa})$$

应力分布的计算结果示于图 3-22。可以看出，在锥角附近应力正比于距锥角顶点的距离。

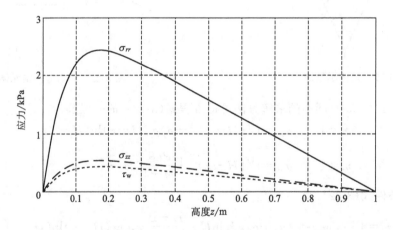

图 3-22　粉体在锥体内朗肯应力主动态的应力分布计算结果

3.6.3　Walters 转换应力

在工业应用中，粉体的储存与输送设备是常见的粉体操作单元设备。Janssen 应力分析方法，加上适当的安全系数，常用来设计这些储存与输送设备。但有时，这些设备会破坏，并且通常发生在排料的瞬间。即在排料的瞬间，这些设备所受的应力远大于 Janssen 应力。

考虑图 3-23 的粉体储存设备，从图 3-9 的结果已知壁面应力有四种状态 A、B、C、D。由朗肯应力分析已知被动态的应力大于主动态的应力，所以 B、C 两点对应着被动应力状态，A、D 两点对应着主动应力状态。根据粉体的切应力规定，A、B 两点的切应力为正，对应着右壁面的应力状态；C、D 两点的切应力为负，对应着左壁面的应力状态，如图 3-24 所示。

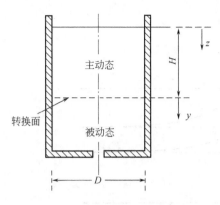

图 3-23　粉体储存设备示意图

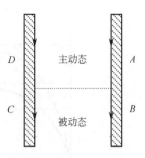

图 3-24　壁面应力状态示意图

Walter 提出当粉体从上向下流动时，粉体的应力状态从朗肯主动态转变为朗肯被动态，如图 3-24 所示。设转换面的高度为 H（如图 3-23 所示），主动态部分的应力为

$$\sigma_{zz} = \frac{\rho_B g D}{4 K_A \tan\phi_w} \left[1 - \exp\left(-\frac{4 K_A \tan\phi_w}{D} z \right) \right] \tag{3-80}$$

$$\sigma_{rr} = K_A \sigma_{zz} = \frac{\rho_B g D}{4 \tan\phi_w} \left[1 - \exp\left(-\frac{4 K_A \tan\phi_w}{D} z \right) \right] \tag{3-81}$$

$$\tau_w = \sigma_{rr} \tan\phi_w = \frac{\rho_B g D}{4} \left[1 - \exp\left(-\frac{4 K_A \tan\phi_w}{D} z \right) \right] \tag{3-82}$$

转换面（$z = H$）的应力为

$$\sigma_{zz,H} = \frac{\rho_B g D}{4 K_A \tan\phi_w} \left[1 - \exp\left(-\frac{4 K_A \tan\phi_w}{D} H \right) \right] \tag{3-83}$$

这一应力即被动态部分的初始应力。则被动态部分的应力为

$$\sigma_{zz} = \frac{\rho_B g D}{4 K_P \tan\phi_w} \left[1 - \exp\left(-\frac{4 K_P \tan\phi_w}{D} y \right) \right] + \sigma_{zz,H} \exp\left(-\frac{4 K_P \tan\phi_w}{D} y \right) \tag{3-84}$$

式中 y 是从转换面开始的高度，如图 3-23 所示。把式(3-83)代入式(3-84)整理得

$$\sigma_{zz} = \frac{\rho_B g D}{4 K_P \tan\phi_w} + \frac{\rho_B g D}{4 \tan\phi_w} \left(\frac{1}{K_A} - \frac{1}{K_P} \right) \exp\left(-\frac{4 K_P \tan\phi_w}{D} y \right) \tag{3-85}$$

则被动态部分的应力 σ_{rr} 和 τ_w 为

$$\sigma_{rr} = K_P \sigma_{zz} = \frac{\rho_B g D}{4 \tan\phi_w} + \frac{\rho_B g D}{4 \tan\phi_w} \left(\frac{K_P}{K_A} - 1 \right) \exp\left(-\frac{4 K_P \tan\phi_w}{D} y \right) \tag{3-86}$$

$$\tau_w = \tan\phi_w \sigma_{rr} = \frac{\rho_B g D}{4} + \frac{\rho_B g D}{4} \left(\frac{K_P}{K_A} - 1 \right) \exp\left(-\frac{4 K_P \tan\phi_w}{D} y \right) \tag{3-87}$$

图 3-25 是主动态和被动态应力分布示意图。可以看出应力 σ_{rr} 在转换面突然增加，从式(3-81) 和式(3-86) 可以得到应力 σ_{rr} 在转换面的最大比值为

$$\frac{\sigma_{rr}^P}{\sigma_{rr}^A} = \frac{K_P}{K_A} = \left(\frac{1 + \sin\phi_i}{1 - \sin\phi_i} \right)^2 \tag{3-88}$$

应力 σ_{rr} 在转换面的最大比值 $\sigma_{rr}^P / \sigma_{rr}^A$ 随内摩擦角的变化示于图 3-26，可以看出，$\sigma_{rr}^P / \sigma_{rr}^A$ 随内摩擦角的增加而迅速增加。

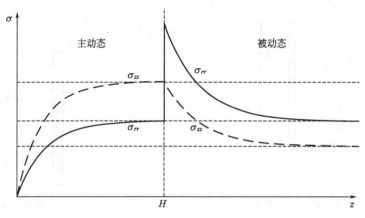

图 3-25　主动态和被动态应力分布示意图

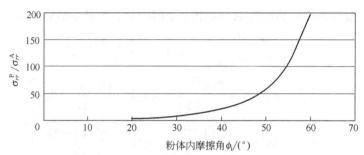

图 3-26　应力比 $\sigma_{rr}^P / \sigma_{rr}^A$ 随内摩擦角的变化

3.6.4　料仓应力分析

图 3-27 是一料仓示意图，设排料时转换应力发生在柱体与锥体的交接处，则柱体部分为朗肯主动态，锥体部分为朗肯被动态。柱体部分的应力分布可由式(3-80)～式(3-82)计算。转换面的应力由式(3-83)给出。

由式(3-76)和式(3-83)得锥体部分的应力分布为

$$\sigma_{zz} = \left(\sigma_{zz,H} - \frac{\rho_B g H_1}{m-1}\right)\left(\frac{H_1-y}{H_1}\right)^m + \frac{\rho_B g(H_1-y)}{m-1} \quad (3\text{-}89)$$

则可得

$$\sigma_{rr} = K_P \sigma_{zz} = \left(K_P \sigma_{zz,H} - \frac{K_P \rho_B g H_1}{m-1}\right)\left(\frac{H_1-y}{H_1}\right)^m + \frac{K_P \rho_B g(H_1-y)}{m-1}$$

$$(3\text{-}90)$$

$$\tau_w = \tan\phi_w \sigma_{rr} = \left(K_P \tan\phi_w \sigma_{zz,H} - \frac{K_P \rho_B g H_1}{m-1}\right)\left(\frac{H_1-y}{H_1}\right)^m +$$

$$\frac{K_P \tan\phi_w \rho_B g(H_1-y)}{m-1} \quad (3\text{-}91)$$

式中，H 和 H_1 分别是柱体和锥体的高度。

【**例题 3-3**】　计算粉体在图 3-27 所示料仓排料时的应力分布。已知，粉体是 Molerus Ⅰ 类粉体。其内摩擦角、壁面摩擦角和堆积密度

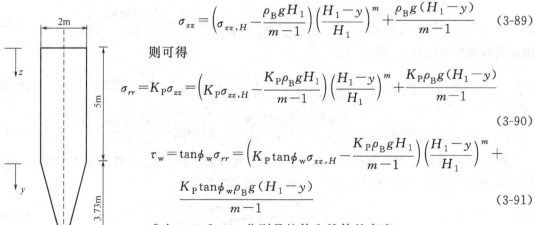

图 3-27　料仓示意图

分别为 40°、10°和 1000kg/m^3；柱体部分的初始应力 $\sigma_0 = 0$。

解　该粉体的朗肯主动态和被动态应力系数为

$$K_A = \frac{1 - \sin\phi_i}{1 + \sin\phi_i} = 0.217$$

$$K_P = \frac{1 + \sin\phi_i}{1 - \sin\phi_i} = 4.599$$

$$m = 2K_P\left(1 + \frac{\tan\phi_w}{\tan\alpha}\right) = 15.251$$

设柱体部分为朗肯主动态，柱体与锥体的交接面为应力转换面。柱体部分的应力分布为

$$\sigma_{zz} = \frac{\rho_B g D}{4 K_A \tan\phi_w}\left(1 - e^{-\frac{4K_A \tan\phi_w}{D}z}\right) = 127.704(1 - e^{-0.0765z}) \quad (kPa)$$

$$\sigma_{rr} = K_A \sigma_{zz} = 27.712(1 - e^{-0.0765z}) \quad (kPa)$$

$$\tau_w = \tan\phi_w \sigma_{rr} = 4.866(1 - e^{-0.0765z}) \quad (kPa)$$

应力分布的计算结果示于图 3-28。

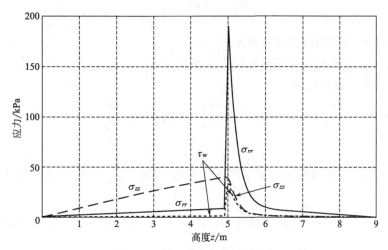

图 3-28　料仓应力分布计算结果

转换面的应力为

$$\sigma_{zz,5} = 40.590kPa$$

$$\sigma_{rr}^A = 8.808kPa$$

$$\tau_w^A = 1.533kPa$$

锥体部分为朗肯被动态，应力为

$$\sigma_{zz} = \frac{\rho_B g (H_1 - y)}{m - 1} + \left(\sigma_{zz,5} - \frac{\rho_B g H_1}{m - 1}\right)\left(\frac{H_1 - y}{H_1}\right)^m$$

$$= 2.565\frac{3.73 - y}{3.73} + 38.02\left(\frac{3.73 - y}{3.73}\right)^{15.521} \quad (kPa)$$

$$\sigma_{rr} = K_P \sigma_{zz} = 11.796\frac{3.73 - y}{3.73} + 174.853\left(\frac{3.73 - y}{3.73}\right)^{15.521} \quad (kPa)$$

$$\tau_w = \tan\phi_w \sigma_{rr} = 2.079\frac{3.73 - y}{3.73} + 30.831\left(\frac{3.73 - y}{3.73}\right)^{15.521} \quad (kPa)$$

应力分布的计算结果示于图 3-28。计算得转换面的应力 $\sigma_{rr}^{\mathrm{P}} = 186.649\mathrm{kPa}$。

3.7 粉体应力精确分析方法

3.7.1 应力平衡方程

3.7.1.1 直角坐标系的应力平衡方程

考虑图 3-29 所示的二维微元体，直角坐标系和正应力系如图所示。由 x 和 y 方向的力平衡得

$$\sigma_{xx}\mathrm{d}y - (\tau_{yx} + \delta\tau_{yx})\mathrm{d}x - (\sigma_{xx} + \delta\sigma_{xx})\mathrm{d}y + \tau_{yx}\mathrm{d}x = 0 \tag{3-92}$$

$$\sigma_{yy}\mathrm{d}x - (\tau_{xy} + \delta\tau_{xy})\mathrm{d}y - (\sigma_{yy} + \delta\sigma_{yy})\mathrm{d}x - \tau_{xy}\mathrm{d}y + \rho_{\mathrm{B}}g\,\mathrm{d}x\mathrm{d}y = 0 \tag{3-93}$$

整理上两式得粉体的应力平衡方程为

$$\frac{\partial\sigma_{xx}}{\partial x} + \frac{\partial\tau_{yx}}{\partial y} = 0 \tag{3-94}$$

$$\frac{\partial\sigma_{yy}}{\partial y} + \frac{\partial\tau_{yx}}{\partial x} = \rho_{\mathrm{B}}g \tag{3-95}$$

在式（3-95）中已用切应力互补关系 $\tau_{xy} = -\tau_{yx}$。

把莫尔-库仑定律在直角坐标系的应力关系式（3-18）～式（3-20）代入式（3-94）和式（3-95）得粉体的应力平衡方程为

$$(1 + \sin\phi\cos2\psi)\frac{\partial p^{*}}{\partial x} - 2p^{*}\sin\phi\sin2\psi\frac{\partial\psi}{\partial x} + \sin\phi\sin2\psi\frac{\partial p^{*}}{\partial y} + 2p^{*}\sin\phi\cos2\psi\frac{\partial\psi}{\partial y} = 0 \tag{3-96}$$

$$\sin\phi\sin2\psi\frac{\partial p^{*}}{\partial x} + 2p^{*}\sin\phi\cos2\psi\frac{\partial\psi}{\partial x} + (1 - \sin\phi\cos2\psi)\frac{\partial p^{*}}{\partial y} + 2p^{*}\sin\phi\sin2\psi\frac{\partial\psi}{\partial y} = \rho_{\mathrm{B}}g \tag{3-97}$$

式（3-96）和式（3-97）中粉体的初抗剪强度 c 是不显含函数，所以对 Molerus Ⅰ～Ⅲ 类粉体均适用。

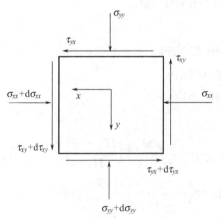

图 3-29 二维微元体示意图

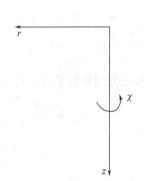

图 3-30 轴对称柱坐标示意图

3.7.1.2 柱坐标系的应力平衡方程

考虑如图 3-30 所示的轴对称柱坐标系 (r, z, χ)，其中 z 垂直向下，在 χ 方向是对称

的。由力平衡可得此坐标系中的应力平衡方程为

$$\frac{\partial \sigma_{rr}}{\partial r}+\frac{\sigma_{rr}-\sigma_{\chi\chi}}{r}+\frac{\partial \tau_{zr}}{\partial z}=0 \tag{3-98}$$

$$\frac{\partial \sigma_{zz}}{\partial z}+\frac{\partial \tau_{zr}}{\partial r}+\frac{\tau_{zr}}{r}=\rho_B g \tag{3-99}$$

柱坐标系中满足莫尔-库仑定律的应力关系为（参见图 3-31）

$$\sigma_{rr}=p^*(1+\sin\phi_i\cos2\psi)-c\cot\phi_i \tag{3-100}$$

$$\sigma_{zz}=p^*(1-\sin\phi_i\cos2\psi)-c\cot\phi_i \tag{3-101}$$

$$\tau_{zr}=-\tau_{rz}=p^*\sin\phi_i\sin2\psi \tag{3-102}$$

$$\sigma_1=p^*(1+\sin\phi_i)-c\cot\phi_i \tag{3-103}$$

$$\sigma_3=p^*(1-\sin\phi_i)-c\cot\phi_i \tag{3-104}$$

在轴对称柱坐标系中，应力 $\sigma_{\chi\chi}$ 必是主应力且等于两主应力之一。在朗肯被动态时

$$\sigma_{\chi\chi}=\sigma_1=p^*(1+\sin\phi_i)-c\cot\phi_i \tag{3-105}$$

在朗肯主动态时

$$\sigma_{\chi\chi}=\sigma_3=p^*(1-\sin\phi_i)-c\cot\phi_i \tag{3-106}$$

把式(3-100)～式(3-106) 代入式(3-98) 和式(3-99) 得轴对称柱坐标系中的应力平衡方程为

$$(1+\sin\phi_i\cos2\psi)\frac{\partial p^*}{\partial r}-2p^*\sin\phi_i\sin2\psi\frac{\partial \psi}{\partial r}+\sin\phi_i\sin2\psi\frac{\partial p^*}{\partial z}+$$

$$2p^*\sin\phi_i\cos2\psi\frac{\partial \psi}{\partial z}+\frac{p^*}{r}\sin\phi_i(\cos2\psi-\kappa)=0 \tag{3-107}$$

$$\sin\phi_i\sin2\psi\frac{\partial p^*}{\partial r}+2p^*\sin\phi_i\cos2\psi\frac{\partial \psi}{\partial r}+(1-\sin\phi_i\cos2\psi)\frac{\partial p^*}{\partial z}+$$

$$2p^*\sin\phi_i\sin2\psi\frac{\partial \psi}{\partial z}+\frac{p^*}{r}\sin\phi_i\sin2\psi=\rho_B g \tag{3-108}$$

同样式(3-107) 和式(3-108) 中粉体的初抗剪强度 c 是不显含函数，所以对 Molerus Ⅰ ～Ⅲ粉体均适用。

对朗肯主动态，式(3-107) 中 κ 为

$$\kappa=-1 \tag{3-109}$$

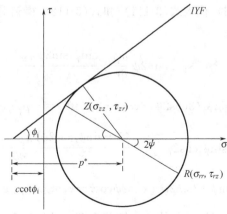

图 3-31 轴对称柱坐标系中应力关系示意图

对朗肯被动态，式(3-107)中 κ 为

$$\kappa = 1 \tag{3-110}$$

3.7.1.3 球坐标系的应力平衡方程

考虑如图 3-32 所示的轴对称球坐标系 (r, θ, χ)，其中 $\theta = 0°$ 时，r 垂直向上，在 χ 方向是对称的。由力平衡可得轴对称球坐标系中的应力平衡方程为

$$\frac{\partial \sigma_{rr}}{\partial r} + \frac{2\sigma_{rr} - \sigma_{\theta\theta} - \sigma_{\chi\chi}}{r} + \frac{1}{r}\frac{\partial \tau_{\theta r}}{\partial \theta} + \frac{\tau_{\theta r}}{r}\cot\theta + \rho_B g \cos\theta = 0 \tag{3-111}$$

$$\frac{\partial \tau_{\theta r}}{\partial r} + \frac{1}{r}\frac{\partial \sigma_{\theta\theta}}{\partial \theta} + \frac{3\tau_{\theta r}}{r} + \frac{\sigma_{\theta\theta} - \sigma_{\chi\chi}}{r}\cot\theta - \rho_B g \sin\theta = 0 \tag{3-112}$$

球坐标系中满足莫尔-库仑定律的应力关系为（参见图 3-33）

$$\sigma_{rr} = p^*(1 + \sin\phi_i \cos 2\psi) - c\cot\phi_i \tag{3-113}$$

$$\sigma_{\theta\theta} = p^*(1 - \sin\phi_i \cos 2\psi) - c\cot\phi_i \tag{3-114}$$

$$\tau_{\theta r} = -\tau_{r\theta} = p^* \sin\phi_i \sin 2\psi \tag{3-115}$$

$$\sigma_{\chi\chi} = p^*(1 + \kappa\sin\phi_i) - c\cot\phi_i \tag{3-116}$$

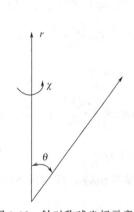

图 3-32 轴对称球坐标示意图

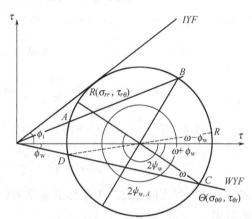

图 3-33 轴对称球坐标系中应力关系示意图

对朗肯主动态，式中 κ 等于 -1；对朗肯被动态，κ 等于 1。

把式(3-113)～式(3-116)代入式(3-111)和式(3-112)得轴对称球坐标系的应力平衡方程为

$$(1 + \sin\phi_i \cos 2\psi)\frac{\partial p^*}{\partial r} - 2p^* \sin\phi_i \sin 2\psi\frac{\partial \psi}{\partial r} + \frac{\sin\phi_i \sin 2\psi}{r}\frac{\partial p^*}{\partial \theta} + \frac{2p^* \sin\phi_i \cos 2\psi}{r}\frac{\partial \psi}{\partial \theta} +$$

$$\frac{p^*}{r}\sin\phi_i(3\cos 2\psi - \kappa + \sin 2\psi\cot\theta) = -\rho_B g \cos\theta \tag{3-117}$$

$$\sin\phi_i \sin 2\psi\frac{\partial p^*}{\partial r} + 2p^* \sin\phi_i \cos 2\psi\frac{\partial \psi}{\partial r} + \frac{(1 - \sin\phi_i \cos 2\psi)}{r}\frac{\partial p^*}{\partial \theta} + \frac{2p^* \sin\phi_i \sin 2\psi}{r}\frac{\partial \psi}{\partial \theta} +$$

$$\frac{p^*}{r}\sin\phi_i(3\sin 2\psi - \cos 2\psi\cot\theta - \kappa\cot\theta) = \rho_B g \sin\theta \tag{3-118}$$

同样式(3-117)和式(3-118)中粉体的初抗剪强度 c 是不显含函数，所以对 Molerus Ⅰ～Ⅲ 粉体均适用。

3.7.2 柱体应力分布的渐近解

由 Janssen 应力分析得知粉体在柱体内的应力存在渐近解。在式(3-107) 和式(3-108)中，取 $\partial / \partial z = 0$，得轴对称柱坐标应力分布的渐近解方程为

$$(1+\sin\phi_i\cos2\psi)\frac{\partial p^*}{\partial r}-2p^*\sin\phi_i\sin2\psi\frac{\partial\psi}{\partial r}+\frac{p^*}{r}\sin\phi_i(\cos2\psi-\kappa)=0 \qquad (3\text{-}119)$$

$$\sin\phi_i\sin2\psi\frac{\partial p^*}{\partial r}+2p^*\sin\phi_i\cos2\psi\frac{\partial\psi}{\partial r}+\frac{p^*}{r}\sin\phi_i\sin2\psi=\rho_B g \qquad (3\text{-}120)$$

式(3-119) 两边同乘以 $\cos2\psi$，式(3-120) 两边同乘以 $\sin2\psi$，然后相加得

$$\frac{\mathrm{d}p^*}{\mathrm{d}r}=\frac{\rho_B g\sin2\psi-\dfrac{p^*}{r}\sin\phi_i(1-\kappa\cos2\psi)}{\sin\phi_i+\cos2\psi} \qquad (3\text{-}121)$$

式(3-119) 两边同乘以 $-\sin\phi_i\sin2\psi$，式(3-120) 两边同乘以 $(1+\sin\phi_i\cos2\psi)$，然后相加得

$$\frac{\mathrm{d}\psi}{\mathrm{d}r}=\frac{\rho_B g(1+\sin\phi_i\cos2\psi)-\dfrac{p^*}{r}\sin\phi_i(1+\kappa\sin\phi_i)\sin2\psi}{2p^*\sin\phi_i(\sin\phi_i+\cos2\psi)} \qquad (3\text{-}122)$$

定义如下的无量纲量

$$\xi=\frac{r}{R} \qquad (3\text{-}123)$$

$$P=\frac{p^*}{\rho_B gR} \qquad (3\text{-}124)$$

得如下的无量纲应力方程

$$\frac{\mathrm{d}P}{\mathrm{d}\xi}=\frac{\sin2\psi-\dfrac{P}{\xi}\sin\phi_i(1-\kappa\cos2\psi)}{\sin\phi_i+\cos2\psi} \qquad (3\text{-}125)$$

$$\frac{\mathrm{d}\psi}{\mathrm{d}\xi}=\frac{(1+\sin\phi_i\cos2\psi)-\dfrac{P}{\xi}\sin\phi_i(1+\kappa\sin\phi_i)\sin2\psi}{2P\sin\phi_i(\sin\phi_i+\cos2\psi)} \qquad (3\text{-}126)$$

式中，R 是柱体的半径。

由于对称性，中轴线上的切应力等于零，所以应力 σ_{zz} 和 σ_{rr} 在中轴线上是主应力。对于朗肯主动态，σ_{zz} 是最大主应力；对于朗肯被动态，σ_{rr} 是最大主应力。根据 ψ 角的定义，即 r 轴逆时针到最大主应力的夹角，所以角 ψ 有如下的初始条件：

对于朗肯主动态

$$\xi=0 \quad \psi=90° \qquad (3\text{-}127)$$

对于朗肯被动态

$$\xi=0 \quad \psi=0° \qquad (3\text{-}128)$$

虽然无因次应力参数 P 的初始条件是未知的，但角 ψ 在壁面的值是已知的。当从中轴线积分到右壁面时，对于朗肯主动态，壁面对应于图 3-10 的 A 点；对于朗肯被动态，壁面对应于图 3-10 的 B 点。所以角 ψ 的壁面边界条件为：

对于朗肯主动态

$$\xi=1 \quad \psi=90°+\frac{1}{2}(\omega-\phi_w) \qquad (3\text{-}129)$$

对于朗肯被动态

$$\xi=1 \quad \psi=180°-\frac{1}{2}(\omega+\phi_w) \tag{3-130}$$

这样式（3-125）和式（3-126）加边界条件式（3-127）～式（3-130）便可以求解了。

由于式（3-125）和式（3-126）中的分子项在中轴线 $\xi=0$ 上有奇异点，应用洛必达法则可得

$$\lim_{\xi\to0}\frac{1-\kappa\cos2\psi}{\xi}=\frac{[\mathrm{d}(1-\kappa\cos2\psi)/\mathrm{d}\psi](\mathrm{d}\psi/\mathrm{d}\xi)}{\mathrm{d}\xi/\mathrm{d}\xi}=2\kappa\sin2\psi\frac{\mathrm{d}\psi}{\mathrm{d}\xi}=0 \tag{3-131}$$

和

$$\lim_{\xi\to0}\frac{\sin2\psi}{\xi}=2\kappa\frac{\mathrm{d}\psi}{\mathrm{d}\xi} \tag{3-132}$$

则在中轴线上应力平衡方程简化为

$$\frac{\mathrm{d}P}{\mathrm{d}\xi}=\frac{\sin2\psi}{\sin\phi+\cos2\psi}=0 \tag{3-133}$$

$$\frac{\mathrm{d}\psi}{\mathrm{d}\xi}=\frac{\kappa}{4P\sin\phi} \tag{3-134}$$

朗肯主动态应力分布的计算结果列于表 3-1，粉体的内摩擦角和壁面摩擦角分别为 30°和 20°，则可得 $\omega=43.16°$，$\psi_{w,A}=101.58$。计算由四阶龙格库塔法完成，每一点的 Janssen 常数是该点最大和最小主应力的比值。表 3-1 的计算结果表明应力及 Janssen 常数在截面上是不均匀的，切应力与距离 r 成正比，应力 σ_{rr} 和 σ_{zz} 随距离 r 的增加而略有减少。

表 3-1　朗肯主动态应力渐进解的计算结果

ξ	0	0.2	0.4	0.6	0.8	1.0
$\tau_{zz}/\rho_B gR$	0	0.1000	0.2000	0.3000	0.4000	0.5000
$\sigma_{zz}/\rho_B gR$	4.2630	4.2436	4.1842	4.0815	3.9285	3.7114
$\sigma_{rr}/\rho_B gR$	1.4210	1.4192	1.4139	1.4048	1.3916	1.3737
K	0.3333	0.3344	0.3379	0.3442	0.3542	0.3701

Janssen 近似应力分布的计算结果列于表 3-2，其中 Janssen 常数 K 值分别用表 3-1 中的中心和壁面处的 K 值。可以看出，应力 σ_{rr} 的计算结果与所用的 K 值无关，且在壁面与精确解的计算结果相等；应力 σ_{zz} 的计算结果与所用的 K 值有关，但与精确解的计算结果相差不大。

表 3-2　朗肯主动态应力渐进解的 Janssen 近似法计算结果

ξ	0	0.2	0.4	0.6	0.8	1.0
$\sigma_{zz}/\rho_B gR$　$K=0.3333$	4.1216	4.1216	4.1216	4.1216	4.1216	4.1216
$\sigma_{zz}/\rho_B gR$　$K=0.3701$	3.7118	3.7118	3.7118	3.7118	3.7118	3.7118
$\sigma_{rr}/\rho_B gR$	1.3737	1.3737	1.3737	1.3737	1.3737	1.3737

3.7.3　锥体应力分布的渐近解

Janssen 的近似分析结果表明，应力在锥顶角附近存在渐近解且应力与距锥顶角的距离

成正比。由此，Jenike 假设应力分布为

$$p^* = \rho_{\mathrm{B}} grq(\theta) \tag{3-135}$$

$$\psi = \psi(\theta) \tag{3-136}$$

称为 Jenike 轴向应力假设或 Jenike 轴向应力理论。

把式(3-135)和式(3-136)代入式(3-117)和式(3-118)得

$$(1+\sin\phi_{\mathrm{i}}\cos2\psi)q + \sin\phi_{\mathrm{i}}\sin2\psi\,\frac{\mathrm{d}q}{\mathrm{d}\theta} + 2q\sin\phi_{\mathrm{i}}\cos2\psi\,\frac{\mathrm{d}\psi}{\mathrm{d}\theta} +$$

$$q\sin\phi_{\mathrm{i}}(3\cos2\psi - \kappa + \sin2\psi\cot\theta) + \cot\theta = 0 \tag{3-137}$$

$$q\sin\phi_{\mathrm{i}}\sin2\psi + (1-\sin\phi_{\mathrm{i}}\cos2\psi)\frac{\mathrm{d}q}{\mathrm{d}\theta} + 2q\sin\phi_{\mathrm{i}}\sin2\psi\,\frac{\mathrm{d}\psi}{\mathrm{d}\theta} +$$

$$q\sin\phi_{\mathrm{i}}(3\sin2\psi - \cos2\psi\cot\theta - \kappa\cot\theta) - \sin\theta = 0 \tag{3-138}$$

为方便起见式(3-137) 和式(3-138) 写为

$$A\,\frac{\mathrm{d}q}{\mathrm{d}\theta} + B\,\frac{\mathrm{d}\psi}{\mathrm{d}\theta} + C = 0 \tag{3-139}$$

$$D\,\frac{\mathrm{d}q}{\mathrm{d}\theta} + E\,\frac{\mathrm{d}\psi}{\mathrm{d}\theta} + F = 0 \tag{3-140}$$

其中

$$A = \sin\phi_{\mathrm{i}}\sin2\psi \tag{3-141}$$

$$B = 2q\sin\phi_{\mathrm{i}}\cos2\psi \tag{3-142}$$

$$C = q[1 + \sin\phi_{\mathrm{i}}(4\cos2\psi - \kappa + \sin2\psi\cot\theta)] + \cot\theta \tag{3-143}$$

$$D = 1 - \sin\phi_{\mathrm{i}}\cos2\psi \tag{3-144}$$

$$E = 2q\sin\phi_{\mathrm{i}}\sin2\psi \tag{3-145}$$

$$F = q\sin\phi_{\mathrm{i}}[4\sin2\psi - \cos2\psi\cot\theta - \kappa\cot\theta] - \sin\theta \tag{3-146}$$

式(3-139) 乘以 E 与式(3-140) 乘以 B 相减得

$$\frac{\mathrm{d}q}{\mathrm{d}\theta} = \frac{CE - BF}{BD - AE} \tag{3-147}$$

式(3-139) 乘以 D 与式(3-140) 乘以 A 相减得

$$\frac{\mathrm{d}\psi}{\mathrm{d}\theta} = \frac{AF - CD}{BD - AE} \tag{3-148}$$

由于对称性，在中心线 $\theta=0°$ 处，切应力为零，所以应力 σ_{rr} 和 $\sigma_{\theta\theta}$ 是主应力。对于朗肯主动态，σ_{rr} 是最大主应力；对于朗肯被动态，$\sigma_{\theta\theta}$ 是最大主应力。根据 ψ 角的定义，即 r 轴逆时针到最大主应力的夹角，所以角 ψ 有如下的初始条件：

对于朗肯主动态 $\qquad\qquad \theta=0° \quad \psi=0° \tag{3-149}$

对于朗肯被动态 $\qquad\qquad \theta=0° \quad \psi=90° \tag{3-150}$

虽然无因次应力参数 q 的初始条件是未知的，但角 ψ 在壁面的值是已知的。当从中轴线积分到左壁面时，对于朗肯主动态，壁面对应于图 3-10 的 D 点；对于朗肯被动态，壁面对应于图 3-10 的 C 点。由图 3-32 可以得角 ψ 的壁面边界条件为：

对于朗肯主动态 $\qquad\qquad \theta=\alpha \quad \psi=180° - \dfrac{1}{2}(\omega - \phi_{\mathrm{w}}) \tag{3-151}$

对于朗肯被动态 $\qquad\qquad \theta=\alpha \quad \psi=90° + \dfrac{1}{2}(\omega + \phi_{\mathrm{w}}) \tag{3-152}$

这样式(3-147) 和式(3-148) 加边界条件式(3-149)～式(3-152) 便可以求解了。

由于式(3-117)和式(3-118)中 $\sin 2\psi \cot\theta$ 项和 $(\kappa+\cos 2\psi)\cot\theta$ 项在中心线 $\theta=0°$ 处是不确定的，由洛必达法则得

$$\lim_{\theta \to 0} \frac{\sin 2\psi}{\tan\theta} = \frac{2\cos 2\psi}{\sec^2\theta}\frac{\mathrm{d}\psi}{\mathrm{d}\theta} = -2\frac{\mathrm{d}\psi}{\mathrm{d}\theta} \tag{3-153}$$

对朗肯被动态

$$\lim_{\theta \to 0} \frac{\kappa+\cos 2\psi}{\tan\theta} = \lim_{\theta \to 0} \frac{1+\cos 2\psi}{\tan\theta} = -\frac{2\sin 2\psi}{\sec^2\theta}\frac{\mathrm{d}\psi}{\mathrm{d}\theta} = 0 \tag{3-154}$$

对朗肯主动态

$$\lim_{\theta \to 0} \frac{\kappa+\cos 2\psi}{\tan\theta} = \lim_{\theta \to 0} \frac{\cos 2\psi-1}{\tan\theta} = -\frac{2\sin 2\psi}{\sec^2\theta}\frac{\mathrm{d}\psi}{\mathrm{d}\theta} = 0 \tag{3-155}$$

则在中心线上应力平衡方程为

$$\frac{\mathrm{d}q}{\mathrm{d}\theta} = 0 \tag{3-156}$$

$$\frac{\mathrm{d}\psi}{\mathrm{d}\theta} = \frac{1+q(1-5\sin\phi_i)}{4q\sin\phi_i} \tag{3-157}$$

式中的系数为

$$A = 0 \tag{3-158}$$

$$B - 2q\sin\phi_i \tag{3-159}$$

$$C = 1+q\left[1-\sin\phi_i\left(5+2\frac{\mathrm{d}\psi}{\mathrm{d}\theta}\right)\right] \tag{3-160}$$

$$D = 1+\sin\phi_i \tag{3-161}$$

$$E = 0 \tag{3-162}$$

$$F = 0 \tag{3-163}$$

朗肯被动态应力分布渐近解的计算结果列于表 3-3，粉体的内摩擦角和壁面摩擦角分别为 30° 和 6°，则可得 $\omega=12.067°$，$\psi_w=99.034$。锥体的半角为 15°，则可得 $m=8.353$。计算由四阶龙格库塔法完成，表中每一点的 Janssen 常数是该点最大和最小主应力的比值。表 3-3 的计算结果表明应力及 Janssen 常数在截面上是不均匀的，应力 σ_{rr} 和 σ_{zz} 随角 θ 的增加而略有增加，Janssen 常数随角 θ 的增加而略有减少。

表 3-3　朗肯被动态应力分布渐近解的计算结果

$\theta/(°)$	0	2.5	5.0	7.5	10.0	12.5	15.0
q	0	0.321	0.326	0.334	0.345	0.359	0.374
ψ	90	92.02	93.98	95.80	97.42	98.80	99.80
$\tau_{\theta r}/\rho_B g r$	0	−0.011	−0.023	−0.034	−0.044	−0.054	−0.063
$\sigma_{rr}/\rho_B g r$	0.160	0.161	0.164	0.170	0.178	0.188	0.198
$\sigma_{\theta\theta}/\rho_B g r$	0.480	0.481	0.487	0.497	0.512	0.531	0.550
K	3.0	2.99	2.962	2.920	2.871	2.821	2.781

Janssen 近似应力分布的计算结果列于表 3-4，其中 Janssen 常数 K 值为中心线 K 值。可以看出，应力计算结果与精确解的计算结果相差较大。

表 3-4　朗肯被动态应力渐进解的 Janssen 近似法计算结果

$\theta/(°)$	0	2.5	5.0	7.5	10.0	12.5	15.0
$\tau_{\theta r}/\rho_{\rm B}gr$	—	—	—	—	—	—	-0.454
$\sigma_{rr}/\rho_{\rm B}gr$	0.132	0.132	0.132	0.132	0.132	0.132	0.132
$\sigma_{\theta\theta}/\rho_{\rm B}gr$	0.397	0.397	0.397	0.397	0.397	0.397	0.397

习　题

3-1　计算香米在图 3-27 所示料仓排料时的应力分布。从表 2-4 查得香米的内摩擦角和壁面摩擦角分别为 47.6°和 5.6°，堆积密度约为 800kg/m³。

3-2　计算黑米在图 3-27 所示料仓排料时的应力分布。从表 2-4 查得黑米的内摩擦角和壁面摩擦角分别为 21.6°和 7.6°，堆积密度约为 800kg/m³。

3-3　计算铺路石在图 3-27 所示料仓排料时的应力分布。从表 2-4 查得铺路石的内摩擦角和壁面摩擦角分别为 52.0°和 28.8°，堆积密度约为 1400kg/m³。

3-4　根据习题 3-1 到习题 3-3 的计算结果，讨论内摩擦角和壁面摩擦角对应力分布的影响。

参 考 文 献

Nedderman R M. Statics and Kinematics of Granular Materials. Cambridge：Cambridge University Press，1992.

4 粉体动力学

4.1 粉体流动的流型

粉体的储存设备通常有柱体、锥体和料仓（柱体与锥体的结合）。排料时，粉体在储存设备中的流型有质量流动（如图 4-1 所示）和中心流动（如图 4-2 所示）。质量流动是设备内所有粉体都流动，有先进先出的特征。中心流动的特征是粉体在储存设备的中心区域是流动的，但在边缘或壁面附近是静止不动的，如图 4-2 所示。

当锥体的锥角较小或粉体的流动性很好时，粉体在储存设备内的流动通常是质量流动，如图 4-1 所示。当锥体的锥角较大或粉体的流动性较差时，粉体在储存设备中的流动常常是中心流动，如图 4-2 所示。

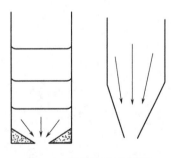

图 4-1　质量流动示意图

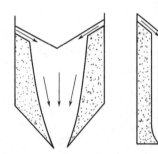

图 4-2　中心流动示意图

料仓中质量流动的流型示于图 4-3，粉体在柱体部分的流动呈柱塞型整体向下流动，在锥体部分呈径向流动，在柱体和锥体交接处流动由柱塞流转变为径向流，如图 4-3 所示。

粉体在柱体底部的流动或中心流动比较复杂，其流型示于图 4-4。在出口处 D 为颗粒自由降落区；其上 C 为颗粒垂直流动区；E 为颗粒静止不流动区；B 为颗粒擦过 E 区向出口中心方向慢速流动区；A 为颗粒向出口中心方向快速流动区。

在设计粉体储存和输送设备时，应避免中心流动或减少中心流动区域，但目前中心流动和质量流动还没有明确的设计准则，主要还是依赖于经验。

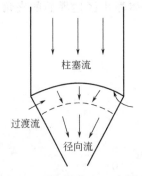

图 4-3　质量流动流型示意图

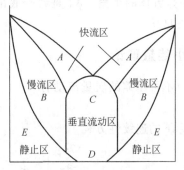

图 4-4　中心流动流型示意图

4.2　质量流量公式

4.2.1　经验关联式

粉体从柱体底部开口流出和从锥体流出的情况如图 4-5 所示，实验结果表明，与流体不同，粉体的质量流量 q_m 与高度 H 和直径 D 无关；与开口尺寸 D_0、粉体的堆积密度 ρ_B、内摩擦角 ϕ_i、重力加速度 g 有关。由因次分析可得

$$q_m = C\rho_B \sqrt{g} D_0^{2.5} \tag{4-1}$$

其中常数 C 与内摩擦角有关。不同粉体实验结果的关联表明，质量流量可表示为

$$q_m = K\rho_B D_0^n \tag{4-2}$$

其中 K 是与粉体有关的常数，指数 n 在 $2.5\sim3.0$ 之间，通常取 2.7。

粉体从柱体底部开口流出或从处于中心流动的锥体流出时，质量流量常采用如下的关联式

$$q_m = C\rho_B \sqrt{g}(D_0 - kd)^{2.5} \tag{4-3}$$

对于光滑的球形颗粒，式中常数 C 值为 0.64，对其他粉体 C 值为 0.58。球形颗粒的 k 值为 1.5，非球形颗粒的 k 值略高。

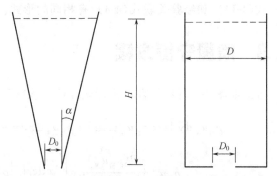

图 4-5　粉体从柱体底部开口流出和从锥体流出示意图

当颗粒尺寸达到开口尺寸的六分之一时，由于机械堵塞的作用，式(4-2) 和式(4-3) 不再适用。当颗粒的尺寸小于 $400\mu m$ 时，由于环境气体曳力的作用，式(4-2) 和式(4-3) 也不适用。

粉体从处于质量流动状态的锥体流出时，质量流量可关联为

$$q_m = C\rho_B \sqrt{g}(D_0 - kd)^{2.5} F(\alpha, \phi_d) \tag{4-4}$$

其中

$$F(\alpha, \phi_d) = (\tan\alpha \tan\phi_d)^{-0.35} \qquad \alpha < 90° - \phi_d \tag{4-5}$$

$$F(\alpha, \phi_d) = 1 \qquad \alpha > 90° - \phi_d$$

式中，α 是锥体的半角；ϕ_d 是料仓底部水平面和粉体静止区边界面的夹角，可近似地取为粉体的安息角。

4.2.2 最小能量理论

对于径向不可压缩的质量流动有

$$v_\theta = 0 \tag{4-6}$$

从球坐标下的连续性方程

$$\frac{\partial v_r}{\partial r} + 2\frac{v_r}{r} + \frac{1}{r}\frac{\partial v_\theta}{\partial \theta} + \frac{v_\theta \cot\theta}{r} = 0 \tag{4-7}$$

得

$$v_r = -\frac{f(\theta)}{r^2} \tag{4-8}$$

通过类比于流体流动的伯努利原理，单位质量粉体的总能为

$$T = \frac{\sigma}{\rho_B} + \frac{v_r^2}{2} + gr\cos\theta \tag{4-9}$$

在出口的弧面上（见图 4-6）设 σ 为常数和 $\mathrm{d}T/\mathrm{d}r = 0$，得

$$f(\theta) = \sqrt{\frac{r_0^5 g \cos\theta}{2}} \tag{4-10}$$

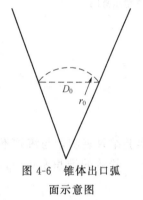

图 4-6 锥体出口弧
面示意图

则质量流量

$$q_m = 2\pi\rho_B \int_0^\alpha f(\theta)\sin\theta\,\mathrm{d}\theta = \frac{\pi}{6}\rho_B \sqrt{g} D_0^{2.5} \left(\frac{1-\cos^{3/2}\alpha}{\sin^{5/2}\alpha}\right) \tag{4-11}$$

式(4-11)和经验关联式(4-4)有相同的形式。

4.3 质量守恒方程

考虑如图 4-7 所示的直角坐标微元体，该微元体的质量平衡为

$$\rho_B u_x \mathrm{d}y\mathrm{d}z + \rho_B u_y \mathrm{d}x\mathrm{d}z + \rho_B u_z \mathrm{d}x\mathrm{d}y = \left[\rho_B u_x + \frac{\partial(\rho_B u_x)}{\partial x}\mathrm{d}x\right]\mathrm{d}y\mathrm{d}z +$$

$$\left[\rho_B u_y + \frac{\partial(\rho_B u_y)}{\partial y}\mathrm{d}y\right]\mathrm{d}x\mathrm{d}z + \left[\rho_B u_z + \frac{\partial(\rho_B u_z)}{\partial z}\mathrm{d}z\right]\mathrm{d}x\mathrm{d}y \tag{4-12}$$

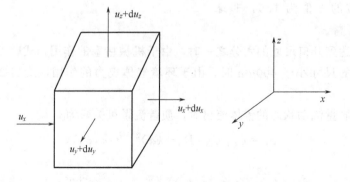

图 4-7 直角坐标微元体示意图

整理得连续性方程为

$$\frac{\partial(\rho_B u_x)}{\partial x}+\frac{\partial(\rho_B u_y)}{\partial y}+\frac{\partial(\rho_B u_z)}{\partial z}=0 \tag{4-13}$$

对 Molerus Ⅰ类粉体，即不可压粉体，连续性方程为

$$\frac{\partial u_x}{\partial x}+\frac{\partial u_y}{\partial y}+\frac{\partial u_z}{\partial z}=0 \tag{4-14}$$

轴对称柱坐标下 (r, z, χ) 的连续性方程为

$$\frac{1}{r}\frac{\partial(\rho_B r u_r)}{\partial r}+\frac{\partial(\rho_B u_z)}{\partial z}=0 \tag{4-15}$$

Molerus Ⅰ类粉体的连续性方程为

$$\frac{\partial u_r}{\partial r}+\frac{u_r}{r}+\frac{\partial u_z}{\partial z}=0 \tag{4-16}$$

轴对称球坐标下 (r, θ, χ) 的连续性方程为

$$\frac{1}{r^2}\frac{\partial(\rho_B r^2 u_r)}{\partial r}+\frac{1}{r\sin\theta}\frac{\partial(\rho_B \sin\theta u_\theta)}{\partial \theta}=0 \tag{4-17}$$

Molerus Ⅰ类粉体的连续性方程为

$$\frac{\partial u_r}{\partial r}+2\frac{u_r}{r}+\frac{1}{r}\frac{\partial u_\theta}{\partial \theta}+\frac{u_\theta \cot\theta}{r}=0 \tag{4-18}$$

4.4 动量守恒方程

粉体的静力平衡方程已在第 3 章讨论过，对于稳态流动的二维问题，微元体的质量力为

$$ma_x=\rho_B\left(u_x\frac{\partial u_x}{\partial x}+u_y\frac{\partial u_x}{\partial y}\right)\mathrm{d}x\,\mathrm{d}y \tag{4-19}$$

$$ma_y=\rho_B\left(u_x\frac{\partial u_y}{\partial x}+u_y\frac{\partial u_y}{\partial y}\right)\mathrm{d}x\,\mathrm{d}y \tag{4-20}$$

根据牛顿第二定律得粉体的动量方程为

$$\rho_B\left(u\frac{\partial u}{\partial x}+v\frac{\partial u}{\partial y}\right)+\frac{\partial \sigma_{xx}}{\partial x}+\frac{\partial \tau_{yx}}{\partial y}=0 \tag{4-21}$$

$$\rho_B\left(u\frac{\partial v}{\partial x}+v\frac{\partial v}{\partial y}\right)+\frac{\partial \sigma_{yy}}{\partial y}+\frac{\partial \tau_{yx}}{\partial x}-\rho_B g=0 \tag{4-22}$$

轴对称坐标 (r, z, χ) 下的动量方程为

$$\rho_B\left(v_r\frac{\partial v_r}{\partial r}+v_z\frac{\partial v_r}{\partial z}\right)+\frac{\partial \sigma_{rr}}{\partial r}+\frac{\sigma_{rr}-\sigma_{xx}}{r}+\frac{\partial \tau_{zr}}{\partial z}=0 \tag{4-23}$$

$$\rho_B\left(v_r\frac{\partial v_z}{\partial r}+v_z\frac{\partial v_z}{\partial z}\right)+\frac{\partial \sigma_{zz}}{\partial z}+\frac{\partial \tau_{zr}}{\partial r}+\frac{\tau_{zr}}{r}-\rho_B g=0 \tag{4-24}$$

轴对称球坐标 (r, θ, χ) 下的动量方程为

$$\rho_B\left(v_r\frac{\partial v_r}{\partial r}+\frac{v_\theta}{r}\frac{\partial v_r}{\partial \theta}-\frac{v_\theta^2}{2}\right)+\frac{\partial \sigma_{rr}}{\partial r}+\frac{2\sigma_{rr}-\sigma_{\theta\theta}-\sigma_{\chi\chi}}{r}+\frac{1}{r}\frac{\partial \tau_{\theta r}}{\partial \theta}+\frac{\tau_{\theta r}\cot\theta}{r}+\rho_B g\cos\theta=0$$

$$\tag{4-25}$$

$$\rho_B \left(v_r \frac{\partial v_\theta}{\partial r} + \frac{v_\theta}{r} \frac{\partial v_\theta}{\partial \theta} + \frac{v_r v_\theta}{r} \right) + \frac{1}{r} \frac{\partial \sigma_{\theta\theta}}{\partial \theta} + \frac{(\sigma_{\theta\theta} - \sigma_{\chi\chi})\cot\theta}{r} + \frac{\partial \tau_{\theta r}}{\partial r} + \frac{3\tau_{\theta r}}{r} + \rho_B g \sin\theta = 0$$

$$(4\text{-}26)$$

直角坐标、柱坐标和球坐标的坐标轴方向示于图 4-8。动量方程中的应力分量已在 3.3 节中讨论过，它们满足莫尔-库仑定律。不同坐标系的应力分量表达式由式(3-16)～式(3-31)给出。

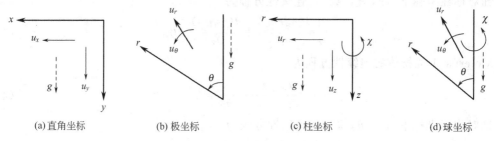

(a)直角坐标　　　　(b)极坐标　　　　(c)柱坐标　　　　(d)球坐标

图 4-8　不同坐标系坐标轴的方向

4.5　莫尔应变率圆

4.5.1　粉体微元体的运动分析

考虑如图 4-9 所示的平面运动。由于微元体上各点的速度不同（图 4-9），经过 dt 时间后，该微元体的位置与形状都将发生变化。

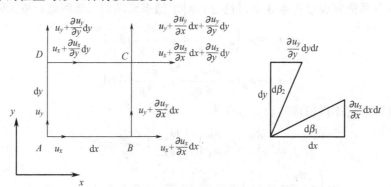

图 4-9　微元体运动示意图

（1）随极点 A 的移动（即平动）

在 dt 时间内点 A 在 x 和 y 方向移动的距离分别为 $u_x dt$ 和 $u_y dt$。

（2）线变形运动

由于各点的速度不同，边 AB 和 AD 在 dt 时间内的线变形分别为

$$\Delta l_x = \frac{\partial u_x}{\partial x} dx\, dt \tag{4-27}$$

$$\Delta l_y = \frac{\partial u_y}{\partial y} dy\, dt \tag{4-28}$$

则 x 和 y 方向的正应变率为

$$\dot{\varepsilon}_{xx} = -\frac{\Delta l_x}{\mathrm{d}x\,\mathrm{d}t} = -\frac{\partial u_x}{\partial x} \tag{4-29}$$

$$\dot{\varepsilon}_{yy} = -\frac{\Delta l_y}{\mathrm{d}y\,\mathrm{d}t} = -\frac{\partial u_y}{\partial y} \tag{4-30}$$

式中的负号是为了保持与粉体应力正负规定的一致性，即粉体的压应力为正，拉应力为负。

式(4-29) 和式(4-30) 相加得

$$\dot{\varepsilon}_{xx} + \dot{\varepsilon}_{yy} = -\left(\frac{\partial u_x}{\partial x} + \frac{\partial u_y}{\partial y}\right) \tag{4-31}$$

对 Molerus Ⅰ类粉体，式(4-31) 等于零，即上式为 Molerus Ⅰ粉体的连续性方程。

（3）角变形与旋转运动

考虑 B 相对于 A 的运动，在时间 $\mathrm{d}t$ 内 B 在 y 方向运动的距离为

$$\Delta l_{B,y} = \frac{\partial u_y}{\partial x}\mathrm{d}x\,\mathrm{d}t \tag{4-32}$$

由图的几何关系可知，角变形 $\mathrm{d}\beta_1$ 为

$$\tan\mathrm{d}\beta_1 = \frac{\Delta l_{B,y}}{\mathrm{d}x} = \frac{\partial u_y}{\partial x}\mathrm{d}t \tag{4-33}$$

由于角 $\mathrm{d}\beta_1$ 很小，式(4-33) 可近似为

$$\mathrm{d}\beta_1 \approx \tan\mathrm{d}\beta_1 = \frac{\partial u_y}{\partial x}\mathrm{d}t \tag{4-34}$$

同样，D 相对于 A 运动所形成的角 $\mathrm{d}\beta_2$ 为

$$\mathrm{d}\beta_2 \approx \tan\mathrm{d}\beta_2 = \frac{\frac{\partial u_x}{\partial y}\mathrm{d}y\,\mathrm{d}t}{\mathrm{d}y} = \frac{\partial u_x}{\partial y}\mathrm{d}t \tag{4-35}$$

微元体的旋转与角变形的情况示于图 4-10。

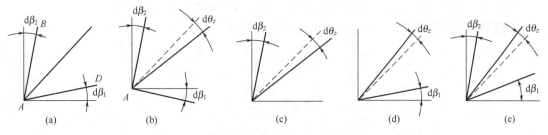

图 4-10　微元体旋转与角变形示意图

ⅰ. 当 $\mathrm{d}\beta_1 = \mathrm{d}\beta_2$ 时，$\angle BAD$ 平分线的旋转角 $\mathrm{d}\theta_z = 0$，此时微元体只有变形而无旋转；

ⅱ. 当 $\mathrm{d}\beta_1 = \mathrm{d}\beta_2 = \mathrm{d}\theta_z$ 时，此时微元体只有旋转而无变形；

ⅲ. 当 $\mathrm{d}\beta_1 = 0$，$\mathrm{d}\beta_2 \neq 0$ 时，$\mathrm{d}\theta_z = \frac{1}{2}\mathrm{d}\beta_2$，此时微元体既有旋转又有变形；

ⅳ. 当 $\mathrm{d}\beta_1 \neq 0$，$\mathrm{d}\beta_2 = 0$ 时，$\mathrm{d}\theta_z = \frac{1}{2}\mathrm{d}\beta_1$，此时微元体既有旋转又有变形；

ⅴ. 当 $\mathrm{d}\beta_1 \neq 0$，$\mathrm{d}\beta_2 \neq 0$ 时，$\mathrm{d}\theta_z = \frac{1}{2}(\mathrm{d}\beta_1 - \mathrm{d}\beta_2)$，此时微元体既有旋转又有变形。

对一般情况，微元体在 z 平面的旋转角为

$$\mathrm{d}\theta_z = \frac{1}{2}(\mathrm{d}\beta_1 - \mathrm{d}\beta_2) = \frac{1}{2}\left(\frac{\partial u_y}{\partial x} - \frac{\partial u_x}{\partial y}\right)\mathrm{d}t \tag{4-36}$$

则微元体绕 z 轴的旋转角速度为

$$\omega_z = \frac{\mathrm{d}\theta_z}{\mathrm{d}t} = \frac{1}{2}\left(\frac{\partial u_y}{\partial x} - \frac{\partial u_x}{\partial y}\right) \tag{4-37}$$

同理可得微元体绕 x 和 y 轴的旋转角速度为

$$\omega_x = \frac{\mathrm{d}\theta_x}{\mathrm{d}t} = \frac{1}{2}\left(\frac{\partial u_z}{\partial y} - \frac{\partial u_y}{\partial z}\right) \tag{4-38}$$

$$\omega_y = \frac{\mathrm{d}\theta_y}{\mathrm{d}t} = \frac{1}{2}\left(\frac{\partial u_x}{\partial z} - \frac{\partial u_z}{\partial x}\right) \tag{4-39}$$

微元体 $\angle BAD$ 的变形为

$$\mathrm{d}\beta_z = \mathrm{d}\beta_1 + \mathrm{d}\beta_2 \tag{4-40}$$

则微元体在 z 平面的角变形速度（角应变率）为

$$\dot{\gamma}_{xy} = \frac{\mathrm{d}\beta_z}{\mathrm{d}t} = \left(\frac{\mathrm{d}\beta_1}{\mathrm{d}t} + \frac{\mathrm{d}\beta_2}{\mathrm{d}t}\right) = \left(\frac{\partial u_y}{\partial x} + \frac{\partial u_x}{\partial y}\right) \tag{4-41}$$

同样可得微元体在 x 和 y 平面的角变形速度为

$$\dot{\gamma}_{yz} = \frac{\mathrm{d}\beta_x}{\mathrm{d}t} = \left(\frac{\partial u_z}{\partial y} + \frac{\partial u_y}{\partial z}\right) \tag{4-42}$$

$$\dot{\gamma}_{xz} = \frac{\mathrm{d}\beta_y}{\mathrm{d}t} = \left(\frac{\partial u_x}{\partial z} + \frac{\partial u_z}{\partial x}\right) \tag{4-43}$$

在粉体力学中规定

$$\dot{\gamma}_{xy} = -\dot{\gamma}_{yx} \tag{4-44}$$

$$\dot{\gamma}_{yz} = -\dot{\gamma}_{zy} \tag{4-45}$$

$$\dot{\gamma}_{xz} = -\dot{\gamma}_{zx} \tag{4-46}$$

尽管式(4-44)～式(4-46)没有物理意义，但会给应变率的分析带来方便。

同理可得轴对称柱坐标（r，z，χ）系的应变率为

$$\dot{\epsilon}_{rr} = -\frac{\partial u_r}{\partial r} \tag{4-47}$$

$$\dot{\epsilon}_{zz} = -\frac{\partial u_z}{\partial z} \tag{4-48}$$

$$\dot{\epsilon}_{\chi\chi} = -\frac{u_r}{r} \tag{4-49}$$

$$\dot{\gamma}_{rz} = -\dot{\gamma}_{zr} = \frac{\partial u_r}{\partial z} + \frac{\partial u_z}{\partial r} \tag{4-50}$$

同样，式(4-47)～式(4-49)相加得 Molerus Ⅰ类粉体的连续性方程

$$\dot{\epsilon}_{rr} + \dot{\epsilon}_{zz} + \dot{\epsilon}_{\chi\chi} = -\left(\frac{\partial u_r}{\partial r} + \frac{u_r}{r} + \frac{\partial u_z}{\partial z}\right) = 0 \tag{4-51}$$

同理可得轴对称球坐标（r，θ，χ）系的应变率为

$$\dot{\epsilon}_{rr} = -\frac{\partial u_r}{\partial r} \tag{4-52}$$

$$\dot{\varepsilon}_{\theta\theta} = -\frac{u_r}{r} - \frac{1}{r}\frac{\partial u_\theta}{\partial \theta} \tag{4-53}$$

$$\dot{\varepsilon}_{\chi\chi} = -\frac{u_r}{r} - \frac{u_\theta \cot\theta}{r} \tag{4-54}$$

$$\dot{\gamma}_{r\theta} = -\dot{\gamma}_{\theta r} = r\frac{\partial}{\partial r}\left(\frac{u_\theta}{r}\right) + \frac{1}{r}\frac{\partial u_r}{\partial \theta} \tag{4-55}$$

同样，式(4-52)~式(4-54)相加得 Molerus Ⅰ类粉体的连续性方程

$$\dot{\varepsilon}_{rr} + \dot{\varepsilon}_{\theta\theta} + \dot{\varepsilon}_{\chi\chi} = -\left(\frac{\partial u_r}{\partial r} + 2\frac{u_r}{r} + \frac{1}{r}\frac{\partial u_\theta}{\partial \theta} + \frac{u_\theta \cot\theta}{r}\right) = 0 \tag{4-56}$$

4.5.2　莫尔应变率圆

考虑二维微元体，其应变率在 (x, y) 坐标中是已知的，微元体逆时针旋转 θ 角后，在 p 和 q 方向的应变率如图 4-11 所示。

根据应变率的定义有

$$\dot{\varepsilon}_{pp} = -\frac{\partial u_p}{\partial p} \tag{4-57}$$

根据矢量运算法则，速度 u_p 和 u_q 为

$$u_p = u_x\cos\theta + u_y\sin\theta \tag{4-58}$$

$$u_q = -u_x\sin\theta + u_y\cos\theta \tag{4-59}$$

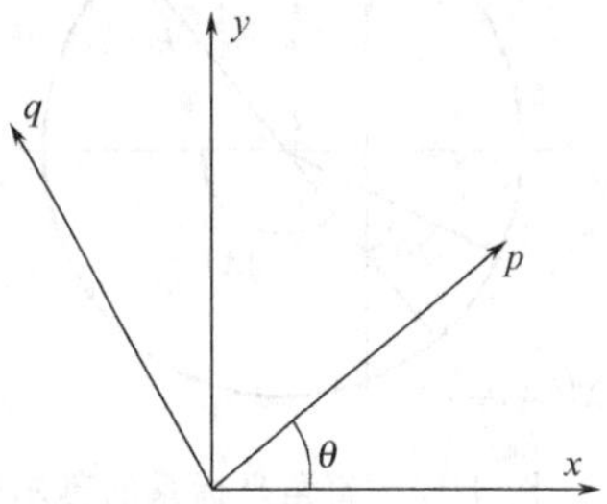

图 4-11　坐标旋转示意图

则应变率 $\dot{\varepsilon}_{pp}$ 为

$$\dot{\varepsilon}_{pp} = -\frac{\partial u_x}{\partial p}\cos\theta - \frac{\partial u_y}{\partial p}\sin\theta \tag{4-60}$$

同样根据矢量运算法则有

$$\frac{\partial u_x}{\partial p} = \frac{\partial u_x}{\partial x}\cos\theta + \frac{\partial u_x}{\partial y}\sin\theta \tag{4-61}$$

$$\frac{\partial u_y}{\partial p} = \frac{\partial u_y}{\partial x}\cos\theta + \frac{\partial u_y}{\partial y}\sin\theta \tag{4-62}$$

则应变率 $\dot{\varepsilon}_{pp}$ 为

$$\dot{\varepsilon}_{pp} = -\frac{\partial u_x}{\partial x}\cos^2\theta - \frac{\partial u_x}{\partial y}\sin\theta\cos\theta - \frac{\partial u_y}{\partial x}\sin\theta\cos\theta - \frac{\partial u_y}{\partial y}\sin^2\theta \tag{4-63}$$

把式(4-29)和式(4-30)代入式(4-63)得

$$\dot{\varepsilon}_{pp} = \dot{\varepsilon}_{xx}\cos^2\theta - \dot{\gamma}_{xy}\sin\theta\cos\theta + \dot{\varepsilon}_{yy}\sin^2\theta \tag{4-64}$$

上式可写为

$$\dot{\varepsilon}_{pp} = \frac{1}{2}(\dot{\varepsilon}_{xx} + \dot{\varepsilon}_{yy}) + \frac{1}{2}(\dot{\varepsilon}_{xx} - \dot{\varepsilon}_{yy})\cos2\theta - \frac{\dot{\gamma}_{xy}}{2}\sin2\theta \tag{4-65}$$

或

$$\dot{\varepsilon}_{pp} = e + R\cos(2\theta + 2\Lambda) \tag{4-66}$$

其中

$$e = \frac{1}{2}(\dot{\varepsilon}_{xx} + \dot{\varepsilon}_{yy}) \tag{4-67}$$

$$R = \frac{1}{2} \sqrt{\left[(\dot{\varepsilon}_{xx} - \dot{\varepsilon}_{yy})^2 + \dot{\gamma}_{xy}^2 \right]} \tag{4-68}$$

$$\tan 2\Lambda = -\frac{\dot{\gamma}_{xy}}{(\dot{\varepsilon}_{xx} - \dot{\varepsilon}_{yy})} \tag{4-69}$$

同样可得

$$\frac{\dot{\gamma}_{pq}}{2} = R \sin(2\theta + 2\Lambda) \tag{4-70}$$

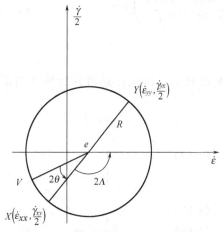

图 4-12　直角坐标系的莫尔应变率圆

式（4-66）～式（4-70）在 $\left(\dot{\varepsilon}, \frac{\dot{\gamma}}{2} \right)$ 坐标系中定义了以 $(e, 0)$ 为原点，以 R 为半径的圆（如图 4-12 所示）。此圆称为莫尔应变率圆，圆上一点代表某一平面的应变率状态。当 θ 为零时，X 和 Y 点对应着 x 和 y 面的应变率。V 对应着与 x 面逆时针方向成 θ 角面的应变率。角 Λ 是最大主应变面与 X 面顺时针方向旋转的夹角。

从图 4-12 的莫尔应变率圆可以得到

$$\dot{\varepsilon}_{xx} = e + R \cos 2\Lambda \tag{4-71}$$

$$\dot{\varepsilon}_{yy} = e - R \cos 2\Lambda \tag{4-72}$$

$$\frac{1}{2} \dot{\gamma}_{xy} = -\frac{1}{2} \dot{\gamma}_{yx} = R \sin 2\Lambda \tag{4-73}$$

式（4-71）和式（4-72）相加得

$$e = \frac{1}{2} (\dot{\varepsilon}_{xx} + \dot{\varepsilon}_{yy}) = -\frac{1}{2} \left(\frac{\partial u_x}{\partial x} + \frac{\partial u_y}{\partial y} \right) \tag{4-74}$$

可以看出 e 是粉体的体积变化率，对 Molerus Ⅰ 类粉体，e 等于零。

轴对称柱坐标 (r, z, χ) 系的莫尔应变率圆可表示为

$$\dot{\varepsilon}_{rr} = e + R \cos 2\Lambda \tag{4-75}$$

$$\dot{\varepsilon}_{zz} = e - R \cos 2\Lambda$$

$$\frac{1}{2} \dot{\gamma}_{rz} = -\frac{1}{2} \dot{\gamma}_{zr} = R \sin 2\Lambda \tag{4-76}$$

其中

$$e = \frac{1}{2} (\dot{\varepsilon}_{rr} + \dot{\varepsilon}_{zz}) \tag{4-77}$$

$$R = \frac{1}{2} \sqrt{\left[(\varepsilon_{rr} - \varepsilon_{zz})^2 + \gamma_{rz}^2 \right]} \tag{4-78}$$

$$\tan 2\Lambda = -\frac{\dot{\gamma}_{rz}}{(\dot{\varepsilon}_{rr} - \dot{\varepsilon}_{zz})} \tag{4-79}$$

式中，角 Λ 是 r 面逆时针转到最大主应变率面的角，如图 4-13 所示。

轴对称球坐标 (r, θ, χ) 系的莫尔应变率圆可表示为

$$\dot{\varepsilon}_{rr} = e + R \cos 2\Lambda \tag{4-80}$$

$$\dot{\varepsilon}_{\theta\theta} = e - R\cos2\Lambda \tag{4-81}$$

$$\frac{\dot{\gamma}_{r\theta}}{2} = -\frac{\dot{\gamma}_{\theta r}}{2} = +R\sin2\Lambda \tag{4-82}$$

其中

$$e = \frac{1}{2}(\dot{\varepsilon}_{rr} + \dot{\varepsilon}_{\theta\theta}) \tag{4-83}$$

$$R = \frac{1}{2}\sqrt{\left[(\dot{\varepsilon}_{rr} - \dot{\varepsilon}_{\theta\theta})^2 + \dot{\gamma}_{r\theta}^2\right]} \tag{4-84}$$

$$\tan2\Lambda = -\frac{\dot{\gamma}_{r\theta}}{(\dot{\varepsilon}_{rr} - \dot{\varepsilon}_{\theta\theta})} \tag{4-85}$$

式中，角 Λ 是 r 面逆时针到最大主应变率面的角，如图 4-14 所示。

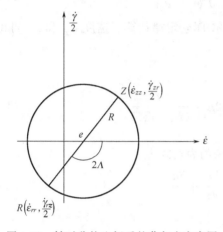

图 4-13　轴对称柱坐标系的莫尔应变率圆

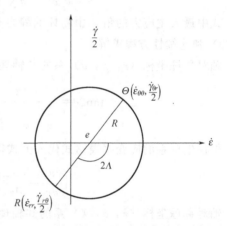

图 4-14　轴对称球坐标系的莫尔应变率圆

4.6　粉体流动的本构关系

4.6.1　共轴理论

在粉体流动的动量方程中，有两个速度分量、三个应力分量共五个变量。莫尔-库仑定律可使三个应力变量减为 p^* 和 ψ 两个变量。两个动量方程和连续性方程不能满足四个变量的求解要求。为了求解，需要寻找应力与应变率的关系，这一关系又称为粉体流动的本构关系。

Jenike 于 20 世纪 60 年代提出了粉体流动的本构关系，当粉体流动时，其最大主应力的方向与最大主应变率的方向相同，即

$$\psi = \Lambda \tag{4-86}$$

这一本构关系又称为共轴理论，即最大主应力与最大主应变率同轴（如图 4-15 所示）。

由图 4-15 可得共轴理论的表达式为

$$\tan2\psi = \frac{-\tau_{xy}}{\frac{1}{2}(\sigma_{xx} - \sigma_{yy})} = \tan2\Lambda = \frac{-\dot{\gamma}_{xy}}{(\dot{\varepsilon}_{xx} - \dot{\varepsilon}_{yy})} \tag{4-87}$$

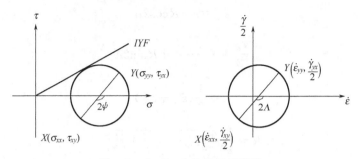

图 4-15　Jenike 本构关系示意图

把应变率的表达式代入上式得

$$\left(\frac{\partial u_x}{\partial x}-\frac{\partial u_y}{\partial y}\right)\tan 2\psi=\frac{\partial u_x}{\partial y}+\frac{\partial u_y}{\partial x} \tag{4-88}$$

式中最大主应力的角 ψ 由粉体的静力平衡和莫尔-库仑定律计算。速度 u_x 和 u_y 可由式 (4-88) 和连续性方程求解。

轴对称柱坐标 (r, z, θ) 系的共轴理论为

$$\tan 2\psi=\frac{-\tau_{rz}}{\frac{1}{2}(\sigma_{rr}-\sigma_{zz})}=\tan 2\Lambda=\frac{-\dot{\gamma}_{rz}}{(\dot{\epsilon}_{rr}-\dot{\epsilon}_{zz})} \tag{4-89}$$

把柱坐标系的应变率表达式代入上式得共轴理论的表达式为

$$\left(\frac{\partial u_r}{\partial r}-\frac{\partial u_z}{\partial z}\right)\tan 2\psi=\frac{\partial u_r}{\partial z}+\frac{\partial u_z}{\partial r} \tag{4-90}$$

轴对称球坐标 (r, θ, χ) 系的共轴理论为

$$\tan 2\psi=\frac{-\tau_{r\theta}}{\frac{1}{2}(\dot{\epsilon}_{rr}-\dot{\epsilon}_{\theta\theta})}=\tan 2\Lambda=\frac{-\dot{\gamma}_{r\theta}}{(\dot{\epsilon}_{rr}-\dot{\epsilon}_{\theta\theta})} \tag{4-91}$$

把球坐标系的应变率表达式代入上式得共轴理论的表达式为

$$\left(\frac{\partial v_r}{\partial r}-\frac{v_r}{r}-\frac{1}{r}\frac{\partial v_\theta}{\partial \theta}\right)\tan 2\psi=r\frac{\partial}{\partial r}\left(\frac{v_\theta}{r}\right)+\frac{1}{r}\frac{\partial v_r}{\partial \theta} \tag{4-92}$$

4.6.2　从 Jenike 剪切仪获得的应力-应变率关系

在第 2 章中已作过介绍，Jenike 剪切仪是用来测量粉体的内摩擦角和壁面摩擦角的。但最近的实验研究表明，Jenike 剪切仪可以用来测量粉体的应力-应变率关系。实验用的 Jenike 剪切仪是南京土壤仪器厂 SDJ-I 型剪力仪，该剪力仪剪切盒的直径为 60mm，上下盒高分别为 20mm 和 25mm，最大载荷可达 400kPa。下盒的移动速度可操作为 0.013mm/s，上盒的位移由百分表测量，作用在上盒的水平力用力传感器测量。实验中用有记忆功能的秒表来测量上下盒移动的时间，由此可计算上下盒的移动速度。

图 4-16 为细玻璃珠在 400kPa 载荷时上下盒相对位移与相对移动时间的测量结果。上下盒的相对速度可由下式计算

$$v_{cr}=\frac{x_{cr}}{t_{cr}} \tag{4-93}$$

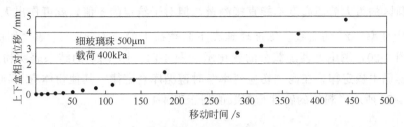

图 4-16　细玻璃珠在 400kPa 载荷时上下盒相对位移与移动时间的测量结果

式中，x_{cr} 是上下盒的相对位移；t_{cr} 是移动 x_{cr} 距离的时间。上下盒的相对速度 v_{cr} 与相对位移 x_{cr} 的关系示于图 4-17。结果表明上下盒的相对速度 v_{cr} 随相对位移 x_{cr} 的增加趋于下盒的移动速度。上下盒粉体间的切应力 τ 与上下盒相对速度 v_{cr} 的结果示于图 4-18，由图可见，上下盒粉体间的切应力 τ 随相对速度 v_{cr} 线性增加。当上下盒相对速度达到下盒的移动速度时，上下盒粉体间的切应力 τ 趋于一恒定值，即在该载荷下的库仑应力值 τ_c。在其他载荷的条件下，有相同的实验现象和测量结果。

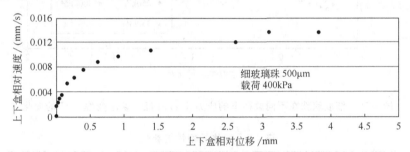

图 4-17　细玻璃珠在 400kPa 载荷时上下盒相对速度随相对位移的变化

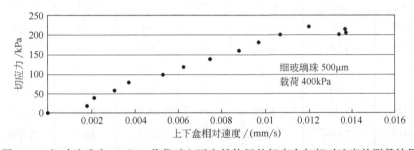

图 4-18　细玻璃珠在 400kPa 载荷时上下盒粉体间的切应力与相对速度的测量结果

Jenike 剪切仪的剪切过程示于图 4-19，中间为椭圆形的均匀剪切区，两侧为没有体积变化的库仑摩擦区。所以切应变率 $\dot{\gamma}$ 等于相对速度 v_{cr} 除以椭圆区的最大剪切高度。定义"切应变率" $\dot{\gamma}^*$ 为

$$\dot{\gamma}^* = \frac{v_{cr}/\delta}{v_{shaft}/x_c} \qquad (4\text{-}94)$$

式中，v_{shaft} 是下盒的移动速度，其值为 0.013mm/s；x_c 是到达库仑区时上下盒的相对位移，可由 v_{cr} 和 x_{cr} 的曲线确定；δ 是椭圆区最大剪切高度与 400kPa 载荷下椭圆区最大剪切高度的比值。

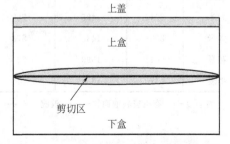

图 4-19　Jenike 剪切仪的剪切过程示意图

虽然椭圆区的最大剪切高度不能直接测量，但对于给定的 δ 值，就可作出无因次切应力 τ/τ_c 与"切应变率" $\dot{\gamma}^*$ 的曲线。细玻璃珠在不同载荷下的应力比 τ/τ_c 随"切应变率" $\dot{\gamma}^*$ 的变化示于图 4-20，图中 δ 值随载荷的变化示于图 4-21。图 4-20 的结果表明粉体在低"切应变率"时遵循牛顿定律，在高"切应变率"时遵循库仑定律。其他粉体有与细玻璃珠相同的结果如图 4-22 所示，粉体的物性与参数值列于表 4-1。

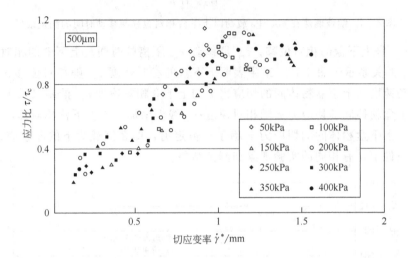

图 4-20　细玻璃珠在不同载荷下的应力比 τ/τ_c 随"切应变率" $\dot{\gamma}^*$ 的变化

表 4-1　粉体的物性与参数

颗 粒	d_V/mm	ρ_P/ (kg/m³)	ρ_B/ (kg/m³)	α/ (°)	ϕ_i/ (°)	ϕ_w^*/ (°)	μ_N^* (—)	Δ/mm
玻璃珠	500	2528	1504	26	30	6.5	0.0599	0.0528
玻璃珠	2000	2500	1664	27	34	4.9	0.0441	0.0344
小米	1583	1400	833	36	34.9	10.2	0.109	0.160
黄豆	6592	1250	756	26	41.7	10.2	0.0901	0.213
黄米	2070	1328	811	34	35.5	13.6	0.133	0.358
高粱	3631	1415	867	31	36.9	11.8	0.858	0.354
黏高粱	3395	1405	800	34	32.5	10.3	0.866	0.284
大楂子	5376	1396	807	33	50.8	9.3	0.0801	0.154
小楂子	1210	1491	752	35	35.7	11.0	0.182	0.375
沙子	1370	2595	1376	35	43.9	24.9	0.409	0.464
铺路石	+	2670	1378	37	52.0	28.8	0.497	0.921
大米	3046	1495	867	35	41.0	11.0	0.105	0.124
黑米	3058	1433	878	31	21.6	7.6	0.147	0.389
花豆	5417	1399	800	30	30.1	8.3	0.112	0.370
小麦	4478	1366	844	35	30.8	8.7	0.236	0.642

注：*——有机玻璃壁面；-——没测；+——筛粉尺寸 5000～8000μm。

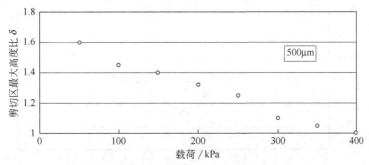

图 4-21 细玻璃珠在不同载荷下的 δ 值载荷的变化

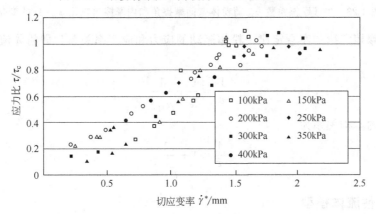

图 4-22 大米在不同载荷下的应力比 τ/τ_c 随 "切应变率" $\dot{\gamma}^*$ 的变化

4.6.3 塑黏性本构关系

实验结果表明在高剪切速率时,粉体遵循库仑定律;在低剪切速率时,粉体遵循牛顿摩擦定律。在低剪切速率时,粉体的牛顿摩擦定律可写为

$$\tau = a\Delta\tau_c T\dot{\gamma} \tag{4-95}$$

式中,a 是 $\dfrac{\tau}{\tau_c}$-$\dot{\gamma}^*$ 曲线的斜率;Δ 是 400kPa 时椭圆区的最大剪切高度;T 是特征时间 x_c/v_{shaft}。

μ_N 为粉体的牛顿摩擦系数

$$\mu_N = a\Delta\tau_c T \tag{4-96}$$

粉体的牛顿摩擦定律 (量纲 1) 可写为

$$\overline{\tau} = \overline{\mu}_N \overline{\dot{\gamma}} \tag{4-97}$$

式中应力 $\overline{\tau}$、应变率 $\overline{\dot{\gamma}}$ 和牛顿摩擦系数 $\overline{\mu}_N$ 分别为

$$\overline{\tau} = \tau/\tau_c \tag{4-98}$$

$$\overline{\dot{\gamma}} = T\dot{\gamma} \tag{4-99}$$

$$\overline{\mu}_N = a\Delta \tag{4-100}$$

牛顿摩擦系数 $\overline{\mu}_N$ 随粉体壁面摩擦角和内摩擦角之比 ϕ_w/ϕ_i 的变化示于图 4-23,$\overline{\mu}_N$ 与 ϕ_w/ϕ_i 可关联为

$$\overline{\mu}_N = \left(\frac{\phi_w}{\phi_i}\right)^{1.6} \tag{4-101}$$

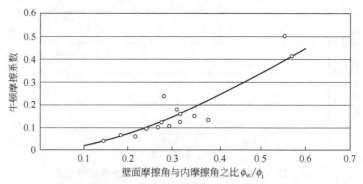

图 4-23　牛顿摩擦系数 $\bar{\mu}_N$ 随粉体壁面摩擦角和内摩擦角之比 ϕ_w/ϕ_i 的变化

基于牛顿摩擦定律和库仑定律，粉体流动的应力和应变率关系，即粉体流动的本构关系可表示为

$$\frac{1}{\tau}=\frac{1}{\tau_c}+\frac{1}{\mu_N\dot{\gamma}} \tag{4-102}$$

则无因次的本构关系为

$$\frac{1}{\bar{\tau}}=1+\frac{1}{\bar{\mu}_N\dot{\bar{\gamma}}} \tag{4-103}$$

4.6.4　塑黏性流体模型

从无因次本构关系式(4-103)可得轴对称球坐标 $(r，\theta，\chi)$ 系的无因次应变率 $\dot{\bar{\gamma}}$ 为

$$\dot{\bar{\gamma}}_{r\theta}=\frac{1}{\bar{\mu}_N}\frac{\tau_{r\theta}}{\tau_c-\tau_{r\theta}} \tag{4-104}$$

根据莫尔-库仑定律，Molerus I 类粉体在轴对称球坐标 $(r，\theta，\chi)$ 系的切应力 $\tau_{r\theta}$ 和 τ_c 为

$$\tau_{r\theta}=-p\sin\phi_i\sin2\psi \tag{4-105}$$
$$\tau_c=\mu_c\sigma_{\theta\theta}=\mu_c p(1-\sin\phi_i\sin2\psi) \tag{4-106}$$

式中，μ_c 是库仑摩擦系数；ϕ_i 是粉体的内摩擦角；p 是最大和最小主应力的平均值；ψ 是 r 面与最大主应面的夹角。

轴对称球坐标 $(r，\theta，\chi)$ 系的切应变率 $\dot{\gamma}_{r\theta}=\partial v_r/r\partial\theta$，当特征时间 T 取为 $-r/v_r$ 时，则由无因次应变率的定义可得

$$\dot{\bar{\gamma}}_{r\theta}=T\dot{\gamma}_{r\theta}=-\frac{r}{v_r}\frac{\partial v_r}{r\partial\theta}=-\frac{\partial\ln v_r}{\partial\theta} \tag{4-107}$$

由式(4-104)可得速度比 $v_r/v_{r,0}$ 为

$$\frac{v_r}{v_{r,0}}=\exp\left(-\int_0^\alpha\frac{1}{\bar{\mu}_N}\frac{\tau_{r\theta}}{\tau_c-\tau_{r\theta}}\mathrm{d}\theta\right) \tag{4-108}$$

式中，$v_{r,0}$ 是 $\theta=0$ 时颗粒的速度。把式(4-105)和式(4-106)代入上式得速度比 $v_r/v_{r,0}$ 为

$$\frac{v_r}{v_{r,0}}=\exp\left[\frac{1}{\bar{\mu}_N}\int_0^\theta\frac{\sin\phi_i\sin2\psi}{\mu_c+\sin\phi_i(\sin2\psi-\mu_c\cos2\psi)}\mathrm{d}\theta\right] \tag{4-109}$$

从无因次本构关系式(4-103)可得轴对称柱坐标 $(r，z，\chi)$ 系的应变率 $\dot{\bar{\gamma}}$ 为

$$\bar{\dot{\gamma}}_{rz} = \frac{1}{\mu_N} \frac{\tau_{rz}}{\tau_c - \tau_z} \tag{4-110}$$

根据莫尔-库仑定律，Molerus I 类粉体在轴对称柱坐标 (r, z, χ) 系的切应力 τ_{rz} 和 τ_c 为

$$\tau_{rz} = -p \sin\phi_i \sin 2\psi \tag{4-111}$$

$$\tau_c = \mu_c \sigma_{zz} = \mu_c p (1 - \sin\phi_i \sin 2\psi) \tag{4-112}$$

式中　μ_c——库仑摩擦系数；

　　　ϕ_i——粉体的内摩擦角；

　　　p——最大和最小主应力的平均值；

　　　ψ——r 面与最大主应面的夹角。

当忽略径向流动时，轴对称柱坐标 (r, z, χ) 系的切应变率 $\dot{\gamma}_{rz} = \partial v_z / \partial r$，当特征时间 T 取为 $-z_J / v_z$ 时，其中 z_J 是 Janssen 特征高度并取为

$$z_J = \frac{D}{4\mu_w K_A} \tag{4-113}$$

式中　D——柱体的直径；

　　　μ_w——壁面库仑摩擦系数；

　　　K_A——Rankine 主动态应力系数。

应变率 $\bar{\dot{\gamma}}_{rz}$ 为

$$\bar{\dot{\gamma}}_{rz} = T\dot{\gamma}_{rz} = -\frac{z_J}{v_z} \frac{\partial v_z}{\partial r} = -z_J \frac{\partial \ln v_z}{\partial r} \tag{4-114}$$

由式(4-110)可得轴对称柱坐标 (r, z, χ) 系下的速度比 $v_z / v_{z,0}$ 为

$$\frac{v_z}{v_{z,0}} = \exp\left(-\int_0^R \frac{z_J}{\mu_N} \frac{\tau_{rz}}{\tau_c - \tau_{rz}} \mathrm{d}r\right) \tag{4-115}$$

式中　R——柱体的半径；

　　　$v_{z,0}$——$r = 0$ 时颗粒的速度。

把式(4-111)~式(4-113)代入上式得轴对称柱坐标 (r, z, χ) 系的速度比 $v_z / v_{z,0}$ 为

$$\frac{v_z}{v_{z,0}} = \exp\left[\frac{1}{\mu_N} \int_0^r \frac{2\mu_w K_A \sin\phi_i \sin 2\psi}{\mu_c + \sin\phi_i (\sin 2\psi + \mu_c \cos 2\psi)} \frac{\mathrm{d}r}{R}\right] \tag{4-116}$$

类似地，可得平面直角坐标 (x, y) 系下的速度比 $v_x / v_{x,0}$ 为

$$\frac{v_x}{v_{x,0}} = \exp\left[\frac{1}{\mu_N} \int_0^H \frac{2\mu_w K_A \sin\phi_i \sin 2\psi}{\mu_c + \sin\phi_i (\sin 2\psi - \mu_c \cos 2\psi)} \frac{\mathrm{d}y}{H}\right] \tag{4-117}$$

式中，$v_{x,0}$ 是 $y = 0$ 时颗粒的速度；H 是两壁宽度的一半。特征时间 T 取为 $-x_J / v_x$，其中 x_J 取

$$x_J = \frac{H}{2\mu_w K_A} \tag{4-118}$$

4.7　柱体内质量流动的速度分布

4.7.1　共轴理论的预测结果与实验结果的比较

在柱体内若忽略径向速度，即

$$v_r = 0 \tag{4-119}$$

则从连续性方程

$$\frac{\partial v_r}{\partial r} + \frac{\partial v_z}{\partial z} = 0 \tag{4-120}$$

可得

$$\frac{\partial v_z}{\partial z} = 0 \tag{4-121}$$

从轴对称柱坐标（r，z，χ）系的共轴理论式（4-90）得

$$\frac{\mathrm{d}v_z}{\mathrm{d}r} = 0 \tag{4-122}$$

则可得速度 v_z 为一个与 r 和 z 无关的常数，即

$$v_z = A \tag{4-123}$$

由于颗粒的质量流率为

$$q_m = \int_0^R \rho_B 2\pi r \mathrm{d}r v_z = 2\pi A \rho_B \int_0^R r \mathrm{d}r = \pi R^2 \rho_B A \tag{4-124}$$

可得速度 v_z 为

$$v_z = A = \frac{q_m}{\pi R^2 \rho_B} = \frac{4q_m}{\pi D^2 \rho_B} \tag{4-125}$$

4.7.2 塑黏性模型的预测结果与实验结果的比较

轴对称柱坐标（r，z，χ）系下的塑黏性流体模型的速度分布为［式（4-116）］

$$\frac{v_z}{v_{z,0}} = \exp\left[\frac{1}{\overline{\mu}_N} \int_0^r \frac{2\mu_w K_A \sin\phi_i \sin2\psi}{\mu_c + \sin\phi_i(\sin2\psi + \mu_c \cos2\psi)} \frac{\mathrm{d}r}{R}\right]$$

其中应力参数 ψ 由静力平衡方程计算，已在第 3 章中讨论过并给出了渐近解的计算公式和计算结果；内摩擦角和无因次牛顿摩擦系数列于表 4-1。

速度分布的计算结果和实验结果的比较示于图 4-24。比较结果表明塑黏性理论的计算结果与不同粉体的实验结果符合得很好；虽然共轴理论的预测结果不能反映速度在壁面附近的变化，但由于速度的变化不大，与实验结果吻合。

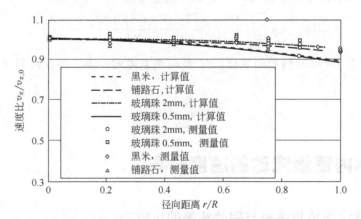

图 4-24 柱体内速度分布计算结果和实验结果的比较

4.8 锥体内质量流动的速度分布

4.8.1 共轴理论的预测结果与实验结果的比较

在 4.2.2 节已讨论过径向不可压缩流动，径向速度可表示为

$$v_r = -\frac{f(\theta)}{r^2} \tag{4-126}$$

由轴对称球坐标 (r, θ, χ) 系的共轴理论式(4-92)

$$\left(\frac{\partial v_r}{\partial r} - \frac{v_r}{r} - \frac{1}{r}\frac{\partial v_z}{\partial \theta}\right)\tan 2\psi = r\frac{\partial}{\partial r}\left(\frac{v_\theta}{r}\right) + \frac{1}{r}\frac{\partial v_r}{\partial \theta}$$

得

$$\frac{1}{r}\frac{\partial v_r}{\partial \theta} = \left(\frac{\partial v_r}{\partial r} - \frac{v_r}{r}\right)\tan 2\psi \tag{4-127}$$

把式(4-126)代入上式整理得

$$\frac{f'(\theta)}{f(\theta)} = -3\tan 2\psi \tag{4-128}$$

积分上式得

$$\frac{f(\theta)}{f(0)} = \exp\left(-3\int_0^\theta \tan 2\psi \mathrm{d}\theta\right) \tag{4-129}$$

则得速度比 $v_r/v_{r,0}$ 为

$$\frac{v_r}{v_{r,0}} = \frac{f(\theta)}{f(0)} = \exp\left(-3\int_0^\theta \tan 2\psi \mathrm{d}\theta\right) \tag{4-130}$$

其中应力参数 ψ 由静力平衡方程计算，已在第 3 章中讨论过并给出了渐近解的计算公式和计算结果。

速度分布的计算结果和实验结果的比较示于图 4-25。比较结果表明：壁面摩擦角 ϕ_w 在 $7° \sim 14°$ 的粉体，共轴理论的计算结果与粉体的实验结果吻合得较好；但壁面摩擦角 ϕ_w 较小的玻璃球（$<6.5°$）和壁面摩擦角 ϕ_w 较大的沙子和铺路石（$>24°$），共轴理论的预测结果与实验结果相差很大。

粉体从锥体流出的质量流率

$$q_m = \int_0^\alpha \rho_B 2\pi r\sin\theta(-v_r)r\mathrm{d}\theta \tag{4-131}$$

把式(4-126)和式(4-130)代入上式得

$$q_m = 2\pi\rho_B f(0)\int_0^\alpha \exp\left(-3\int_0^\theta \tan 2\psi \mathrm{d}\theta\right)\sin\theta \mathrm{d}\theta \tag{4-132}$$

所以

$$f(0) = \frac{q_m/\rho_B}{2\pi\int_0^\alpha \exp\left(-\int_0^\theta \tan 2\psi \mathrm{d}\theta\right)\sin\theta \mathrm{d}\theta} \tag{4-133}$$

式中，α 是锥体的半角。

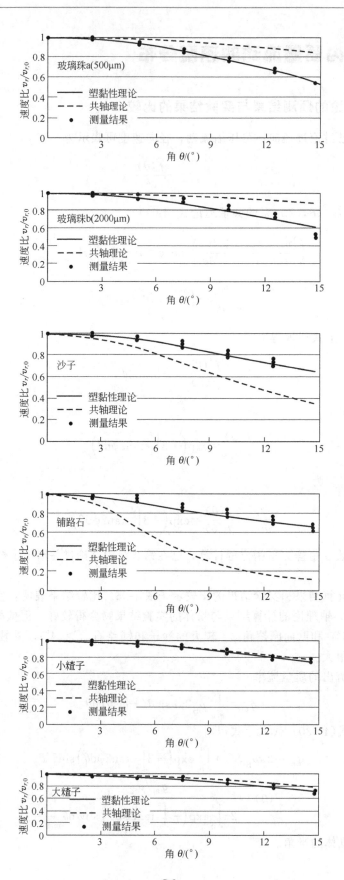

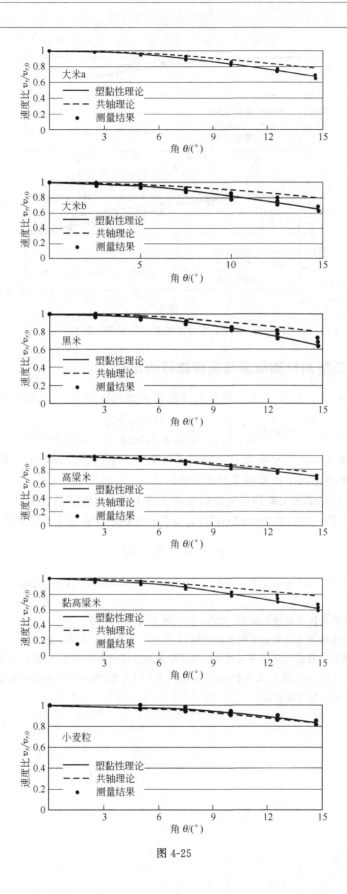

图 4-25

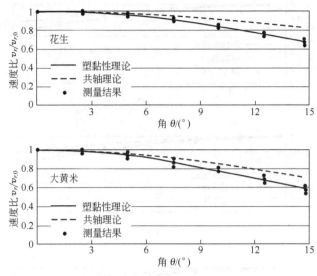

图 4-25　速度分布计算结果和实验结果的比较

4.8.2　塑黏性模型的预测结果与实验结果的比较

轴对称球坐标 $(r，\theta，\chi)$ 系下的塑黏性流体模型的速度分布〔式(4-109)〕为

$$\frac{v_r}{v_{r,\,0}} = \exp\left[\frac{1}{\bar{\mu}_N}\int_0^\theta \frac{\sin\phi_i \sin 2\psi}{\mu_c + \sin\phi_i(\sin 2\psi - \mu_c \cos 2\psi)}\mathrm{d}\theta\right]$$

其中应力参数 ψ 由静力平衡方程计算，已在第 3 章中讨论过并给出了渐近解的计算公式和计算结果；内摩擦角和牛顿摩擦系数列于表 4-1。

速度分布的计算结果和实验结果的比较也示于图 4-25。比较结果表明对于内摩擦角从 21°～50°、壁面摩擦角从 5°～30°的各种不同的粉体，塑黏性理论的计算结果与实验结果吻合得很好。

参 考 文 献

〔1〕　Nedderman R M. Statics and Kinematics of Granular Materials. Cambridge：Cambridge University Press，1992.

〔2〕　马丽霞. 简单库仑粉体流动性的研究. 大连：大连理工大学，1999.

〔3〕　张州波. 颗粒慢速斜槽流的实验研究及数值模拟. 大连：大连理工大学，2001.

〔4〕　陈淑花. 粉体流动的塑黏性模型及对粉体在管道中流动速度分布的模拟. 大连：大连理工大学，2001.

〔5〕　Xie H Y，Chen S H and Ma L X. A Plastic-Viscous Model for the Flow of Granular Solids. Trand in Chemical Engineering，2001，7：129-147.

5 料仓设计

料仓是化工生产的重要设备，不仅用于储存工艺粉体物料（原料、产品、中间产品等）和辅助物料（如催化剂等），还用于均化粉体性能、平衡工艺物流以及事故情况下的粉体紧急存放等。早在 20 世纪 30 年代，人们就已经开始重视料仓的设计问题，在 20 世纪 70～80 年代取得了许多具有实用价值的研究成果。尽管这些成果还不能解决料仓设计的一些特殊问题（如偏心流动等），却形成了料仓设计基础，据此设计的料仓，能满足一般工艺操作需要。

然而投入使用的料仓至今仍屡见流动难题，料仓设计失当，可能导致料仓操作故障，甚至停产。料仓失当的原因主要有两个：一是设计者重视不够，将料仓与常压液体储罐同等对待。二是缺乏必要的设计参考资料，现有的关于料仓设计的研究成果，基本上分散在不同的出版物上，缺乏系统性。这些研究成果大都具有很强的针对性，缺乏通用性。由于粉体流动问题本身的复杂性，有些结果尚有争议，缺乏定论。因此，设计者在利用这些结果时，会觉得局限性很大。如图 5-1 所示，料仓设计首先要根据粉体的物性、流动特性以及生产工艺对料仓（如要求一定的存储时间等）的要求，确定料仓内的流型，然后确定合适的料斗半锥角和卸料口尺寸，以实现预设流型。

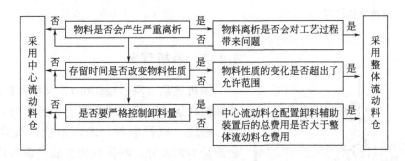

图 5-1 料仓流型选择需要考虑的问题

本章介绍 Jenike 法料仓设计，设计之前，必须取得必要的粉体物性参数和流动特性。显然，与由于料仓不能正常生产而导致的产品质量、生产停车、设备修改等问题相比，测量粉体的物性参数和流动特性等数据的成本是很少的。

5.1 料仓内的流动

5.1.1 料仓内粉体的流型

如图 4-1 和图 4-2 所示，排料状态下，粉体在料仓中的流动有质量流动和中心流动两种流型。质量流动的料斗壁面斜率比较大，排料时所有颗粒都处于运动状态，但在不同的位置有不同的运动速度。以图 5-2 所示的圆柱和圆锥组制的料仓为例，这个料仓中的流动为质量流动，可以分为Ⅰ、Ⅱ、Ⅲ三个区域。在Ⅰ区，粉体匀速向下运动，粉体的流动在壁面附近常常处于滑移状态；Ⅱ区是圆柱段和圆锥段的过渡区域，此区域中的粉体中心部位的速度加快，壁面附近因为粉体和粉体之间的摩擦及粉体和壁面之间的摩擦而速度减慢，形成了曲线速度廓形，Ⅱ区的高度经验值为 $(0.7\sim1.0)D$；在圆锥段Ⅲ区，速度分布廓形与Ⅱ区类似。

在中心流动的情况下存在静止区，静止区以外的速度分布情况与质量流动情况相同（图 5-3）。中心流动料仓的静止区形式各异，有的静止区可达料仓顶部 [图 5-3(a)]，这种情况比较容易检测到；有的静止区比较低而不易在料仓顶部检测到 [图 5-3(b)]，并且很有可能结构对称的料仓但静止区却不对称，此时料仓受力不均匀；还有很多非对称结构料仓，其静止区形状各异 [图 5-3(c)]。

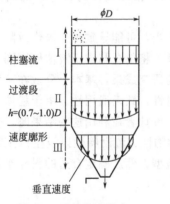

图 5-2 质量流动形式

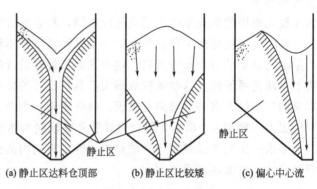

(a) 静止区达料仓顶部　　(b) 静止区比较矮　　(c) 偏心中心流

图 5-3 中心流动形式

5.1.2 偏析现象

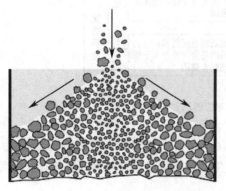

图 5-4 粉体的偏析结构示意图

偏析现象（Segregation），又称离析现象，即粉体颗粒在运动、堆积或从料仓中排料时，由于粒径、颗粒密度、颗粒形状、表面形状、颗粒的安息角、含湿量等的差异，粉体层的组成呈现不均质的现象，如图 5-4 所示。粒度分布范围宽的自由流动粉体物料中经常发生偏析。

对于很多粉体的单元操作，偏析的产生意味着粉体颗粒的分布不均匀，直接影响产品的质量和流动性等，进而影响后续单元操作。例如颗粒药剂罐装过程的偏析现象，将直接造成特定区域或时段的药粉大颗粒较多，严重影响药物质量和疗效。对于生产要求严格的工艺，应该尽可能地避免偏析的产生，或采取恰当的措施将已经产生偏析的粉体再度均匀混合。

5.1.3　料仓流动问题

料仓的流动不畅通常发生在粉体的贮存阶段，流动问题都与中心流动状态有关，若将料仓设计为质量流动，就可以避免很多问题。

质量流动的设计首要考虑的就是卸料口尺寸问题。粉体中的大颗粒由于互相交叠或咬合而结拱，如图 5-5 所示。卸料口直径的经验值是最大颗粒直径的 6～10 倍，此时结拱情况可以大大改善；长方形卸料口必须大于颗粒直径的 3～7 倍 [图 5-5(a)]。在卸料口形成的料拱并不稳定，在上方粉体的冲击和重力作用下，料拱坍塌，粉体从卸料口流出，随后又有新的颗粒在卸料口形成新的拱，由此料仓内粉体结拱—料拱坍塌而突然卸料—粉体填料—粉体结拱，呈现出不规则的脉动，对料仓形成了不规则的冲击力。对于棱角较多且很粗糙的颗粒群，即使粒径比较小，也容易结拱，此时即便卸料口足够大，也容易形成脉动流。细小且黏度大的粉体，由于颗粒间的内聚力及附着力，造成流动问题 [图 5-5（c）]。后一种流动情况在料仓卸料口足够大时，可以避免脉动卸料。

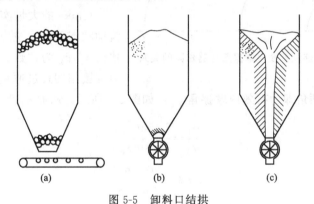

图 5-5　卸料口结拱

料斗形状多为对称的圆锥形和 V 形，也有一定数量的非对称的圆锥形和 V 形料斗，料仓由直筒节和料斗组制而成（图 5-6）。料仓设计的基础参数主要是料斗壁面的斜率（半锥角）和卸料口尺寸，为了忽略 V 形料仓前后壁面的影响，通常是矩形卸料口长度大于或等

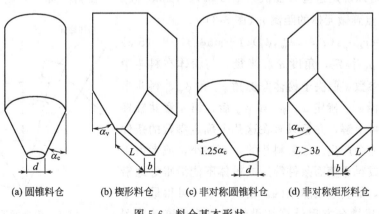

(a) 圆锥料仓　　(b) 楔形料仓　　(c) 非对称圆锥料仓　　(d) 非对称矩形料仓

图 5-6　料仓基本形状

于宽度的 3 倍以上。料仓的最终设计结果必须保证足够的料斗斜度，确定最小卸料口尺寸，形成质量流动，以防止在卸料口结拱或在设备内形成中心（鼠孔）流动。

5.1.4 Jenike 的料仓设计步骤

正如伯努利方程是流动力学中的里程碑一样，A. W. Jenike 在粉体领域做出了突出贡献，他的理论和方法现在还用作料仓设计的基础。A. W. Jenike 于 1939 年毕业于华沙理工学院的机械工程专业，二战后他取得了英国结构工程博士学位后，先后移民到加拿大和美国。20 世纪 50 年代，在他年近 40 时，他意欲在工程和科学方面作出贡献，于是在一年之内他进行了 40 个不同领域的研究，最终选择了技术水平几近空白的粉体技术作为研究方向，并在犹他大学建立了"粉体流动"实验室。

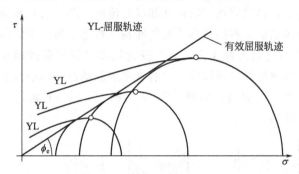

图 5-7　有效屈服轨迹及有效内摩擦角与莫尔圆的关系

Jenike 提出并建立的料仓设计方法已由很多资料证明，并得到了广泛应用。此外，包括 Enstad 和 Molerus 等人在内的一些学者在 Jenike 工作的基础上进一步研究了料仓的设计方法。目前 Jenike 的设计方法仍然应用最广泛。

Jenike 的大量实验结果表明，粉体流动状态下最大主应力和最小主应力的比值 σ_1/σ_2 为常数。存在一条与莫尔应力圆簇相切且过原点的直线，即有效屈服轨迹，该轨迹的倾角即为有效内摩擦角 ϕ_e，如图 5-7 所示，从而 σ_1 和 σ_2 的关系可表示为

$$\frac{\sigma_1}{\sigma_2} = \frac{1+\sin\phi_e}{1-\sin\phi_e} \tag{5-1}$$

$$\sin\phi_e = \frac{\sigma_1-\sigma_2}{\sigma_1+\sigma_2} \tag{5-2}$$

设计料仓前必须确定粉体的物性参数和料仓应力分布状态：粉体密度 ρ_B、开放屈服强度 σ_c、有效内摩擦角 ϕ_e、壁面摩擦角 ϕ_w 等。其中壁面摩擦角用以确定料斗半锥角 α，有效内摩擦角 ϕ_e 用以确定卸料口开孔尺寸。这些流动特性都取决于料仓内的应力特征值 σ_1，Jenike 剪切仪可以确定这些特征值（第 2 章）。Jenike 假定，在料斗部分，粉体最大主应力 σ_1 正比于锥顶点到微元体的距离 r（图 5-8）

$$\sigma_1 = rg\rho_B s(\alpha',\alpha,\phi_w,\phi_e)(1+\sin\phi_e) \tag{5-3}$$

假定粉体密度 ρ_B 恒定，角度 α 和半径 r 与粉体在料斗中的位置有关，参数 s 取决于粉体摩擦角 ϕ_e 和 ϕ_w、料斗半锥角 α 和角坐标 α'。确定 α、ϕ_e 和 ϕ_w 后，第 4 章共轴理论的微分方程可求解，并且只有在这几个确定参数的条件下，质量流动才会产生。如果料斗的 α 不够小，或者由于粉体本身性质或料仓壁面条件等造成粉体不能沿很好地沿料斗壁面运动，都会形成静止区。由式（5-3）可得最大主应力 σ_1。将上述微分方程计算结果整理到质量流动算图

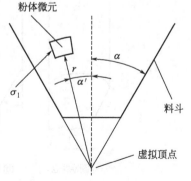

图 5-8　极坐标系下的料斗

5-9 中，质量流动区域为有解的工况。

5.1.4.1　质量流动料仓的设计

① 料仓半锥角　图 5-9（a）为有效内摩擦角 ϕ_e 为 30°～70°的圆锥形料斗和圆柱仓体组制料仓质量流动算图，根据半锥角 α_c 和壁面摩擦角 ϕ_w 可得到料仓中的流动状态。分界线将图分成质量流动和中心流动两个区域，左下角是质量流动区域，右上角是中心流动区域（微分方程没有解）。区域的划分一定程度上取决于有效内摩擦角 ϕ_e，ϕ_e 描述了稳态流的摩擦状态。有了确定的有效内摩擦角 ϕ_e、壁面摩擦角 ϕ_w 和料斗半锥角 α_c，就能确定流动形态。由于计算所得角度是理想工况下的，为安全起见，圆锥形料斗半锥角需要在最大理论值的基础上减小 3°～5°。区域分界线形状相似，表明在质量流动情况下，料斗半锥角随着壁面摩擦角的增大而增大。

图 5-9（b）为 V 形料斗和矩形仓体组制料仓质量流动算图，其区域分界线理论分析结果要比图示曲线靠左，然而实际操作时分界线有偏差，于是 Jenike 通过实际操作对理论解进行了修正。对于同种粉体［即粉体特性参数（ϕ_e，ϕ_w）相同的粉体］，V 形料斗比圆锥形料斗平一些，半锥角 α_v 约小 8°～12°，因为同一半锥角状况下，沿着流动方向，圆锥形料斗的横截面积减小的比 V 形料斗快。非对称的圆锥料斗最大半锥角是对称料斗半锥角的 1.25 倍。

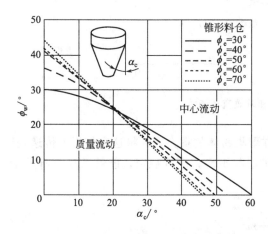

(a) 圆锥形料斗和圆柱仓体组制料仓质量流动运算图

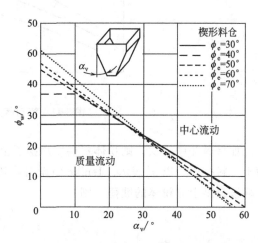

(b) V 形料斗和矩形仓体组制料仓(L>3b)质量流动图

图 5-9　质量流动算图

② 卸料口尺寸　料仓的卸料口尺寸太小，容易出现结拱情况；卸料口尺寸太大，对空间和下游设备的要求高，因而需要确定一个适宜的卸料口尺寸。

料斗中粉体的应力情况是需首要考虑的。当粉体为质量流动排出时，径向应力在料斗中不断发展，径向最大主应力与料斗当地直径成正比，同时也与到料斗虚拟顶点距离 r 成正比，最大主应力在料斗的顶端趋近于 0。最大主应力 σ_1 也称作固结应力，它决定粉体的性质。

如图 5-10 和图 5-11 所示，对于每个最大主应力 σ_1，都有相应的开放屈服强度 σ_c，流动函数反映两个参数的关系。流动函数和屈服轨迹不同，每一条屈服轨迹都对应一对开放屈服强度 σ_c 和固结应力 σ_1。

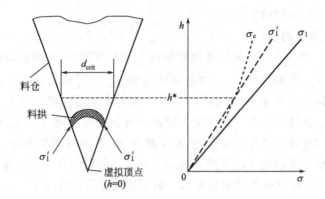

图 5-10　防止结拱的最小卸料口尺寸 d_{crit}

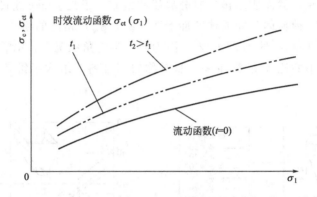

图 5-11　流动函数和时效流动函数

如果料斗中结拱，则粉体料拱便承担了上方聚集粉体的重力，并将这个作用力传递到壁面上，料拱应力以 σ_1' 表示。Jenike 假设粉体料拱形状平滑，厚度稳定，能够承受自身重量，忽略该料拱上方粉体的载荷，则

$$\sigma_1' = \frac{2rg\rho_B \sin\alpha}{1+m} \tag{5-4}$$

式中　m——料斗形状的参数，V 形的料斗 $m=0$，圆锥形料斗 $m=1$；

　　　r——料斗虚拟顶点到拱桥的距离，$2r\sin\alpha$ 是当地料斗直径。

只有当开放屈服强度 σ_c 远大于料拱应力 σ_1' 时，才会产生稳定料拱，即在图 5-10 中 σ_c 曲线与 σ_1' 曲线交点以下部分，交点以上开放屈服强度 σ_c 小于料拱应力 σ_1'。交点位置决定了料斗的临界卸料口直径 d_{crit} 和卸料口临界位置 h^*，只有卸料口直径 $d > d_{crit}$ 时才能避免粉体结拱。如果 $d < d_{crit}$，那么只能在卸料口和临界位置 h^* 之间加设辅助卸料装置。对于矩形卸料口，则存在临界宽度 b_{crit}，卸料口长度必须大于临界宽度的 3 倍。卸料口临界直径取决于料仓的几何尺寸、粉体的性质、粉体受力状态等，为方便起见，Jenike 定义料斗壁面处 σ_1/σ_1' 的比值为流动因子 ff。ff 是常数，取决于壁面摩擦角 ϕ_w、有效摩擦角 ϕ_e、料斗形状 m 和倾角 α，参数 s 确定后，流动因子 ff 便可以计算出来

$$ff = \frac{\sigma_1}{\sigma_1'} = \text{const} = (1+m)s(\alpha, \phi_w, \phi_e)\frac{1+\sin\phi_e}{2\sin\alpha} \tag{5-5}$$

如图 5-12 所示，Jenike 根据研究结果绘制了算图以确定流动因子 ff，算图适用于特定的料斗几何形状和固定的有效摩擦角，有效摩擦角 ϕ_e 变化步长为 $10°$。算图中虚线是质量流动和中心流动的边界，曲线值代表了不同的 ff 值，根据半锥角 α、有效摩擦角 ϕ_e 和壁面摩擦角 ϕ_w 等参数，就可以确定流动因子 ff。如果交点不在曲线上，需要用插值法计算流动因子 ff，V 形料仓和偏心楔形料斗见图 5-13 和图 5-14，图中 α_v、α_{av} 为料斗锥角参数，ϕ_e 为粉体有效摩擦角，$\phi_{w,z}$ 为垂直壁面摩擦角。

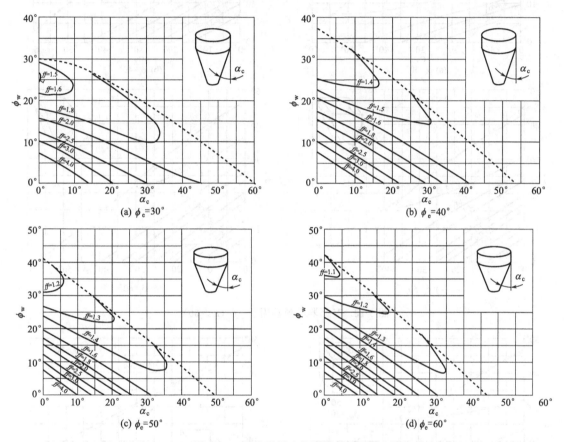

图 5-12　圆锥形料斗的流动因子 ff

图 5-15 表明了流动函数 FF 和流动因子 ff 的关系，图中交点与图 5-10 中的曲线交点意义相同，即在交点处，$\sigma_1' = \sigma_{c,crit}$，据此可以计算出等价的料斗直径，即临界直径 d_{crit}。由图 5-6 可知

$$d = 2r\sin\alpha_c \tag{5-6a}$$

$$b = 2r\sin\alpha_v \tag{5-6b}$$

用开放屈服强度 $\sigma_{c,crit}$ 代替料拱最大主应力 σ_1'，并将式(5-6a)带入式(5-4)，得到圆锥形料斗的卸料口临界直径 d_{crit} 为

$$d_{crit} = 2\frac{\sigma_{c,crit}}{g\rho_B} \tag{5-7a}$$

将式(5-6b)代入式(5-4)，得 V 形料斗的临界卸料口宽度 b_{crit} 为

$$b_{crit} = \frac{\sigma_{c,crit}}{g\rho_B} \tag{5-7b}$$

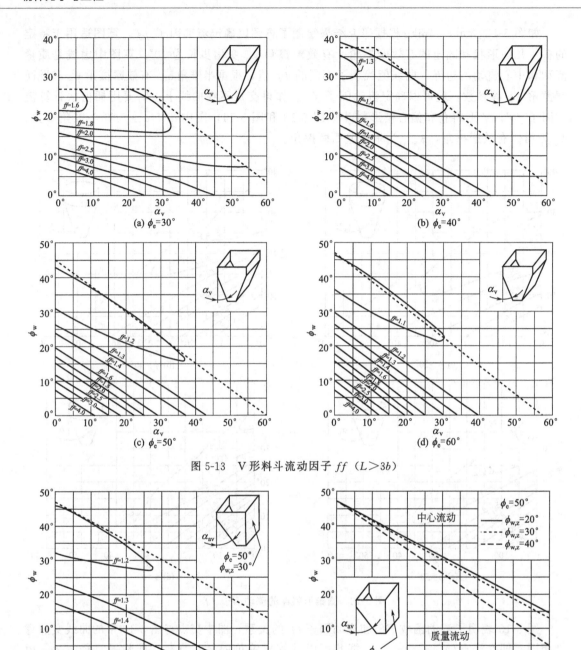

图 5-13　V 形料斗流动因子 ff（$L>3b$）

图 5-14　偏心楔形料斗流动因子 ff（$L>3b$），$\phi_e=50°$竖直边壁面摩擦角 $\phi_{w,z}$

引入考虑料斗几何形状的修正系数 $H(a)$，$H(a)$ 计算图见图 5-16。卸料口尺寸计算公式为

$$d_{\text{crit}} = H(\alpha_c) \frac{\sigma_{\text{c,crit}}}{g\rho_B} \tag{5-8a}$$

$$b_{\text{crit}} = H(\alpha_v) \frac{\sigma_{\text{c,crit}}}{g\rho_B} \tag{5-8b}$$

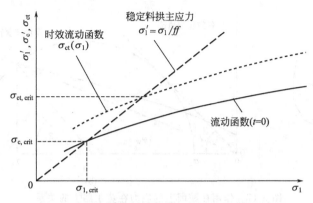

图 5-15 流动函数及稳定料拱下的主应力 σ_1'

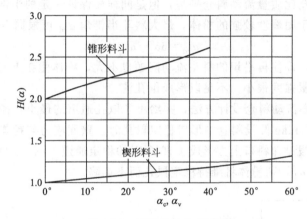

图 5-16 函数 $H(a)$ 计算图

与临界固结应力 $\sigma_{1,\text{crit}}$ 相对应，粉体的密度为 $\rho_{B,\text{crit}}$，也可以用临界状态的密度计算。

图 5-15 还表示了时间效应对粉体临界卸料口尺寸的影响，此时，必须确定出料拱的最大主应力 σ_1' 与时效流动函数 FF_t 两者曲线的交点。

进行料仓设计时需要进行反复的迭代计算。在设计卸料口尺寸时，卸料口处的最大主应力未知，而 ϕ_e 和 ϕ_w 随着应力的变化而变化，因而需要预估数值。迭代计算得到卸料口临界尺寸后，便可确定 ϕ_e 和 ϕ_w。

假设壁面摩擦角 ϕ_w 与应力有关，则必须求给定的最大主应力 $\sigma_{1,\text{crit}}$ 对应的 ϕ_w。图 5-17 (a) 为卸料口附近壁面上最大主应力 σ_1 与主应力 σ_w，这两个应力的夹角为 α。临界卸料口直径 d_{crit} 对应的最大主应力为 $\sigma_1=\sigma_{1,\text{crit}}$，从而得到临界有效内摩擦角 $\phi_{e,\text{crit}}=\phi_e\big|_{\sigma_1=\sigma_{1,\text{crit}}}$。对于料斗中的稳定流动，在 $\sigma\text{-}\tau$ 坐标系上可以用莫尔应力圆和相切的有效屈服轨迹来表示卸料口处的应力和角度，如图 5-17 (b) 所示，图中右侧交点是莫尔应力圆与料斗壁面切应力的交点，壁面摩擦角 ϕ_w 可以通过原点与右侧交点的连线确定出来，由图可知，莫尔应力圆中 σ_1 与 σ_w 的角度为 2α，最小主应力 σ_2 与壁面应力 σ_w 的夹角更大。

5.1.4.2 中心流动料仓设计

与质量流动相比，中心流动有很多问题，通常料仓最佳状态是质量流动。中心流动料仓比较平坦，当粉体流动性非常好，不至于在中心流动工况下产生严重的偏析、堵塞等问题的时候，可以适当采用中心流动。

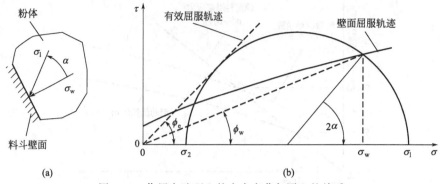

图 5-17　作用在壁面上的应力在莫尔圆上的关系

虽然中心流动料仓比质量流动料仓平坦，但是同样要保证一定的半锥角以便粉体能仅凭借重力作用排出。对于团聚性较强的粉体，最大料斗半锥角 α_{cd} 可根据 Jessen 公式估算

$$\alpha_{cd} = 65° - \alpha_c \tag{5-9}$$

流动性好的粉体，即使再平坦的料斗流动问题也不大，粉体能在重力作用下排净的先决条件是粉体的开放屈服强度很小，不足以形成鼠孔流。

Jenike 提出了中心流动料仓设计方法，并给出了鼠孔通道的最小直径和最大直径。为了确定鼠孔最小直径，Jenike 假设料仓中形成稳定鼠孔时，壁面应力与粉体填装高度无关，且料仓处于排料状态。假设卸料口上方形成了直径 D 的稳定通道（图 5-18），若开放屈服强度 σ_c 大于周向压缩应力 σ_1''，则粉体将维持稳定鼠孔而不塌陷。

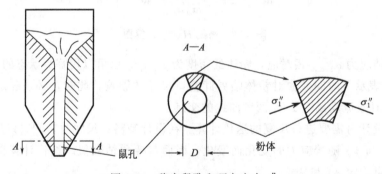

图 5-18　稳定鼠孔和环向应力 σ_1''

周向应力 σ_1'' 取决于中心的直径 D

$$\sigma_1'' = \frac{Dg\rho_B}{f(\phi_i)} \tag{5-10}$$

函数 $f(\phi_i)$ 见图 5-19，角度 ϕ_i 是当地屈服轨迹切线与横轴的夹角，周向应力 σ_1'' 正比于鼠孔直径 D。

确定了固结应力 σ_1 便能得到相应的开放屈服强度 σ_c，之后再与周向应力比较以确定鼠孔稳定与否。卸料口上方固结应力 σ_1 计算式为

$$\sigma_1 = \frac{1 + \sin\phi_e}{4\sin\phi_e} Dg\rho_B \tag{5-11}$$

最大主应力 σ_1 和周向应力在管道表面附近都与中心直径 D 成正比。二者比值称为鼠孔

流动因子 ff_B

$$ff_B = \frac{\sigma_1}{\sigma_1''} = \frac{1+\sin\phi_e}{4\sin\phi_e} f(\phi_i) \tag{5-12}$$

如果计算得到 ff_B 小于 1.7，则取为 1.7。

图 5-20 表示流动函数和时效流动函数，反映了开放屈服强度 σ_c、固结应力 σ_1、周向应力 σ_1'' 及流动因子 ff_B 的关系。由流动函数曲线与周向应力 σ_1'' 的交点 $(\sigma_{1,crit}, \sigma_{c,crit})$，可得卸料口临界直径 D_{crit} 相应的直径

$$D_{crit} = f(\phi_i) \frac{\sigma_{c,crit}}{g\rho_{B,crit}} \tag{5-13}$$

其中，$\rho_{B,crit}$ 为临界状态时粉体密度。

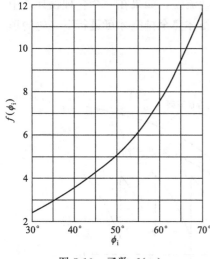

图 5-19 函数 $f(\phi_i)$

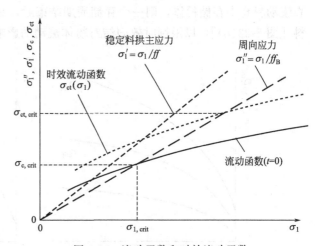

图 5-20 流动函数和时效流动函数

储料时间对粉体存储状态有影响的情况下，在式(5-13) 中用 $\sigma_{ct,crit}$ 代替 $\sigma_{c,crit}$ 即可。

上述确定鼠孔流动卸料口最小直径的方法是基于排料状态的，并不适用于填料过程。Jenike 进行了鼠孔通道最大直径的计算，他认为粉体的固结跟预压缩应力有关，而预压缩应力取决于填料的高度。在没有卸料只有填料的状态下，卸料口处的应力将非常大，同时也导致了更大程度上的固结。

根据 Janssen 公式（3.6 节）计算填料状态下的最大固结应力，应力分布如图 5-21。在整个料仓中最大主应力 σ_1 的方向与垂直方向很接近，σ_1 与垂直应力 σ_{zz} 很接近，而且固结应力在料仓底部最大，即临界应力 $\sigma_{1,crit}$，可通过 Janssen 的公式（3-63）计算得到

$$\sigma_{1,crit} \approx \sigma_{zz} = \frac{\rho_{B,crit}gD}{4K\tan\phi_w}\left[1-\exp\left(-\frac{4K\tan\phi_w}{D}z\right)\right] \tag{5-14}$$

结合式(5-14)，可以根据瞬时流动函数或者时间流动函数，得到最大的固结应力 $\sigma_{1,crit}$，对应相应的开放屈服强度 $\sigma_{c,crit}$，也就能确定密度 $\rho_{B,crit}$、斜率夹角 ϕ_i

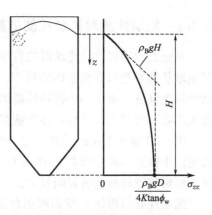

图 5-21 填料状态竖直方向应力分布

和相应的开放屈服强度值 $\sigma_{1,crit}$，卸料口最大直径就可以通过式(5-13) 计算。

对于圆锥形中心流动料斗，鼠孔流动通道临界直径 D_{crit} 总是大于防止结拱的临界卸料口直径 d_{crit}，因而料仓的设计如果满足了鼠孔通道临界直径的要求，就一定不会结拱，因此确定 D_{crit} 非常必要。

料仓设计需要确定质量流动料斗的半锥角 α 和临界卸料口尺寸，图 5-22(a) 为对应存储时间 t 的临界卸料口尺寸。通常 d_{crit} 是 b_{crit} 的两倍左右，临界鼠孔直径 D_{crit} 大于 d_{crit}，尤其是鼠孔直径的上限值。尽管 Jenike 进行了中心流动料仓的设计，从求解过程中看，似乎具有稳定鼠孔通道的中心流动料仓可以像质量流动料仓那样顺畅地进行粉体的填料和排料操作，但中心流动存在潜在问题：偏析和时间固结效应，这些问题限制了中心流动料仓的应用。若粉体是存储时间敏感性粉体，则中心流动料仓中存在粉体静止区，存储时间间隔对料仓的操作提出了要求。因而在料仓设计中尽量避免中心流动流型，如果在一个合理设计的中心流动料仓中存储粉体，则一个存储周期结束后，必须将粉体完全排空才可进行下一轮的填料 [图 5-22(b)]，以限制时效固结对粉体流动的影响。

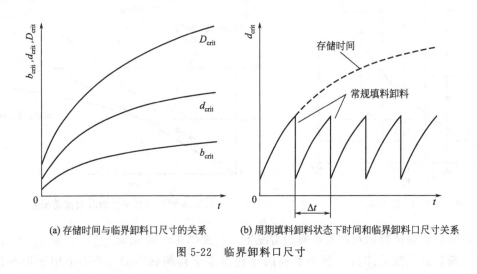

(a) 存储时间与临界卸料口尺寸的关系　　(b) 周期填料卸料状态下时间和临界卸料口尺寸关系

图 5-22　临界卸料口尺寸

5.2　料仓结构

5.2.1　流动性质对料仓性能的影响

料仓设计得到质量流动时的料斗半锥角和最小卸料口尺寸。计算方法和结果可以应用于其他形状的料仓和有改流体的料仓。设计过程必须根据料仓应力状态确定料仓供料、促进流动等辅助设备。对于一些特殊性质的粉体或一些特殊的任务，存在许多特殊形状的料斗，其改流体有可能都比较特殊，还可能存在一些特有的操作流程等。

图 5-23 源于 Jenike 的料仓设计过程与结果，确保料仓中质量流动状态，确定了料斗最大壁面半锥角和最小卸料口直径 D_{crit}，也可以在确定质量流动条件下使用辅助卸料装置，辅助卸料装置对料仓的影响较大。

流动性好的粉体 A 壁面摩擦角比较小，因此只需要一个相对较浅的料斗（α 值较大）就可以达到质量流动，并且卸料口尺寸较小的情况下也能避免结拱而实现质量流动，出料口连接一个行星卸料阀，用以控制流量、定时输送等。对于粉体 B，为了保证形成质量流动，与粉体 A 的料斗相比，需要料斗的半锥角 α 更小、壁面更陡、卸料口直径更大（甚至 2000mm）以防止结拱，为了与大尺寸卸料口相对应，下游需要配合使用料仓卸料器辅助卸料。粉体 C 是流动性很差的粉体，其壁面摩擦角非常大，以至于壁面半锥角 $\alpha = 0°$，而且特殊设计的卸料器必须直接与柱体相连，该卸料器必须具备输送整个料仓截面粉体的能力，例如加设一个合理设计的多螺杆辅助卸料装置。

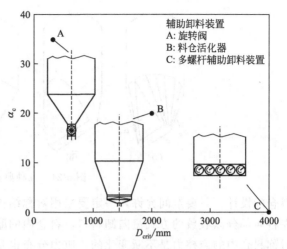

图 5-23　料仓结构

5.2.2 料斗结构形式

5.2.2.1 料斗形状

根据 Jenike 设计的步骤可以得出圆锥形和 V 形料斗的一些基本几何数据，壁面半锥角 α_c、α_v，卸料口直径 d，V 形料斗卸料口宽度 b ［图 5-6(a)、(b)］。除此之外，还同时给出了非对称的 V 形料斗的简化设计参数 ［图 5-6(c)］。通常 V 形料斗设置的矩形卸料口长度 L 大于宽度最小值 b_{min} 的 3 倍 ［图 5-6(d)］，此时靠近卸料口的壁面效应对流动的影响不大。

设计料仓前必须确定粉体的物性参数和料仓应力分布状态：粉体密度 ρ_B、开放屈服强度 σ_c、有效内摩擦角 ϕ_e、壁面摩擦角 ϕ_w 等，其中壁面摩擦角 ϕ_w 用以确定料斗半锥角 α，摩擦角 ϕ_e 用以确定卸料口开孔尺寸。这些流动特性都取决于料仓内的应力特征值 σ_1，可以用 Jenike 剪切仪确定这些特征值。

基本料斗设计结果 （图 5-6）可以应用于其他形状的料斗。图 5-24(a) 和 (b) 为具有圆柱形筒仓、矩形卸料口的料仓，此时，矩形卸料口长度 L 必须大于 $3b$，且最大壁面半锥角不超过 $1.25\alpha_c$。相比较而言，矩形筒仓、矩形卸料口形式的料仓 ［图 5-24(c)］不利于质量流动的形成，粉体需要在四个料斗壁面形成的空间向下运动，粉体需要克服四个壁面上的摩擦力。为了形成质量流动，矩形料仓的料斗相邻壁面最好有过渡，并且料斗壁面与竖直方向夹角应该与圆锥料斗的最大半锥角 α_c 相当，矩形料斗的 α_v 可以通过料斗相邻壁面半锥角 α_1、α_2 来进行计算。

$$\tan^2\alpha_c = \tan^2\alpha_1 + \tan^2\alpha_2 \tag{5-15}$$

图 5-24(d) 所示为圆柱形筒仓、正方形卸料口的料仓，这种质量流动的料仓所需的料斗半锥角比圆锥形料斗 ［图 5-6(a)］更小，圆柱形筒体过渡到正方形卸料口的几何形状中，在同一高度上的横截面面积比圆锥形大，且空间各点向卸料口延伸的角度也有变化，粉体在料斗内的流动方向处处不同，矩形料斗壁面半锥角不能超过 α_c。

比较图 5-6 和图 5-24 中的料斗，需要考虑半锥角以形成质量流动，图 5-24(c) 与 (d) 最陡峭。圆锥形的料斗 ［图 5-6(a)］相对较平一些。非对称的圆锥料斗中最平缓的是图 5-6(c) 所示的料仓，其优化形式如图 5-24(a) 和 (b) 所示。

工业生产中，存在相当数量的非对称料仓，这是因为空间等因素而不得不采用的。对于

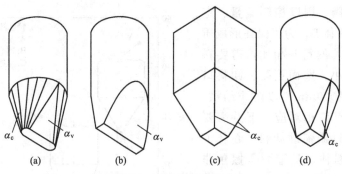

图 5-24　几种典型的料仓

料仓的设计，只要空间允许，一定要采用对称结构的料仓。因为在同等的对称料仓中，粉体在料斗部分以收敛的方式流向卸料口，料仓内的摩擦力和应力分布都是对称的。而粉体在非对称料仓中的摩擦力是不断变化的，应力分布也是非对称的，欲在非对称料仓中形成质量流动，非对称料斗高度和大小都将会比对称料斗大。而且在中心流动形式下，非对称料仓更易形成鼠孔流，只有流动性较好的粉体，才有可能像常规对称料仓那样顺畅地达到质量流动。如果料仓中形成了稳定的鼠孔流（图 5-25），则需要在卸料口加设辅助卸料装置，此外非对称料仓中的应力分布非对称，对料斗壁面的冲击力也需要在设计中特殊考虑。

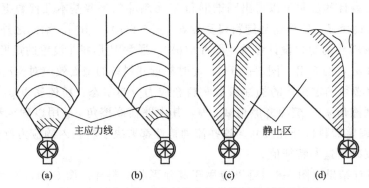

图 5-25　对称和非对称料斗中的结拱架桥和鼠孔流动

5.2.2.2　料仓卸料口的典型形式

即使料斗的壁面足够陡峭，由于粉体性质、内件形式、料斗避免条件、设置失当的下游过渡装置、进料偏析等因素，料斗中经常存在静止区。

图 5-26 为两种不同的卸料形式，图 5-26(a) 中，圆锥形料斗配置方形卸料口，圆锥和方筒之间设置了圆形平板法兰，法兰中间开方孔实现连接。此处的平板法兰几何形状有突变，导致了始于突变平台的停滞死区（静止区），即使料斗内实现了质量流动，静止区也是存在的。将图 5-26(a) 中的结构改成带有过渡段的结构［图 5-26(b)］即可有效消除静止区，这种结构采用了一个上圆下方的过渡段，过渡段需要一定的高度（高度为零即为平板法兰），配备恰当的过渡段的料斗可以在有效避免停滞死区的同时保证形成质量流动。从成本上来说，过渡段比平板法兰造价高。

对于料仓而言，还有一个必须重视起来的问题：即使在料斗内表面上存在比较小的突变，也会造成一定的静止区，比如垫片、焊接结构、温度传感器、不恰当的法兰安装等，因而料仓内件的设置和选取应该谨慎考虑。

在图 5-26(b) 中，为了避免流动方向上截面形状有突缩，在过渡段和主体连接处，可

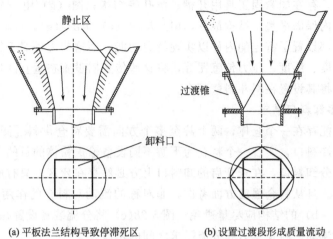

(a) 平板法兰结构导致停滞死区　　　(b) 设置过渡段形成质量流动

图 5-26　圆锥料斗、方形卸料口结构

以设置上法兰内径比下法兰略大，从而避免有迎着流动方向的台阶。

　　图 5-27 为料斗内衬耐磨或耐蚀材料层的典型的结构，图 2-27(a) 中衬板搭接形成的台阶面向流动方向，这个搭接台阶便是形成死区的一个诱因，采用图 2-27(b) 的搭接结构能避免流动方向上横截面积突缩。焊接是金属板材最常见的连接形式，金属制粉体料仓对焊接结构有特殊要求，图 2-27(c) 所示的焊缝形状便是壁面形成流动障碍的一个诱因，因而应该避免这样的焊缝，尽量将焊渣清理干净，如果可能，可以考虑打磨焊缝 [图 5-27(d)]。图 5-27(e)～(g) 为三种螺栓连接结构，其中图 (e) 中裸漏出来的螺栓部位是死区的诱因，应该尽量避免这种结构；图 (f) 和图 (g) 有很大改善，但是图 (f) 内表面虽然没有凸起，

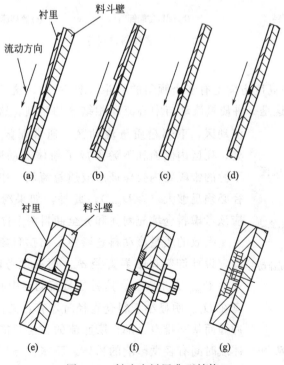

图 5-27　料斗内衬层典型结构

但也不完全是平面，存在如紧固工具用开槽、沉孔等结构；图（g）用一个密封盖保将紧固件覆盖起来，保证内保面平整，结构最好，但是从图（e）至图（g），成本也越来越高。

绝大多数设备都设置了特定的内件以实现特定功能，而这些内件对于粉体的流动无疑是有影响的。例如温度、湿度、压力传感器等，将这些传感器设置在垂直的柱形筒仓部分，对流动的影响要小于将其设置在料斗斜壁面上。

5.2.2.3 料仓的多卸料口需求

工程中，有可能存在一个仓体，两个甚至多个方向需要料仓供料［图 5-28(a)、(b)］，即一个料仓有多个卸料口，实现一个料仓为下游不同设备输送粉体的目的。这种料仓中，如果只开启一个或部分卸料口，在未开启的卸料口上方必然存在死区，只有所有卸料口都打开才能实现质量流动。且从料仓强度方面考虑，非对称的流动对料仓的作用力也是不均匀的，因而图 5-28(a) 和 (b) 的结构应尽量避免。图 5-28(c) 将分流装置设置在料仓卸料口之外，可以有效解决质量流动、料仓受力和分流需求之间的矛盾。

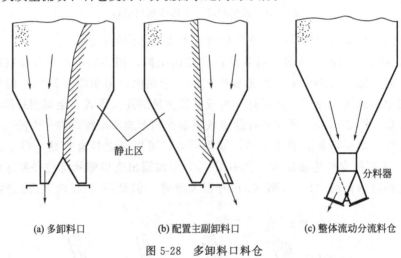

| (a) 多卸料口 | (b) 配置主副卸料口 | (c) 整体流动分流料仓 |

图 5-28　多卸料口料仓

5.2.2.4 多倾角料斗

特定工况下，存在高度方向上有多个倾角的料斗（图 5-29）。这种多倾角料斗设计合理便可实现"膨胀流"，这是一种质量流动与中心流动相结合的流型。这种料仓的上部是中心

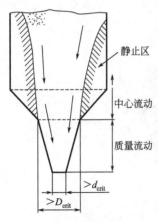

图 5-29　多倾角质量流动/中心流动结合的膨胀流料仓

流动区，下部是质量流动区，通常死区发生在截面形状突变处，死区内侧面和下游形成了粉体流动通道的新"壁面"。在下游的锥段处内要保证形成质量流动，中心流动区域的最小直径必须足够大（$>D_{crit}$）。此外，如果粉体存在时效效应，则应该考虑料仓填充粉体和完全卸料两个操作之间的最长周期。

有效的质量流动料仓避免了结拱现象。若粉体存在时效效应，设计卸料口临界直径 d_{crit} 时必须考虑两次排料时间间隔，通常 D_{crit} 大于 d_{crit}。这种质量流动与中心流动结合的方式，只有在 D_{crit} 明显小于料仓直径时才有意义。如果料仓只是用作缓冲罐而从不排空，那么膨胀流的方法只能用于无时效现象的粉体或时间有轻微影响的粉体。膨胀流与质量流动相比，所需料斗高度降低；与卸料口尺寸相同的中心流动料斗相比，流动区

域范围扩大，避免鼠孔流动所需要的最小卸料口尺寸更小（$d_{crit} < D_{crit}$）。

若壁面摩擦角 ϕ_w 取决于粉体对壁面施加的正应力，多倾角料斗在设计恰当的情况下，便可在料仓中形成质量流动。排料状态下，保证质量流动的壁面正应力 σ_w 随着料斗向下而不断减小（见章节 3.6.4）。一些粉体（例如含湿的煤粉）的壁面摩擦角 ϕ_w 随着正应力 σ_w 的增大而减小，位置越向下，壁面正应力越小，壁面摩擦角越大，料斗壁面倾角增大更利于形成质量流动。图 5-30 便是多倾角质量流动料斗，其中 $\alpha_1 > \alpha_2 > \alpha_3$，根据每一段下端壁面正应力 σ_w 确定倾角。对于常规的质量流料仓，料斗的半锥角为 α_3。

5.2.3 改流体

改流体（inserts）是内部构件的统称，例如安装在壁面的喷嘴，倒转的锥体、管线、料位传感器或者梯子等。改流体上的应力在料仓设计中必须仔细考虑，因为改流体上应力可能很大，现有理论还不足以进行充分的安全设计。此外，改流体的支撑结构对粉体流动的影响也是不可忽略的，所以设计必须非常小心。例如，改流体和支撑结构的形状必须足够陡峭以防形成死区，而且过渡区域要占据足够大的空间，因此，只有在特殊工况或任务状况下才采用改流体，比如改变流型，减少偏析、磨损、振动，提高质量流动速度，引入气体或液体，粉体均匀混合等。

5.2.3.1 倒置的锥体和楔形物

为了强化料仓中的流动，经常用圆锥形或楔形改流体（图 5-31）将中心流动优化为质量流动，或者缩减料仓的过渡区域。改流体的斜壁面与料斗类似，为了避免流动的问题，改流体的设计原则是实现或强化质量流动，且改流体之间及改流体与料仓之间必须有足够的空间以防结拱。

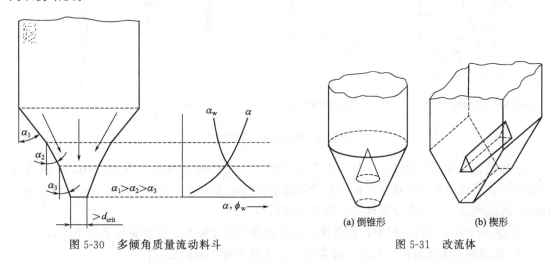

图 5-30 多倾角质量流动料斗   图 5-31 改流体

① 扩大流动的区域　改流体形状及位置设置恰当，中心流动料仓内的粉体因受力改变，原静止区内将有更多的粉体流动起来 [图 5-32（a）]，粉体必须绕开改流体流动，流动区域显著扩大。但是改流体也会导致一些其他问题，例如在改流体和料斗壁面之间结拱、产生非对称应力。因而应尽量采用质量流动料仓，在中心流动问题不严重的料仓中使用改流体。

改流体常与不同结构组合辅助卸料，图 5-32（b）便组合了旋转卸料刮刀，刮刀绕中心轴旋转，将粉体推向卸料口。为了更有效地形成质量流动，倒锥斜率必须足够大，一方面减少料仓底部的垂直应力以防止卸料臂承受过高的传动转矩，另一方面使粉体先流经料仓壁面和改流体之间的环向流道，再流至中心卸料口排料。这种组合辅助卸料结构的外轮廓可以是圆柱形，有效减小了料仓高度。

② 气体的引入　料仓中经常需要引入气体以改善粉体流动或实现其他目的，图 5-32(c) 所示便是借助改流体向粉体流注入气体，气流经改流体的空腔进入到料仓。气体的引入从一定程度上加大了粉体颗粒之间的距离，改变料仓下段的粉体受力。还可以改变进气方式，比如设置压力控制，当粉体中心流动形成静止区而造成料仓中压力分布改变时，压力开关打开，高压气流引入料仓，对不流动的粉体造成冲击，促进排料；料仓压力低于设定压力时，气体阀门关闭，停止供气。

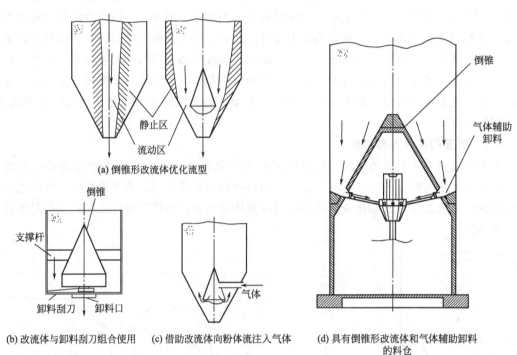

图 5-32　改流体的不同应用

水泥料仓通常都是大料仓，料仓中心通常设置一个倒锥改流体［图 5-32(d)］。料仓壁面和改流体形成环形圆锥料斗，在料仓底部设置空气输送斜槽，气体使流至角落的粉体充气松动，从而输送至分布在改流体下方的环形卸料口。

③ 减小应力　填料过程中，料仓底部的应力通常都比较大，主要有以下两个原因：

ⅰ.填料时，竖直方向上的应力非常大，且直接作用于卸料装置；

ⅱ.填料过程应力大，粉体更容易固结，从而更容易出现结拱、鼠孔流。

在料斗内设置恰当的改流体，可以有效减小填料阶段料仓下段的应力。

5.2.3.2　锥中锥（Cone-in-Cone）改流体

这种改流体又被称为"Binsert"［图 5-33(a)］，用来将中心流料仓转变为质量流料仓。内层锥体按照常规料斗进行设计，其倾角必须小于 α_c 以获得质量流动。嵌入的改流体与料斗形成环状空间，二者壁面间的夹角不能大于 α_c，要保证不能结拱。因此当粉体流动性较差且有时效固结倾向时，不建议使用这种改流体。

图 5-33(b) 是一种气动混合料仓，并且设有锥中锥改流体。改流体轴线向上延伸设置中心管，气体从下端开口射入料仓，将粉体从底部气力输送至料仓上段，上部空间设置挡料板，将大多数粉体捕获返回料仓上段进行循环混合，直到达到混合质量要求，少量细小粉体随着气流从气体出口排出料仓。

5.2.3.3 中心辅助卸料管

图 5-34 为卸料口上方设置中心辅助卸料管的料仓，卸料管四周开设一定数量的孔。如果排料的速度不是特别大 [图 5-34 (a)]，那么粉体在排料管中的流动可视为平推流，作用于卸料管上的应力可以类比料仓的圆柱段进行计算，则最大垂直应力为

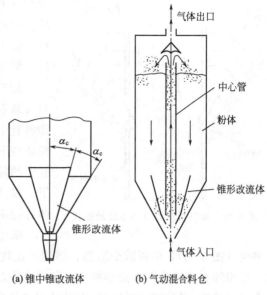

(a) 锥中锥改流体　　(b) 气动混合料仓

图 5-33　料仓中改流体的典型结构

$$\sigma_{v\infty} = \frac{\rho g D_{tube}}{4K \tan\phi_w} \tag{5-16}$$

式中　D_{tube}——排料管的内径；

$\sigma_{v\infty}$——无限远处应大小，经验值接近 3 倍直径 D_{tube} 处的应力值。

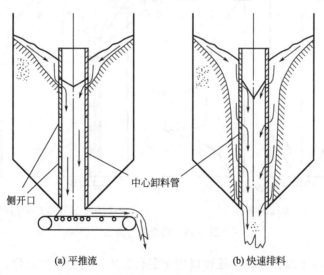

(a) 平推流　　　　　　(b) 快速排料

图 5-34　设置中心辅助卸料管的料仓

平推流状态下，在流动方向上的应力 σ_s 明显小于垂直方向上的应力 σ_v，粉体从而不能流入到中心卸料管中，即使卸料管外部的应力 σ_s 比管内 σ_v 大，也很难进入中心卸料管（图 5-35）。只有在最初空料仓状态下填料时，才会有少量的粉体进入到排料管中。而且设置排料管的料仓中，粉体只有在应力非常小的区域才会流动，即料仓顶部及卸料管内部是流动区域。粉体通过侧开口并入管内流动，类似常规料斗的排料过程，处于被动态流动，与中心流

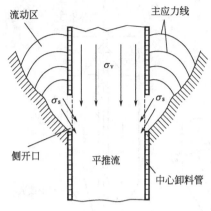

图 5-35　卸料管应力分布及流动形式

动时应力分布相似，最大主应力或多或少有垂直于流动方向的趋势。在去掉卸料管的料仓中，粉体流动过程中应力水平比较高。如果使用排料管造成了中心流动，那么流动区域便是中心卸料管区域。

如果卸料速度很快［图 5-34(b)］，粉体从中心卸料管靠近上面的侧向开口进入中心卸料管的速度没有卸料管中的粉体排出料仓的速度快，进入卸料管中的粉体在下段形成平推流，卸料管内有足够的空间，料仓中的粉体可以通过侧开口进入卸料管，极端情况下，粉体一旦进入卸料管便迅速流出设备，从而使粉体孔隙率很大，且排料侧开口不局限于上段。

采用这种卸料管，可以避免作用于料仓壁面的应力突变（图 5-36）；可以减少摩擦，适用于比较脆、易粉碎的粉体；质量流动料仓通常有振动，采用卸料管结构可以减小振动；若料仓先填充粉体，过一段时间再排料，使用中心卸料管会减少偏析。但流动性较差且有时效固结效应的粉体，不建议使用中心卸料管结构。

图 5-36(a) 所示的平底料仓中静止区充当了"料斗"，在锥形"料斗"的顶部存在应力峰值，这个峰值是料仓设计的决定因素，然而静止区形成的料斗形状和位置是变化的、是不可预测的，因此无法得到应力峰值。在料仓中设置中心卸料管辅助卸料，可以有效避免料仓避免应力峰值［图 5-36(b)］。

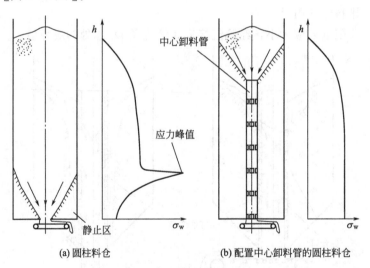

(a) 圆柱料仓　　　　　　　　　　(b) 配置中心卸料管的圆柱料仓

图 5-36　料仓应力分布

料仓除了可以用于储存粉体，还可以用于混合粉体，使粉体均质化。粉体从料仓不同的位置排出料仓，粉体的相对位置发生改变，这就是混合的原理，可以引入混合管结构，控制不同位置的粉体按照设计排出料仓从而达到混合的目的。由于粉体是重力驱动，也可以称料仓为重力混合器。图 5-37(a) 中的料仓配备了多个混合管，并且在不同位置有侧开口，进入混合管的粉体可以不受料仓中其他粉体的影响而进入卸料口与来自其他混合管的粉体混合。中心辅助卸料管在排料速度不大时，粉体只能通过上部的侧开口进入卸料管，从而造成料仓下段粉体不流动，采用中心辅助卸料管的形式，在侧开口加设上挡板［图 5-37(b)］，一方面改变了管内平推流动，减小了垂直方向的应力分布，另一方面为不同高度侧开口处的粉体提供进入混合管的空间，使粉体在不同高度进入卸料管，混合的同时改善了料仓流动。

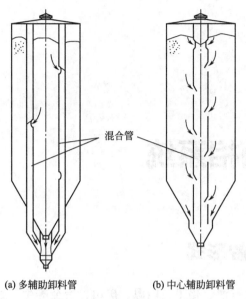

(a) 多辅助卸料管　　　　　　　　(b) 中心辅助卸料管

图 5-37　配置辅助卸料管的料仓

参考文献

［1］ Jenike A W. Storage and flow of solids. Bulletin of the University of Utah，1964，53 (26).

［2］ McLean A G. Empirical critical flow factor equations. Bulk Solids Handling，1986：779-782.

［3］ Janssen H A. Versucheüber Getreidedruck in Silozellen. Deutsch Ing，1985，39 (25)：1045-1049.

［4］ Martin R. Introduction to particle technology. Hoboken：John Wiley & Sons，2008.

［5］ Dietmar S. Powders and Bulk Solids Behavior，Characterization，Storage and Flow. Berlin：Springer-Verlag，2008.

6 气-固两相系统

6.1 气-固的接触形式

在很多的工业领域如石油、化工、能源、矿山、冶金等生产过程中，涉及气-固接触的物理操作单元和化学反应器是最常见的生产设备。虽然各工业中有各种各样的气-固接触方式，但其中有四种最基本的形式：固定床气-固接触、移动床气-固接触、流化床气-固接触和气流床气-固接触，如图 6-1 所示。

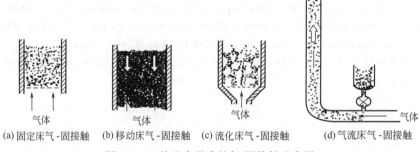

(a) 固定床气-固接触　(b) 移动床气-固接触　(c) 流化床气-固接触　　(d) 气流床气-固接触

图 6-1　四种基本形式的气-固接触示意图

固定床气-固接触有颗粒尺寸较大、气体流速较低、系统压降较小、床层与表面换热速率较低等特征。由于固定床内气体呈活塞流，转化率可接近理论值的 100%，因此适用于热效应较小的催化反应和气体（吸附）净化的应用。移动床气-固接触与固定床气-固接触有相同的特征。

流化床气-固接触颗粒尺寸较小、气体流速较高、系统压降高、气体与颗粒间的换热速率高 $[6\sim20W/(m^2 \cdot \text{℃})]$、床层与表面的换热速率高 $[500\sim850W/(m^2 \cdot \text{℃})]$，因此流化床具有等温的特征，易于操作，适用于大规模生产和强热效应的应用。

气流床气-固接触有颗粒尺寸小、气速高、压降低、气体和颗粒的流动接近于活塞流等特征，适用于快速反应的应用如煤粉燃烧、气相沉积反应（CVD）等领域。

四种基本气-固接触形式的物理操作单元和化学反应器的性能对比列于表 6-1。四种基本气-固接触形式的颗粒尺寸与操作流速示于图 6-2，相对于固定床的单位截面处理量示于图 6-3。

118

表 6-1 四种基本气-固接触形式的物理操作单元和化学反应器的性能对比

	催化反应	气-固反应	温度分布	颗粒尺寸	压降	传热	转化率
固定床	仅适用于缓慢失活或不失活的催化剂严重的温度控制问题限制了装置的规模	产物不均,不适合连续操作	当有大量热量传递时,温度梯度较大	相当大且均匀。温度控制不好,可能烧结并堵塞反应器	由于气速低和粒径大,压降低	换热效率低,需要大的换热面积	气体呈活塞流,如温度控制适当,转化率可接近理论值的100%
移动床	适用于大颗粒易失活的催化剂。能进行较大规模的操作	适用于粒度均匀的大颗粒,没有或仅有少量的细粉,能进行较大规模的操作	以适当气流控制温度梯度,或以大量固体循环使之减少到最低限度	相当大且均匀,最大受循环系统中气升条件所限,最小反应器中临界流化速度所限	介于固定床与流化床之间	换热效率低,但由于固体颗粒热容量大,循环颗粒能传递大量热量	接近于理想的逆流和并流接触,转化率可接近理论值的100%
流化床	用于小颗粒或粉状非脆性迅速失活的催化剂。温度控制极好,易于大规模操作	可用有大量细粉宽粒度分布的颗粒。能进行温度均匀的大规模操作。间歇操作极好,产品均匀	床层温度几乎恒定。可由热交换或连续添加、取出适量颗粒加以控制	宽粒度分布且可带大量细粉。容器和换热管的磨蚀,颗粒的粉碎以及夹带均较为严重	对于高床层,压降大,造成大量动力消耗	换热效率高,可由循环颗粒传递大量热量,所以换热问题很少是放大的限制因素	对于连续操作,颗粒返混且气-固接触形式不理想,所以转化率较其他接触形式低
气流床	仅适用于快速反应	仅适用于快速反应	大量颗粒循环能使颗粒流动方向的温度梯度减小到最低限度	颗粒要求同流化床。最大颗粒受最小输送速度所限	细颗粒时压降低,但对大颗粒则较可观	介于移动床和流化床之间	气体和固体的流动接近于并流活塞流,转化率有可能较高

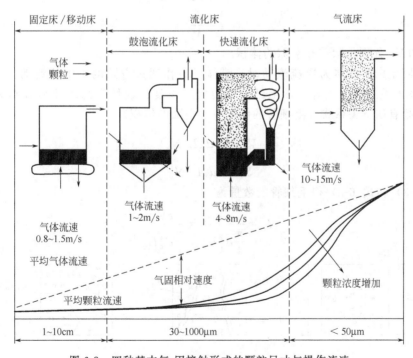

图 6-2 四种基本气-固接触形式的颗粒尺寸与操作流速

工业中的复杂气-固接触可以简化为这四种基本气-固接触的组合,如图6-4所示的内循环流化床系统可以简化为流化床、气流床和移动床的组合。

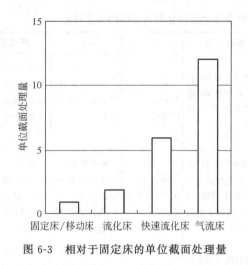

图 6-3　相对于固定床的单位截面处理量

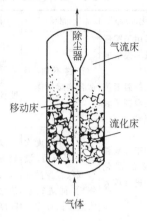

图 6-4　内循环流化床示意图

6.2　Reh 气-固两相接触操作图

6.2.1　固定床颗粒的阻力系数

6.2.1.1　Carman-Kozeny 方程

图 6-5 是一固定床颗粒示意图，有如下的几何关系

$$V = AL = V_P + V_v \tag{6-1}$$

$$\varepsilon = \frac{V_v}{V} \tag{6-2}$$

式中，V_P 和 V_v 分别是颗粒和空隙的体积。

当通过固定床的流体为层流流动时，流体可看作通过空隙的毛细管流动，如图 6-5 所示，Δp 为此段毛细管的压降。设毛细管的直径、长度、数量和总表面积分别为 d_c、L_c、N_c 和 S_c，则有如下关系式（毛细管的体积等于空隙的体积）

$$V_v = \frac{\pi}{4} d_c^2 L_c N_c \tag{6-3}$$

$$S_c = \pi d_c L_c N_c \tag{6-4}$$

从式(6-3) 和式(6-2) 得毛细管的数量为

$$N_c = \frac{V_v}{\frac{\pi}{4} d_c^2 L_c} = \frac{\varepsilon V}{\frac{\pi}{4} d_c^2 L_c} \tag{6-5}$$

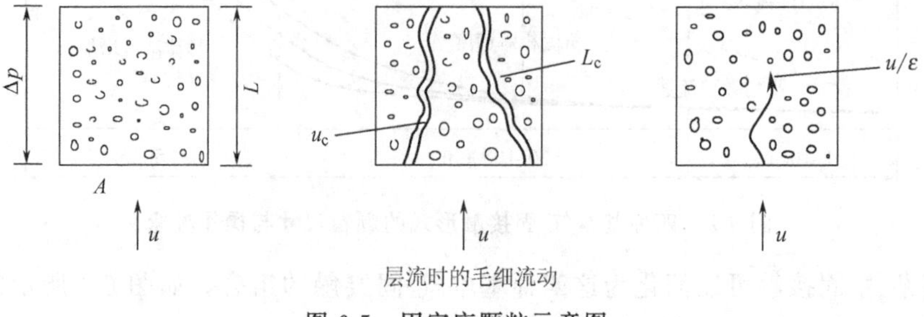

层流时的毛细流动

图 6-5　固定床颗粒示意图

毛细管的水利直径为

$$d_{\mathrm{c,w}} = \frac{V_{\mathrm{v}}}{S_{\mathrm{c}}} = \frac{\varepsilon V}{S_{\mathrm{c}}} = \frac{\varepsilon}{S_{\mathrm{c}}/V} \tag{6-6}$$

由于毛细管的总表面积等于颗粒的总表面积，所以有

$$d_{\mathrm{c,w}} = \frac{\varepsilon}{S_{\mathrm{P}}/V} \tag{6-7}$$

其中

$$\frac{S_{\mathrm{P}}}{V} = \frac{S_{\mathrm{P}}}{V_{\mathrm{P}}/(1-\varepsilon)} = (1-\varepsilon)\frac{\pi d_{\mathrm{S}}^2 N_{\mathrm{P}}}{\frac{\pi}{6} d_{\mathrm{V}}^3 N_{\mathrm{P}}} = 6(1-\varepsilon)\frac{d_{\mathrm{S}}^2}{d_{\mathrm{V}}^3} \tag{6-8}$$

根据颗粒球形度 ψ 的定义有

$$\frac{S_{\mathrm{P}}}{V} = \frac{6(1-\varepsilon)}{\psi d_{\mathrm{V}}} \tag{6-9}$$

则得毛细管的水利直径为

$$d_{\mathrm{c,w}} = \frac{\varepsilon}{1-\varepsilon}\frac{\psi d_{\mathrm{V}}}{6} \tag{6-10}$$

对毛细管应用 Poiseuille 方程得

$$u_{\mathrm{c}} = \frac{d_{\mathrm{c,w}}^2}{k\mu}\frac{\Delta p}{L_{\mathrm{c}}} \tag{6-11}$$

设流体的表观速度为 u，根据流量相等有

$$uA = u_{\mathrm{c}}\frac{\pi}{4}d_{\mathrm{c}}^2 N_{\mathrm{c}} \tag{6-12}$$

把式(6-3)代入上式得

$$uA = u_{\mathrm{c}}\frac{V_{\mathrm{v}}}{L_{\mathrm{c}}} \tag{6-13}$$

把式(6-2)代入上式得

$$u_{\mathrm{c}} = \frac{u}{\varepsilon}\frac{L_{\mathrm{c}}}{L} \tag{6-14}$$

式中，u/ε 是流体在空隙中的速度。

把式(6-14)代入式(6-11)得

$$u = \frac{\varepsilon^3}{(1-\varepsilon)^2}\frac{\psi^2 d_{\mathrm{V}}^2}{36\mu}\frac{\Delta p}{L}\frac{1}{k}\left(\frac{L}{L_{\mathrm{c}}}\right)^2 \tag{6-15}$$

则得单位床高的压降为

$$\frac{\Delta p}{L} = 36k\left(\frac{L_{\mathrm{c}}}{L}\right)^2\frac{(1-\varepsilon)^2}{\varepsilon^3}\frac{\mu u}{\psi^2 d_{\mathrm{V}}^2} \tag{6-16}$$

实验结果表明

$$k\left(\frac{L_{\mathrm{c}}}{L}\right)^2 = 5 \tag{6-17}$$

则单位床高的压降为

$$\frac{\Delta p}{L} = 180\frac{(1-\varepsilon)^2}{\varepsilon^3}\frac{\mu u}{\psi^2 d_{\mathrm{V}}^2} \tag{6-18}$$

式(6-18)称为 Carman-Kozeny 方程。

6.2.1.2 Burke-Plummer 方程

当通过固定床的流体为湍流流动时，定义颗粒的阻力系数为

$$C'_D = \frac{F_D}{\frac{\pi}{4}d_S^2 \frac{1}{2}\rho\left(\frac{u}{\varepsilon}\right)^2} \tag{6-19}$$

则颗粒的总阻力为

$$\sum F_D = N_P F_D = N_P \frac{\pi}{8}\rho d_S^2 C'_D\left(\frac{u}{\varepsilon}\right)^2 \tag{6-20}$$

由颗粒的总体积为

$$V_P = (1-\varepsilon)V = N_P \frac{\pi}{6}d_V^3 \tag{6-21}$$

得颗粒数为

$$N_P = \frac{(1-\varepsilon)V}{\frac{\pi}{6}d_V^3} = \frac{(1-\varepsilon)AL}{\frac{\pi}{6}d_V^3} \tag{6-22}$$

把式（6-22）代入式（6-20）得颗粒的总阻力为

$$\sum F_D = \frac{3}{4}AL \frac{1-\varepsilon}{\varepsilon^2}\frac{d_S^2}{d_V^3}C'_D\rho u^2 \tag{6-23}$$

由颗粒的球形度的定义可得

$$\sum F_D = \frac{3}{4}AL \frac{1-\varepsilon}{\varepsilon^2}C'_D \frac{\rho u^2}{\psi d_V} \tag{6-24}$$

由动量守恒可得

$$\Delta p A\varepsilon = \sum F_D \tag{6-25}$$

联合式（6-24）和式（6-25）得单位床高的压降为

$$\frac{\Delta p}{L} = \frac{3}{4}\frac{1-\varepsilon}{\varepsilon^3}C'_D \frac{\rho u^2}{\psi d_V} \tag{6-26}$$

实验结果表明

$$\frac{3}{4}C'_D = 2.4 \tag{6-27}$$

即

$$C'_D = 3.2 \tag{6-28}$$

此值远高于单一球形颗粒在湍流区阻力系数的值 0.44。

把式（6-27）代入式（6-26）得单位床高的压降为

$$\frac{\Delta p}{L} = 2.4\frac{1-\varepsilon}{\varepsilon^3}\frac{\rho u^2}{\psi d_V} \tag{6-29}$$

式（6-29）称为 Burke-Plummer 方程。

6.2.1.3 Ergun 方程

由 Carman-Kozeny 方程和 Burke-Plummer 方程可知，固定床单位床高的压降在层流区与 μu 成正比，在湍流区与 ρu^2 成正比。当通过固定床流体的流动在过渡区时，Ergun 建议单位床高的压降可表示为

$$\frac{\Delta p}{L} = a\mu u + b\rho u^2 \tag{6-30}$$

根据 Carman-Kozeny 方程和 Burke-Plummer 方程，式（6-30）可写为

$$\frac{\Delta p}{L} = k_1 \frac{(1-\varepsilon)^2}{\varepsilon^3} \frac{\mu u}{\psi^2 d_V^2} + k_2 \frac{1-\varepsilon}{\varepsilon^3} \frac{\rho u^2}{\psi d_V} \tag{6-31}$$

由实验数据得 $k_1 = 150$，$k_2 = 1.75$，则上式为

$$\frac{\Delta p}{L} = 150 \frac{(1-\varepsilon)^2}{\varepsilon^3} \frac{\mu u}{\psi^2 d_V^2} + 1.75 \frac{1-\varepsilon}{\varepsilon^3} \frac{\rho u^2}{\psi d_V} \tag{6-32}$$

式（6-32）称为 Ergun 方程。

由式（6-26）和 Ergun 方程可得固定床的阻力系数为

$$C'_D = 200 \frac{1-\varepsilon}{R'e} + 2.333 \tag{6-33}$$

式中雷诺数 Re' 为

$$Re' = \frac{\rho \psi d_V u}{\mu} \tag{6-34}$$

6.2.2 悬浮颗粒的阻力系数

6.2.2.1 层流区悬浮颗粒的阻力系数

图 6-6 是悬浮颗粒系统示意图，阻力系数定义为

$$C_D = \frac{F_D}{\frac{\pi}{4} d_V^2 \frac{1}{2} \rho \left(\frac{u}{\varepsilon}\right)^2} \tag{6-35}$$

定义颗粒的雷诺数 Re 为

$$Re = \frac{\rho d_V u}{\mu \varepsilon} \tag{6-36}$$

则有

$$C_D Re = \frac{8\varepsilon F_D}{\pi d_V \mu u} \tag{6-37}$$

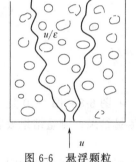

图 6-6 悬浮颗粒
系统示意图

对于悬浮在气流中的颗粒，流体对颗粒的阻力等于颗粒的重力减去流体对颗粒的浮力，即

$$F_D = \frac{\pi}{6} (\rho_P - \rho) g d_V^3 \tag{6-38}$$

把式（6-38）代入式（6-37）得

$$C_D Re = \frac{4(\rho_P - \rho) g d_V^2}{3\mu} \frac{\varepsilon}{u} \tag{6-39}$$

由 Stokes 定律（见 1.2 节）

$$u_t = K_V u_{t,s} = K_V \frac{(\rho_P - \rho) g d_V^2}{18\mu} \tag{6-40}$$

得

$$C_D Re = \frac{24}{K_V} \frac{u_t}{u} \varepsilon \tag{6-41}$$

式中，K_V 是 Stokes 形状系数。

对于散式流化床，速度比 u/u_t 可表示为

$$\frac{u}{u_t} = \varepsilon^n \tag{6-42}$$

则可得

$$C_D Re = \frac{24}{K_V} \varepsilon^{1-n} \tag{6-43}$$

或表示为

$$C_D = \frac{C_{D,s}}{K_V} \varepsilon^{1-n} = C_D^s \varepsilon^{1-n} \tag{6-44}$$

式中，$C_{D,s}$ 和 C_D^s 分别是单一球形颗粒和单一颗粒的阻力系数，n 是 Richardson-Zaki 指数，当颗粒雷诺数 Re 较小时，指数 n 为

$$n = 4.65 \qquad Re < 1 \tag{6-45}$$

散式流化床的实验系统示于图 6-7，实验中可测得流速 u 与床高 H 的关系，从而可以得到流速 u 与床层空隙率 ε 的关系。把测得的流速 u 与床层空隙率 ε 的关系代入式（6-39），即可得到阻力系数与空隙率的关系。

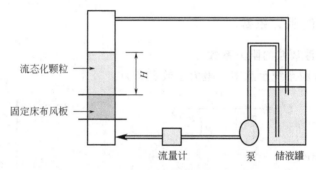

流态化颗粒

固定床布风板

流量计　　泵　储液罐

图 6-7　散式流化床实验装置示意图

图 6-8～图 6-10 是 FCC 颗粒阻力系数在层流区内不同流态化气体和床层温度条件下的测量结果，测量结果表明 Richardson-Zaki 指数 n 为

$$n = 5.1 \qquad Re < 1 \tag{6-46}$$

即层流区悬浮颗粒的阻力系数为

$$C_D = \frac{24}{K_V Re} \varepsilon^{-4.1} \tag{6-47}$$

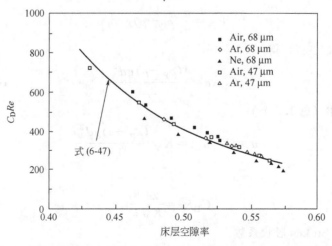

图 6-8　FCC 颗粒阻力系数在层流区内不同流态化气体中的测量结果

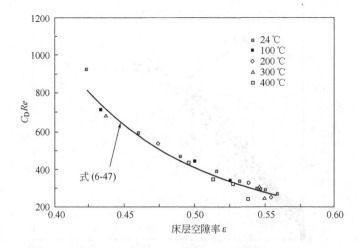

图 6-9　FCC 颗粒阻力系数在层流区内不同温度下的测量结果

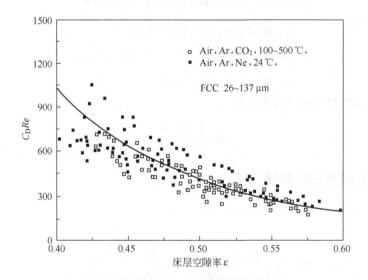

图 6-10　FCC 颗粒阻力系数在层流区内不同气体和
床层温度条件下的测量结果

Wen 和 Yu 认为，流体对颗粒的浮力应基于床层的密度而不是流体的密度，他们给出的悬浮颗粒的阻力系数为

$$C_D = \frac{24}{K_V Re} \varepsilon^{-2.7} \tag{6-48}$$

6.2.2.2　高雷诺数下悬浮颗粒的阻力系数

实验结果表明当雷诺数大于 1 时，颗粒间的影响不仅与空隙率有关，还与雷诺数有关，如图 6-11 所示。

高雷诺数下悬浮颗粒的阻力系数可表示为

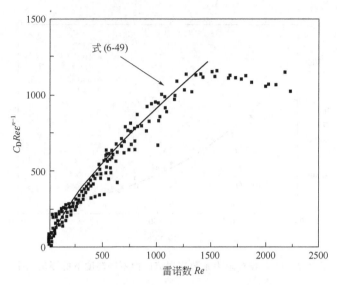

图 6-11　高雷诺数下悬浮颗粒的阻力系数

$$\begin{cases} C_D Re K_V = (24 + 5Re^{0.75}) \varepsilon^{1-n} \\ n = 1 + 4.45 Re_t^{-0.1} \quad\quad 1 \leqslant Re_t < 500 \\ n = 3.39 \quad\quad Re_t \geqslant 500 \end{cases} \tag{6-49}$$

式中，Re_t 是颗粒自由沉降雷诺数

$$Re_t = \frac{\rho d_V u_t}{\mu} \tag{6-50}$$

6.2.3　Reh 气-固两相接触操作图

定义颗粒的阻力与颗粒的有效重力之比 m 为

$$m = \frac{F_D}{\frac{\pi}{6}(\rho_P - \rho)g d_V^3} = \frac{C_D \frac{\pi}{4} d_V^2 \frac{1}{2}\rho(u/\varepsilon)^2}{\frac{\pi}{6}(\rho_P - \rho)g d_V^3} \tag{6-51}$$

四种基本气-固接触形式 m 值的范围示于图 6-12。由于固定床和移动床的颗粒没有悬浮在流体中，所以固定床和移动床颗粒的 m 值小于 1。由于流化床颗粒悬浮在流体中，流化床

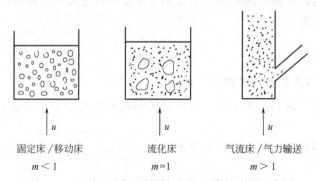

图 6-12　四种基本气-固接触形式 m 值的范围示意图

颗粒的 m 值等于 1。虽然气流床和气力输送设备中的颗粒也悬浮在气流中，但由于气流速度与颗粒速度相差较大，通常颗粒处于加速或减速运动，加上气体和颗粒与壁面的摩擦效应，气流床和气力输送设备中颗粒的 m 值大于 1。式(6-51) 可整理为

$$\frac{m}{C_D/\varepsilon^2} = \frac{3}{4}\frac{\rho}{\rho_P - \rho}\frac{u^2}{gd_V} = \frac{3}{4}\frac{\rho}{\rho_P - \rho}Fr^2 \tag{6-52}$$

其中 Fr 是佛罗德数

$$Fr = \frac{u}{\sqrt{gd_V}} \tag{6-53}$$

式(6-51) 又可整理为

$$\frac{m}{C_D/\varepsilon^2} = \frac{3}{4}\frac{Re_p^2}{Ar} \tag{6-54}$$

其中雷诺数 Re_p 为

$$Re_p = \frac{\rho d_V u}{\mu} \tag{6-55}$$

Ar 是阿基米德数

$$Ar = \frac{(\rho_P - \rho)\rho gd_V^3}{\mu^2} \tag{6-56}$$

式(6-51) 又可整理为

$$\frac{m}{C_D/\varepsilon^2} = \frac{3}{4}\frac{M}{Re_p} \tag{6-57}$$

其中 M 与颗粒尺寸无关，但与速度有关，并为

$$M = \frac{\rho^2 u^3}{(\rho_P - \rho)\mu g} \tag{6-58}$$

联立式(6-52) 和式(6-54) 得

$$\frac{3}{4}\frac{\rho}{\rho_P - \rho}Fr^2 = \frac{3}{4}\frac{Re_p^2}{Ar} \tag{6-59}$$

图 6-13 为 Reh 气-固两相操作图，式(6-59) 是以 Ar 为参数、斜率为 2 的直线族。

联立式(6-52) 和式(6-57) 得

$$\frac{3}{4}\frac{\rho}{\rho_P - \rho}Fr^2 = \frac{3}{4}\frac{M}{Re_p} \tag{6-60}$$

在图 6-13 中，式(6-60) 是以 M 为参数、斜率为 -1 的直线族。

① 固定床/移动床　由于固定床和移动床的空隙率与操作参数无关，且对绝大多数的应用，固定床和移动床的空隙率接近 0.4。由式(6-52)、阻力系数式(6-44) 和式(6-45) 可得

$$\frac{3}{4}\frac{\rho}{\rho_P - \rho}Fr^2 = \frac{\varepsilon^{5.65}Re\, m}{24C_D^s} \tag{6-61}$$

由雷诺数 Re 和 Re_p 的定义可得

$$\frac{3}{4}\frac{\rho}{\rho_P - \rho}Fr^2 = \frac{\varepsilon^{4.65}Re_p m}{24C_D^s} = \frac{0.0141Re_p m}{24C_D^s} \tag{6-62}$$

对于单一球形颗粒，颗粒的阻力系数公式可取为

$$C_D^s = C_{D,s} = \frac{24}{Re_p} + \frac{4}{\sqrt{Re_p}} + 0.4 \tag{6-63}$$

则对于给定在 $0 \sim 1$ 之间的 m 值，在图 6-13 中可以得到球形颗粒固定床和移动床的操作曲线。

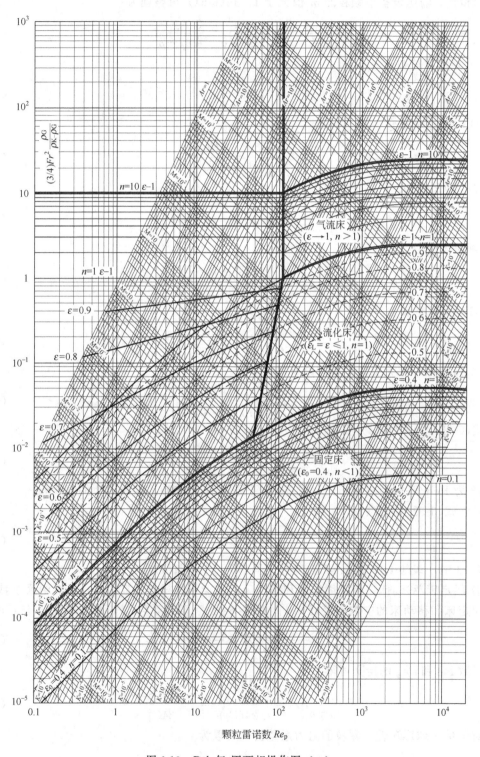

图 6-13　Reh 气-固两相操作图（一）

② 流化床　由于流化床颗粒的 m 值等于 1，由式（6-52）、阻力系数式（6-44）和式（6-45）可得

$$\frac{3}{4}\frac{\rho}{\rho_P-\rho}Fr^2=\frac{\varepsilon^{5.65}Re}{24C_D^s}$$ (6-64)

由雷诺数 Re 和 Re_p 的定义可得

$$\frac{3}{4}\frac{\rho}{\rho_P-\rho}Fr^2=\frac{\varepsilon^{4.65}Re_p}{24C_D^s}$$ (6-65)

对于球形颗粒，ε 值给定在 0.4～1 之间，由式（6-65）和式（6-63）可以得到流化床的操作曲线（如图 6-13 所示）。

③ 气流床/气力输送系统　对于气流床和气力输送系统，床层空隙率 $\varepsilon\rightarrow1$，m 值大于1，从式（6-52）和阻力系数式（6-44）可得

$$\frac{3}{4}\frac{\rho}{\rho_P-\rho}Fr^2=\frac{Re_pm}{24C_D^s}$$ (6-66)

对于球形颗粒，给定 m 值大于 1 的，由式（6-66）和式（6-63）可以得到气流床和气力输送系统的操作曲线（如图 6-13 所示）。

【例题 6-1】　已知颗粒和流体的物性为：$d_V=1100\mu m$，$\rho_P=3000kg/m^3$，$\rho=0.25kg/m^3$，$\mu=4.25\times10^{-5}Pa\cdot s$。求：ⅰ 空隙率 ε 为 0.6 时的流态化速度 u；ⅱ 流态化速度 u 为 3.72 m/s，空隙率 ε 为 0.6 时的颗粒尺寸。

解　ⅰ.由颗粒和流体的物性可得颗粒的阿基米德数为

$$Ar=\frac{(\rho_P-\rho)\rho g d_V^3}{\mu^2}=5555.6$$

由图 6-14 的 Reh 气-固两相操作图中 $\varepsilon=0.6$ 曲线和 $Ar=5555.6$ 直线的交点可得颗粒的雷诺数

$$Re_p=23$$

由颗粒雷诺数的定义可得流态化速度为

$$u=3.55m/s$$

ⅱ.由流态化速度及流体和颗粒的物性可得颗粒的 M 数

$$M=\frac{\rho^2u^3}{(\rho_P-\rho)g\mu}=2.58$$

由图 6-14 的 Reh 气-固两相操作图中 $\varepsilon=0.6$ 曲线和 $M=1.8$ 直线的交点可得颗粒的雷诺数为

$$Re_p=23$$

由颗粒雷诺数的定义可得颗粒的尺寸

$$d_V=1100\mu m$$

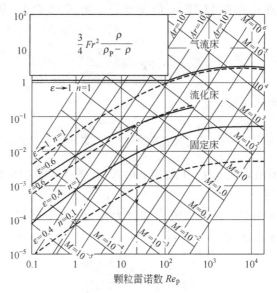

图 6-14　Reh 气-固两相操作图（二）

更广泛的 Reh 气-固两相接触操作图示于图 6-15。图中包含了 20 世纪 80 年代末，在德国商业运行的气-固两相反应器在 Reh 气-固两相接触操作图上设计与操作参数的范围。

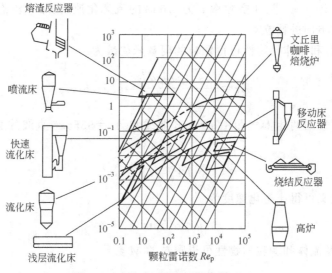

图 6-15　Reh 气-固两相操作图（三）

6.3　流化床的应用

6.3.1　流态化技术发展现状

首个商业规模的流化床于 1926 年开始运转，用于煤粉气化，以提供合成化学工业用的原料气，称为 Winkler 煤气化发生炉。典型的 Winkler 煤气化发生炉示于图 6-16。

随着石油应用的增加，以石油为原料的合成原料气发生炉得到了发展。1937 年，固定床合成气原料发生炉投入运转。但由于需要间歇操作以再生失去活性的催化剂，且控制床层温度需要的复杂措施，固定床合成原料气发生炉未能得到发展。利用流化床具有高换热速率及流态化颗粒易于输送的特点，Esso公司首次建立了流化催化的中试装置，如图6-17所示。在这个中试装置中，催化剂在反应器与再生器间的循环为气力输送系统。

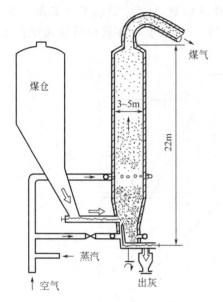

图6-16 Winkler煤气化发生炉示意图

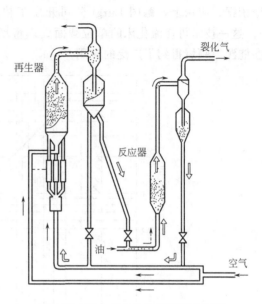

图6-17 流化催化的中试装置示意图

经过 Esso、Kellogg 和 Standard Oil Company of Indiana 公司的合作，第一套流化催化裂化工业装置于1942年投入运转。由于流化催化裂化装置的成功，颗粒循环原理被迅速地应用到石油工业的其他领域，也促进了流化床和气力输送的基础研究。这些基础研究也使流化催化裂化装置进一步完善，如图6-18所示。

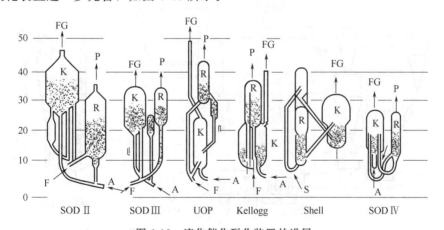

图6-18 流化催化裂化装置的进展

A—空气；F—进料；FG—烟气；K—再生器；P—产物；R—反应器；S—蒸汽

Dorr Oliver Company 公司于1944年进行流化床用于非催化气-固反应的研究，于1947年在加拿大安大略建立了硫化物矿焙烧的流态化系统，用于砷黄铁矿的焙烧。1952年 Dorr Oliver Company 公司建立了流铁矿的流态化焙烧系统，用于生产 SO_2。与此同时 BASF 和日本住友化学公司也先后建立了工业化的流态化焙烧系统。

20 世纪 70 年代初，流态化理论及应用的发展对流态化技术的发展起到了划时代的作用。理论上，Geldart 发现了四种流态化模式及颗粒分类的理论（如图 6-19 所示）。Geldart 颗粒分类不仅对认识颗粒有着重要的意义，而且还提供了不同颗粒应采用相应流态化技术的理论依据。应用上，德国 Lurgi 公司开发了快速流化床煅烧 Al_2O_3 的技术（如图 6-20 所示）。这一技术可使流化床的单位截面处理量增加 6 倍。20 世纪 70 年代以后快速流化床技术在能源等领域得到了广泛的应用。

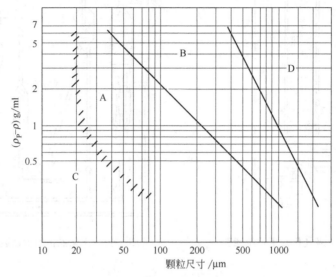

图 6-19　Geldart 颗粒分类

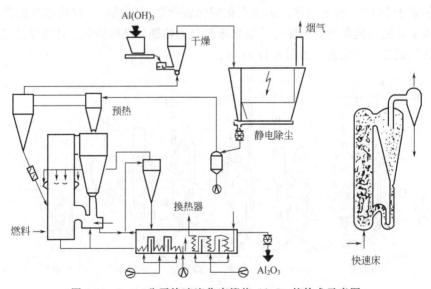

图 6-20　Lurgi 公司快速流化床煅烧 Al_2O_3 的技术示意图

随着国民经济的发展，高技术必将在国民经济中起到主导作用。流化床作为工业中主要的化学反应器之一，也必将在尖端领域中发挥它的作用。图 6-21 简要描述了流态化技术的发展概况。在 21 世纪，流态化技术将在：

ⅰ.加压流态化发电及联合循环热电并供；

ⅱ.城市垃圾处理及下水污泥燃烧；

ⅲ.超细与纳米催化剂的应用；

ⅳ.流化床 CVD 新材料制备等领域的应用中有所突破。

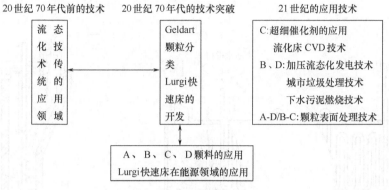

图 6-21　流态化技术的发展概况

6.3.2　流化床化学反应器

因为化学反应速率随温度呈指数增加，所以温度是控制化学反应速率的最重要因素之一。因为流化床具有近似等温的特征，流化床作为化学反应器可以对化学反应速率进行精密控制，加之流态化物料易于在反应器之间循环以作为热和冷的载体，流化床反应器处理强放热或吸热的化学反应有突出的优势。因此流化床作为化学反应器广泛地用于催化和非催化反应，见表 6-2。

表 6-2　流化床主要应用领域

化学反应器		物理操作			
催化反应	气-固反应	类液行为	混合	气-固换热	床层-表面换热
烃裂解与重整	矿物质燃烧	粉体输送	颗粒的混合	颗粒的干燥	流化床换热器
乙烯氧化	矿物质气化	颗粒循环	颗粒的分离	气体的干燥	流化床恒温浴
氯代烷/氯硅烷合成	催化剂再生	表面涂层		气体组分吸附分离	流化床骤冷
苯二甲酸酐合成	矿物质煅烧				
丙烯腈合成	水泥熟料				
费-托合成	氧化铁还原				
乙酸乙烯单体合成	钛铁矿氯化				
气体净化	UO_2 氯化				

6.3.3　流化床物理操作

由于流态化颗粒具有类液行为（如图 6-22 所示），使得颗粒易于输送，因此流态化常用

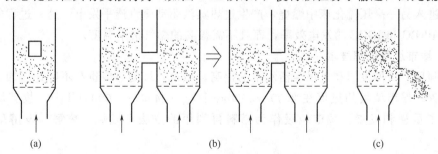

图 6-22　流态化类液行为示意图

来输送颗粒，特别是反应器之间的颗粒输送。由于流态化颗粒具有很高的气体和颗粒间的换热速率［6～20W/(m²·℃)］，流化床在气体或颗粒的干燥、热量回收、恒温及骤冷等领域得到了广泛的应用（如图 6-23 和图 6-24 所示）。流化床物理操作的主要应用领域列于表 6-2。

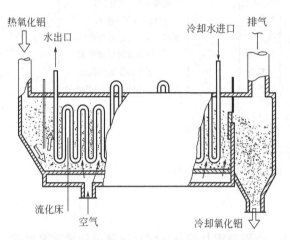

图 6-23　回收颗粒热量的流化床换热器示意图

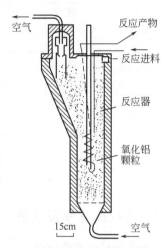

图 6-24　流化床恒温浴示意图

6.3.4　21世纪的流态化技术

6.3.4.1　高效燃煤发电技术

图 6-25 比较了几种高效发电技术的效率。常压流化床燃煤发电技术是通过煤在流化床内燃烧，产生过热蒸汽驱动蒸汽透平的发电技术，其发电效率约为 35％。加压流化床燃煤发电技术（PFBC）是通过煤在高压流化床内燃烧产生过热蒸汽并分别驱动蒸汽透平和燃气透平的发电技术，其发电效率可达 40％～42％。联合循环热电并供技术（IGCC）是通过煤在高压流化床内气化产生高温高压煤气驱动燃气透平发电，同时利用高温透平排气加热低质供暖蒸汽。由于高温高压煤气在燃气透平内燃烧可产生很高的燃气温度，其具有较高的发电效率，同时也有较高的热效率。目前已有商业运行的 PFBC 和 IGCC 技术，由于透平叶片对燃气的严格要求，它们的发电效率仍远低于天然气发电技术，如图 6-25 所示。

英国煤炭公司结合 PFBC 和 IGCC 技术发展了部分燃烧部分气化的 Topping 循环过程，如图 6-26 所示。煤首先进入高压流化床中气化产生煤气驱动燃气透平发电，气化炉中排出的煤炭再进入另一高压流化床中燃烧，产生过热蒸汽驱动蒸汽透平发电，这一过程的发电效率远高于 PFBC 和 IGCC 的发电效率，而且不需很高的燃气透平温度。

6.3.4.2　城市垃圾处理技术

随着国民经济的发展和人民生活水平的提高，城市垃圾的热值也在不断地增加。在先进的西方国家，城市垃圾的热值在 2000～5000kcal/kg（8400～21000kJ/kg），故其燃料的再利用得到了重视和发展。城市垃圾作为燃料再利用的方法有燃烧、热解与发酵等（如图 6-27 所示）。

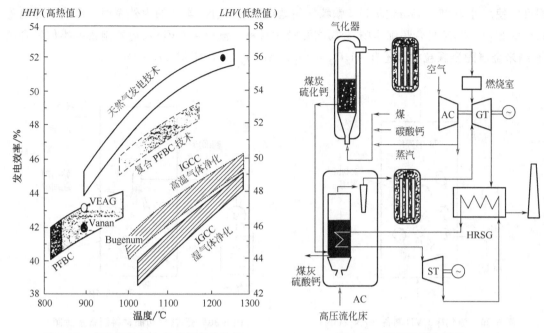

图 6-25 各种高效发电技术效率的比较

图 6-26 英国煤炭公司 Topping
循环发电技术流程图

由于流态化技术具有低污染物排放性、广泛的燃料适用性和宽的负荷调节性等独特的优点，城市垃圾的流态化燃烧发电与供热技术在 21 世纪将得到发展和应用。图 6-28 展示了城市垃圾作为燃料直接再利用和间接再利用的两种方式。直接方式的工艺简单，但对燃烧室和尾气处理的要求较高。在间接再利用方式中，固态燃料的燃烧技术和尾气处理相对简单，但垃圾的固态燃料化处理过程复杂。

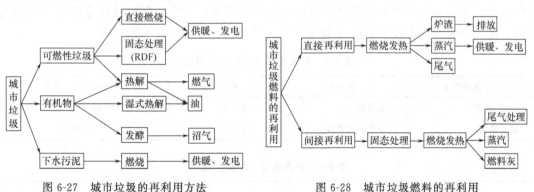

图 6-27 城市垃圾的再利用方法

图 6-28 城市垃圾燃料的再利用

6.3.4.3 新材料制备技术

自从 20 世纪初流态化技术应用以来，流态化技术的应用对象是 Geldart A、B 和 D 组颗粒。随着新材料，特别是超细和纳米颗粒材料制备与应用技术的发展，处理 C 组、超细和纳米颗粒是 21 世纪流态化技术发展的焦点。

图 6-29 是制备 Si_3N_4-TiN 复合超细-纳米金属陶瓷颗粒材料的流化床 CVD 技术的示意图。Si_3N_4 超细颗粒的尺寸约为 155nm，在流化床中形成尺寸约为 $50\mu m$ 的团聚体，通过气

相反应使尺寸为 $25\sim55nm$ 的 TiN 颗粒均匀地沉积在 Si_3N_4 聚团的内外表面，形成了导电耐高温的 Si_3N_4-TiN 复合超细-纳米金属陶瓷颗粒材料。流化床 CVD 反应器制备的类似复合超细-纳米金属陶瓷颗粒材料还有 Al_2O_3-TiO_2、Al_2O_3-TiN 和 Al_2O_3-AlN 等。

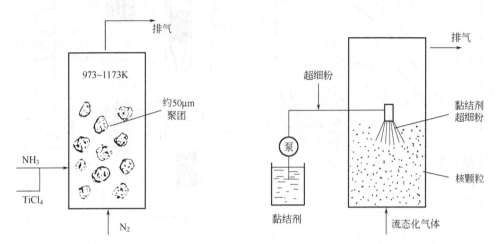

图 6-29　流化床 CVD 制备 Si_3N_4-TiN　　　　图 6-30　壳-核型功能材料制备示意图
　　　　　复合材料示意图

$$TiCl_4 + \frac{4}{3}NH_3 \xrightarrow{973\sim1173K} TiN + 4HCl + \frac{1}{6}N_2$$

颗粒表面改性是在核颗粒表面包覆另一种材料（通常为粉体材料），使之形成具有特殊功能的壳-核型功能材料。壳-核型功能材料具有广泛的应用领域，如表 6-3 所示。壳-核型功能材料的种类有无机-无机、有机-无机和有机-有机三种类型，它们的应用领域列于表 6-4。

流化床喷雾干燥技术是制备壳-核型功能材料的主要技术之一。图 6-30 是流化床喷雾干燥技术制备壳-核型功能材料的示意图，核颗粒在流化床中处于流态化状态，壳材料由黏结剂代入流化床内并通过喷嘴雾化使之包覆在核颗粒表面，干燥后即得所制备的壳-核型功能材料。流化床喷雾干燥技术制备壳-核型功能材料的过程与原理示于图 6-31。

表 6-3　颗粒表面改性的应用领域

表面化学性质	催化剂	光学性能	光的吸收、紫外屏蔽
溶解、吸收性	化妆品	热性能	耐热性
界面性能	分散和凝聚性	电性能	导电性

表 6-4　表面改性的种类与应用

无机-无机系统	有机-无机,有机-有机系统	
原子发电耐高温材料		覆盖性
航空航天工业材料	化妆品	伸展性
电子材料		吸收性
固体润滑剂		紫外线屏蔽性
固体燃料电池	医　药	品尝性
		嗅觉性

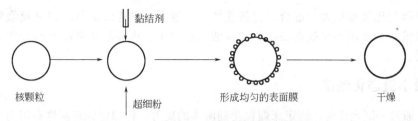

图 6-31　壳-核型功能材料制备过程与原理示意图

6.4　流态化特征与 Geldart 颗粒分类

6.4.1　流态化基本特征

工业上应用流化床的结构是多种多样的，如床层直径从 0.1m 到 10m，颗粒平均尺寸从 15μm 到 6000μm，床层高度从 0.1m 到 10m，流化速度从 0.01m/s 到 3m/s。流化床具有如下四个基本特征。

ⅰ.床层物料具有很高的颗粒表面积，如堆积体积为 1m³、平均颗粒尺寸为 60μm 流化床的颗粒表面积约为 50000m²；

ⅱ.床内有大量不同尺寸的气泡，这些气泡的运动使流化床具有很好的混合特性和传热性能，气体与颗粒的换热速率可达 6~20W/(m²·℃)，床层与表面的换热速率可达 500~850W/(m²·℃)，床层具有等温的特征；

ⅲ.气泡在床层表面破碎时把大量颗粒抛入床层上方，部分颗粒落回床层，部分颗粒被气流带走，因此流化床沿高度可分为床层、过渡（或沉降）、悬浮三个区域，如图 6-32 所示，颗粒损失较多；

ⅳ.容易实现连续加料、卸料和颗粒在流化床间的循环与输送。

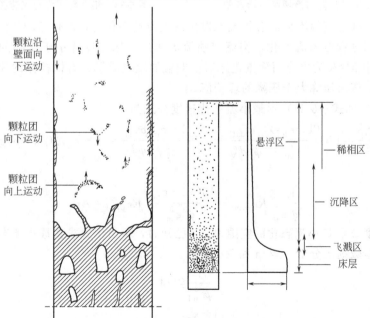

图 6-32　流化床总体特征示意图

高床层颗粒比表面积大，混合与传热性能好，容易实现连续加料、卸料及颗粒在流化床间的循环与输送，使流态化技术在化学及其他工业中十分重要的化学反应器和物理操作单元中广泛应用。

6.4.2 最小流态化速度

当流体通过一固定床时，固定床颗粒受到流体的曳力，即固定床对流体有阻力且单位床高的压降可由 Ergun 方程描述。随着流速的增加，颗粒受到流体的曳力增加，床层的压降增加。当流体的流速达到颗粒受到的曳力等于颗粒的重力减去浮力时，颗粒将悬浮在流体中。这一状态称为临界流态化状态（或最小流态化状态），这一流速称为临界流态化速度（或最小流态化速度）。当流体的流速超过最小流态化速度时，由于颗粒悬浮在流体中，颗粒受到的曳力仍等于颗粒的重力减去浮力，所以床层的压降保持不变。根据动量守恒，床层压降的理论值为

$$\Delta pA = Al(1-\varepsilon)(\rho_P - \rho)g \tag{6-67}$$

当颗粒的尺寸较小时，随流速的增加，固定床的压降线性地增加，当固定床的压降达到最高值后，固定床压降开始减少最后达到床层压降的理论值，如图 6-33 所示。最小流态化速度由床层压降的理论值与压降线性部分的交点确定，如图 6-33 所示。

当颗粒的尺寸较大时，随流速的增加，固定床的压降与流速呈二次方的关系，然后缓慢增加最后达到床层压降的理论值，如图 6-34 所示。最小流态化速度由床层压降的理论值与压降二次方关系的交点确定，如图 6-34 所示。

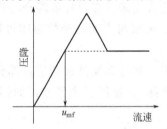

图 6-33 细颗粒压降与流速关系示意图

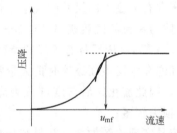

图 6-34 粗颗粒压降与流速关系示意图

当有沟流、柱栓流等不良流态化现象发生或喷流流态化时，流化床的压降不等于压降的理论值。由于部分颗粒未流态化，沟流或喷流流化床的床层压降小于压降的理论值，如图 6-35 所示，图中 M/A 为单位面积流化床层中颗粒的表观质量。有柱栓流的流态化时，由于壁面摩擦效应，床层压降大于压降的理论值。

由式(6-67) 和式 (6-32) 得最小流态化速度公式为

$$\frac{\Delta p}{L} = 150\frac{(1-\varepsilon_{mf})^2}{\varepsilon_{mf}^3}\frac{\mu u_{mf}}{\psi^2 d_V^2} + 1.75\frac{1-\varepsilon_{mf}}{\varepsilon_{mf}^3}\frac{\rho u_{mf}}{\psi d_V} = (1-\varepsilon_{mf})(\rho_P-\rho)g \tag{6-68}$$

整理上式可得

$$\frac{1.75}{\psi\,\varepsilon_{mf}^3}Re_{p,mf} + \frac{150(1-\varepsilon_{mf})}{\psi^2\varepsilon_{mf}^3}Re_{p,mf} = Ar \tag{6-69}$$

当颗粒的球形度 ψ 和最小流态化的空隙率 ε_{mf} 已知时，可由上式求得最小流态化速度 u_{mf}。

经过对实验数据的分析，Wen 和 Yu 提出

$$\frac{1}{\psi\varepsilon_{mf}^3} \cong 14 \tag{6-70}$$

$$\frac{1-\varepsilon_{mf}}{\psi^2\varepsilon_{mf}^3} \cong 11 \tag{6-71}$$

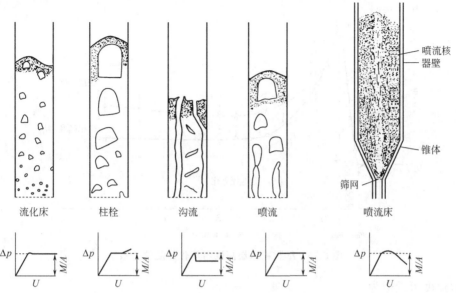

图 6-35　不同流化状态时压降与流速关系示意图

则最小流态化速度公式(6-69)可简化为

$$Re_{\mathrm{p,mf}}=\sqrt{33.7^{2}+0.0408Ar}-33.7 \tag{6-72}$$

式(6-72)称为最小流态化速度的 Wen-Yu 方程。

对于小颗粒,即颗粒的雷诺数较小时,Wen-Yu 方程可进一步简化为

$$u_{\mathrm{mf}}=\frac{(\rho_{\mathrm{P}}-\rho)gd_{\mathrm{V}}^{2}}{1650\mu} \tag{6-73}$$

对于大颗粒,即颗粒的雷诺数较高时,Wen-Yu 方程可进一步简化为

$$u_{\mathrm{mf}}=\sqrt{\frac{(\rho_{\mathrm{P}}-\rho)gd_{\mathrm{V}}}{24.5\rho}} \tag{6-74}$$

有很多最小流态化的计算公式,但所有的公式都有相当程度的偏差,使用时应予以注意。有条件时,以实验测量为准。

6.4.3　最小鼓泡速度

对于大颗粒,当流速达到最小流态化速度时,床层开始膨胀并有气泡产生。这样的流态化状态称为聚式流态化,此时的流化床又叫鼓泡流化床。

对于小颗粒,当流速达到最小流态化速度时,床层开始均匀地膨胀,没有气泡产生。这样的流态化状态称为散式流态化。随流速的增加,床层进一步均匀地膨胀。当流速增加到一临界值时,有气泡产生,如图 6-36 所示,流化床变为鼓泡流化床。这一临界流态化速度称为最小鼓泡流态化速度,简称最小鼓泡速度。

试验表明,最小鼓泡速度不仅与颗粒的平均尺寸有关,还与颗粒的尺寸分布有关。Abrahamsen 和 Geldart 给出的最小鼓泡速度的关联式为

$$u_{\mathrm{mb}}=2.07\exp(0.716x_{45})\frac{d_{\mathrm{V}}\rho^{0.06}}{\mu^{0.347}} \tag{6-75}$$

式中, x_{45} 是尺寸小于 $45\mu\mathrm{m}$ 颗粒的质量分数。当 $x_{45}\approx0.1$ 时,常温常压空气中颗粒的

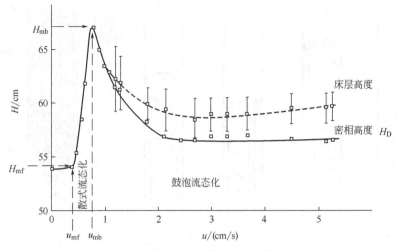

图 6-36　细颗粒床层高度与流化速度的关系

最小鼓泡速度可近似为

$$u_{mb} = 100d_V \tag{6-76}$$

式（6-75）和式（6-76）的单位为 SI 单位制。

6.4.4　流态化气泡特征

6.4.4.1　气泡的尾涡与尾迹

气泡能造成床内颗粒剧烈搅拌，使流化床具有很高的颗粒与气体及床料与表面间的换热速率，因此流化床具有等温的特征。气泡也能造成气体在床内短路而降低流化床的气-固接触效率及催化反应的选择性。当气泡上升到床层表面并破碎时，大量颗粒被抛入床层上方并被气流带走，流化床颗粒损失严重。所以气泡不仅是流化床的重要特征，也是流化床具有很多特征的内在原因。

流化床中气泡的产生与运动，不仅与颗粒的性质有关，还与布风板的性能和流化床的几何尺寸有关。图 6-37 和图 6-38 展示了流化床几何尺寸对气泡和颗粒流型的影响，有如下几点规则性的结论。

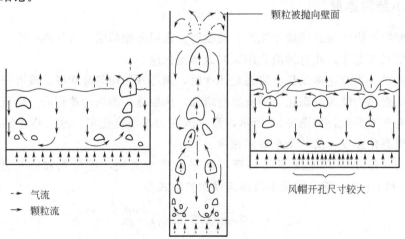

图 6-37　深宽比和布风板对气泡和颗粒流型影响示意图

ⅰ.对浅床层（深宽比 $H/D<0.5$），不同布风板可以产生不同的气泡和颗粒流型；

ⅱ.对深床层（$H/D>1$），流型最终发展为中心为气泡上升、壁面为颗粒向下的流动；

ⅲ.对相同的颗粒，在相同流化速度、相同深宽比的流化床上有相同的气泡与颗粒流型。

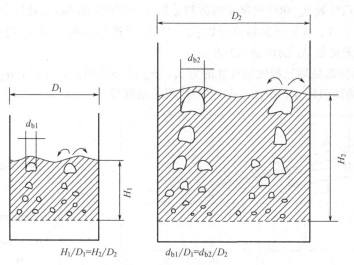

图 6-38　深宽比对气泡和颗粒流型的影响

图 6-39 是单一气泡在静止床内的运动情况示意图。床层的下部与上部分别是两种不同颜色的颗粒。在床层底部注入的气泡将向上运动，随着气泡的上升，部分颗粒被气泡带起形成气泡尾迹，部分颗粒进入气泡底部而形成气泡尾涡。当气泡上升到床层表面破碎时，部分尾涡颗粒被抛入床层上方。

图 6-40 展示了气泡、气泡尾涡和气泡尾迹尺寸的定义。气泡的尾涡和尾迹的体积分数 β_w 和 β_d 分别定义为

$$\beta_w=\frac{V_w}{V_b} \tag{6-77}$$

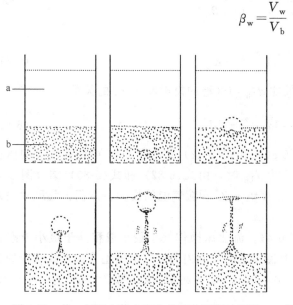

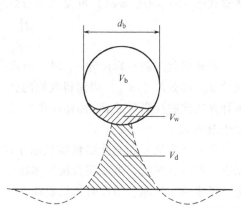

图 6-39　单一气泡在静止床内的运动情况示意图　　图 6-40　气泡、气泡尾涡和气泡尾迹尺寸的定义

a—无色颗粒；b—染色颗粒

$$\beta_{\mathrm{d}} = \frac{V_{\mathrm{d}}}{V_{\mathrm{b}}} \tag{6-78}$$

其中 V_{b}、V_{w}、V_{d} 分别是气泡、气泡尾涡和气泡尾迹的体积。

气泡尾涡体积分数 β_{w} 和气泡尾迹的体积分数 β_{d} 与颗粒的阿基米德数 Ar 有关，它们之间的关联示于图 6-41。气泡尾涡体积分数 β_{w} 和气泡尾迹的体积分数 β_{d} 约在 $0.1 \sim 1$ 之间，且随颗粒的阿基米德数 Ar 的增加而减小。

图 6-42 所示为常见的三种气泡尺寸的定义，d_{b} 是气泡的投影尺寸，d_{bh} 是气泡的弦尺寸，d_{bv} 是气泡的体积尺寸。由图 6-40 中的体积关系可得

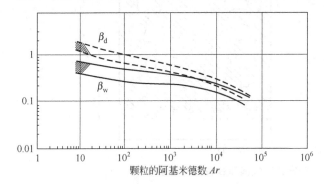

图 6-41　气泡尾涡和尾迹的体积分数与
颗粒的阿基米德数的关系

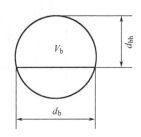

图 6-42　常见的三种
气泡尺寸的定义

$$\frac{\pi}{6} d_{\mathrm{b}}^{3} = V_{\mathrm{b}} + V_{\mathrm{w}} = (1 + \beta_{\mathrm{w}}) V_{\mathrm{b}} \tag{6-79}$$

则可得气泡的体积尺寸 d_{bv} 和气泡的投影尺寸 d_{b} 关系为

$$d_{\mathrm{bv}} = \left(\frac{6V_{\mathrm{b}}}{\pi}\right)^{1/3} = \frac{d_{\mathrm{b}}}{(1+\beta_{\mathrm{w}})^{1/3}} \tag{6-80}$$

由球冠的体积公式可得气泡的体积为

$$V_{\mathrm{b}} = \frac{\pi}{3} d_{\mathrm{bh}}^{2} \left(\frac{3}{2} d_{\mathrm{b}} - d_{\mathrm{bh}}\right) \tag{6-81}$$

联立式(6-79)和式(6-81)可得气泡的弦尺寸 d_{bh} 与气泡的投影尺寸 d_{b} 的关系为

$$\frac{d_{\mathrm{b}}^{3}}{1+\beta_{\mathrm{w}}} = 3 d_{\mathrm{b}} d_{\mathrm{bh}}^{2} - 2 d_{\mathrm{bh}}^{3} \tag{6-82}$$

当测得气泡的投影尺寸 d_{b} 时，由式(6-80)和式(6-82)结合图 6-41 可计算气泡的体积尺寸 d_{bv} 和弦尺寸 d_{bh}。当测得气泡的弦尺寸 d_{bh} 时，由式(6-82)和式(6-80)结合图 6-41 可计算气泡的投影尺寸 d_{b} 和体积尺寸 d_{bv}。A 组 FCC 颗粒气泡的投影、体积、弦尺寸关系示于图 6-43。

单一气泡尺寸和速度测量装置示于图 6-44。流化床操作处于最小或稍高于最小流态化状态，设定计时器，电磁阀控制气体在计时器设定的时间内通过气泡发生管进入流化床的底部，形成单一气泡。当计时器设定在 $0.1 \sim 0.5\mathrm{s}$ 时，对 A 组的 FCC 颗粒，可产生 $3 \sim 10\mathrm{cm}$ 单一尺寸的气泡。

实验结果表明，操作在最小流态化状态下，单一气泡的上升速度可表示为

$$u_{\mathrm{b}} = C \sqrt{g d_{\mathrm{b}}} \tag{6-83}$$

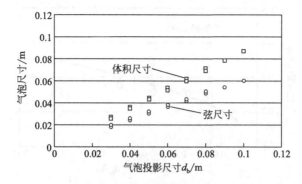

图 6-43 A组 FCC 颗粒气泡的投影、体积、弦尺寸关系

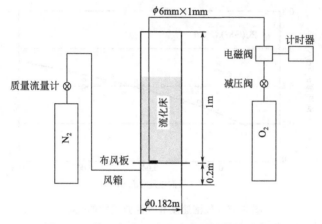

图 6-44 单一气泡尺寸和速度测量装置示意图

当气泡尺寸为投影尺寸和体积尺寸时,常数 C 等于 0.5;当气泡尺寸为弦尺寸时,常数 C 等于 0.6,如图 6-45~图 6-47 所示。

6.4.4.2 气泡的尺寸与速度

通常,流化床中存在着各种不同尺寸的气泡,气泡不仅随床高的增加而增加,而且随流态化速度的增加而增加。气泡之间既存在着合并长大过程,也存在着大气泡破碎形成小气泡的过程。

实验结果表明,小颗粒的流化床存在着最大平衡气泡尺寸,且这个最大气泡尺寸与流化速度无关,在离开布风板很小的距离后与床层的高度无关,如图 6-48 所

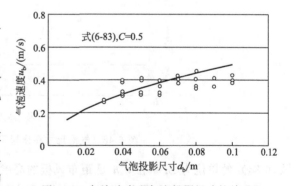

图 6-45 气泡速度和气泡投影尺寸的关系

示。图 6-49 给出了在常温常压空气中 FCC 颗粒流化床气泡尺寸的测量结果。当 FCC 颗粒的尺寸小于 $70\mu m$ 时,流化床中最大平衡气泡尺寸约为 4cm。对 $70\mu m$ 的 ECC 颗粒,Werther 发表了相似的测量结果。

当 FCC 颗粒的尺寸大于 $70\mu m$ 时,最大气泡尺寸随流化速度和床高的增加而迅速增加,如图 6-49 所示。Werther 给出的最大气泡尺寸关联式为

$$d_{bvmax} = 0.00853[1+27.2(u-u_{mf})]^{1/3}(1+6.84h)^{1.21} \tag{6-84}$$

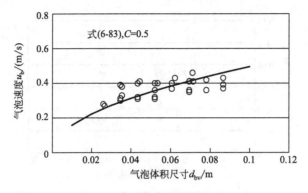

图 6-46 气泡速度和气泡体积尺寸的关系

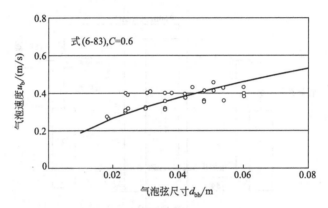

图 6-47 气泡速度和气泡弦尺寸的关系

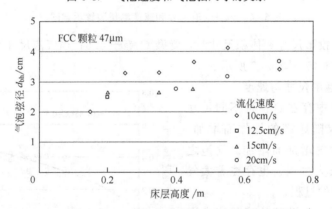

图 6-48 气泡尺寸在床层不同高度的测量结果

式（6-84）的单位为 SI 单位，h 是距布风板的高度。

式（6-84）适用于多孔布风板，当布风板不是多孔布风板时，式（6-84）中的高度 h 要做适当的修正

$$d_{bvmax} = 0.00853 \left[1 + 27.2(u - u_{mf})\right]^{1/3} \left[1 + 6.84(h + h' - h_0)\right]^{1.21} \tag{6-85}$$

式中 h_0 和 h' 由图 6-50 确定，其中 $d_{bv,0}$ 由下式计算

$$d_{bv,0} = 1.3 \left(\frac{q_{V0}^2}{g}\right)^{0.2} \tag{6-86}$$

式中 q_{V0} 是通过布风板风帽小孔的体积流量，式（6-86）的单位为 SI 单位制。

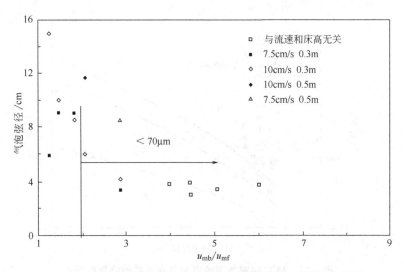

图 6-49　常温常压空气中 FCC 颗粒流化床气泡尺寸的测量结果

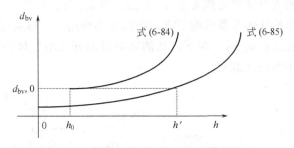

图 6-50　风帽布风板气泡参数计算示意图

单一气泡在流化床上升时，通过类比物体的自由降落运动，Davidson 和 Harrison 给出气泡上升速度的公式为

$$u_b = u - u_{mf} + 0.71\sqrt{g d_{bv}} \tag{6-87}$$

Werther 建议的气泡上升速度公式为

$$u_b = \vartheta \sqrt{g d_{bv}} \tag{6-88}$$

其中 ϑ 为

$$\vartheta = \begin{cases} 1 & D \leqslant 0.1\text{m} \\ 0.15 D^{0.4} & 0.1\text{m} < D < 1\text{m} \\ 2.5 & D > 1\text{m} \end{cases} \tag{6-89}$$

根据 FCC 颗粒气泡上升速度的测量结果，气泡上升速度可由下式计算

$$u_b = u - u_{mf} + 1.5\sqrt{g d_{bh}} \tag{6-90}$$

气泡上升速度公式计算结果与实验结果的比较示于图 6-51，比较结果表明 Werther 关联式和式(6-90) 给出比较满意的预测结果。

6.4.4.3　气泡晕

气泡在上升时，由于气泡底部的压力低于周围密相气体的压力，气体将从密相流入气泡底部，并从气泡顶部流出。当气体从气泡顶部流出时，将受到向下运动颗粒沿气泡切线方向曳力的作用，如图 6-52 所示。向下运动的颗粒与气泡的相对速度是 u_b。从气泡顶部流出的

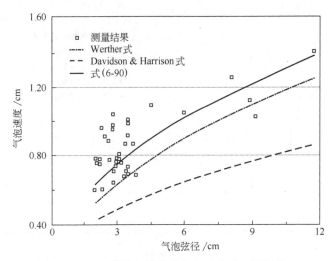

图 6-51   FCC 颗粒气泡速度与气泡弦径的测量结果

气体进入密相后，它的上升速度近似等于 u_{mf}/ε_{mf}。当 u_{mf}/ε_{mf} 远小于 u_b 时，向下运动的颗粒将把从气泡顶部流出的气体带到气泡下方，在压力的作用下，再从气泡底部流回气泡形成气泡晕。当 u_{mf}/ε_{mf} 远大于 u_b 时，向下运动的颗粒对离开气泡气体的曳力较小，这部分气体将通过密相上升而不形成气泡晕。

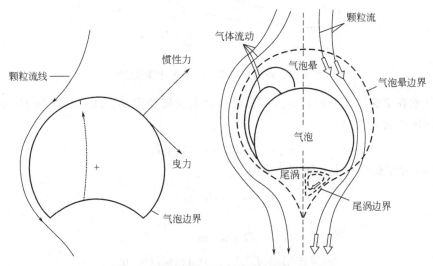

图 6-52   气泡及气泡周围气体运动示意图

因此，从气泡顶部流出的气体能否被向下运动的颗粒带到气泡底部形成气泡晕，取决于气泡上升速度和密相气体上升速度之比 α

$$\alpha = \frac{u_b}{u_{mf}/\varepsilon_{mf}} \tag{6-91}$$

参数 α 与气泡内及气泡周围气体流型的关系示于图 6-53。当 $\alpha < 1$ 时，即气泡上升速度比密相气体上升速度慢，从气泡顶部流出的气体将通过密相流走而不形成气泡晕。当 $\alpha > 1$ 时，即气泡上升速度比密相气体上升速度快，从气泡顶部流出的气体将被向下运动的颗粒带到气泡底部而形成气泡晕。随着 α 的增加，气泡晕的厚度减小。

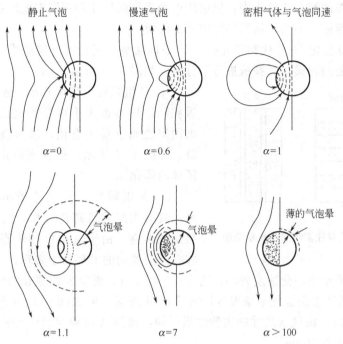

图 6-53 气泡内及周围气体流型与参数 α 的关系

Partridge 和 Rowe 给出了气泡晕的体积 V_c 与气泡体积 V_b 之比的半经验办理论公式

$$\frac{V_c}{V_b}=\frac{1.17}{\alpha-1} \tag{6-92}$$

由此式可得气泡晕的直径为

$$d_{bc}=\left(1+\frac{1.17}{\alpha-1}\right)^{1/3}d_{bv} \tag{6-93}$$

则气泡晕的厚度 δ 为

$$\delta=\frac{d_{bc}-d_{bv}}{2}=\frac{1}{2}\left[\left(1+\frac{1.17}{\alpha-1}\right)^{1/3}-1\right]d_{bv} \tag{6-94}$$

图 6-54 的计算结果表明气泡晕的厚度随 α 的增加而迅速地减小。

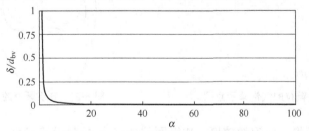

图 6-54 气泡晕的厚度随参数 α 的变化

6.4.5 Geldart 颗粒分类

自从流化催化裂化技术商业化以来，人们对催化裂化催化剂（FCC 颗粒）的流态化性能进行了大量的实验与理论研究。同时，流态化技术涉及了不同尺寸和不同密度颗粒的流态化问题，也得到了越来越广泛的应用。在很长一段时期内，FCC 颗粒的流态化结果被直接地应用到其他颗粒的流态化应用中，但应用中发现不同尺寸和不同密度颗粒的流态化行为有时差别很大，甚至截然不同，从而导致应用的失败。

Geldart 在 20 世纪 70 年代初首先提出了气-固接触有四种流态化模式，并用颗粒的尺寸和密度及流态化的四种模式对颗粒进行了分类，如图 6-19 所示。

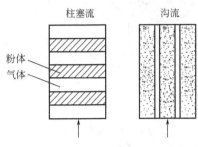

图 6-55　C 组颗粒柱塞流和沟流示意图

ⅰ.C 组颗粒　其尺寸小，通常＜20μm。由于颗粒间作用力远大于颗粒的重力，颗粒具有一定的团聚性而不易流态化，通常表现为柱塞流或沟流，如图 6-55 所示。但在高流化速度下可形成聚团体的流化床。

ⅱ.A 组颗粒　其尺寸较小，通常为几十微米，具有很好的流态化特性，气泡尺寸小，气-固接触效率高。由于有很好的流态化特性，A 组颗粒在反应器间的循环易于实现。

A 组颗粒的最小流态化速度较小，通常＜0.01m/s，所以 A 组颗粒的气泡晕参数 α 通常大于 100，气体循环很快、气泡晕很薄，如图 6-56 所示。由式(6-94) 可算得气泡晕的相对厚度 δ/d_{bv}＜0.001。由气泡尺寸的实验结果可知，典型 A 组颗粒的最大平衡气泡约为 4cm，则气泡晕的厚度约为 40μm。

ⅲ.B 组颗粒　其尺寸较大，通常为几百微米，气泡尺寸较大且随流速的增加及床高的增加而增加。B 组颗粒的气泡晕参数 α 约为 10，气体循环较慢、气泡晕较厚，如图 6-57 所示。由式(6-94) 可估算得气泡晕的相对厚度 δ/d_{bv}＜0.01。若取 B 组颗粒的气泡尺寸为 0.2m，则气泡晕的厚度约为 2mm。

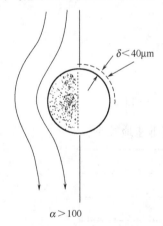

图 6-56　A 组颗粒的气泡晕示意图

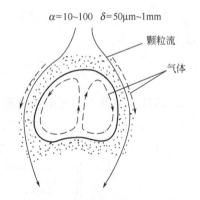

图 6-57　B 组颗粒的气泡晕示意图

由于气体循环较慢、气泡晕较厚，B 组颗粒的气-固接触效率较低。但由于气泡尺寸较大，气泡能带起较多的颗粒，起到了搅拌的作用，能造成良好的颗粒混合效果。

ⅳ.D 组颗粒　尺寸大或密度高的颗粒，如谷物、铅粒等。D 组颗粒的气泡尺寸大，气泡上升速度小于密相气体的上升速度，所以 D 组颗粒的气泡没有气泡晕，如图 6-58 所示。D 组颗粒具有喷流特征，如图 6-59 所示，常用的流态化技术为喷流床。

Geldart 颗粒分类，不仅对认识颗粒和研究颗粒的流态化性能有着重要的指导意义，而且提供了不同颗粒应采用的流态化技术的理论依据。

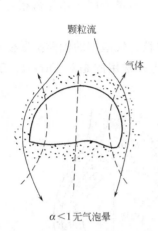

α<1无气泡晕

图 6-58 D组颗粒气体流型示意图

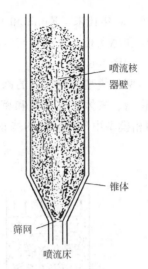

喷流核

器壁

锥体

筛网

喷流床

图 6-59 D组颗粒喷流床示意图

6.5 流化床化学反应器模拟

6.5.1 流化床反应器模型

自 1926 年 Winkler 煤气发生炉商业化及二战后流化催化裂化商业化以来，流化床的放大问题主要是操作过程的热力计算及解决物料循环问题。在将费-托合成反应的工艺过程从 0.1m、0.2m 和 0.3m 直径的中试装置放大到一个直径为 7m 的工业装置时，其收率仅为中试装置的 50%。费-托合成是一个较慢的反应，因此气-固接触效率应是放大需要考虑的主要问题，而热力计算不能反映费-托合成的反应动力学过程。由于费-托合成过程放大的失败，刺激了流化床模型的发展。

20 世纪 50 年代末，May 提出了流化床化学反应器的两相模型，两相模型把流化床分为气泡相和密相，两相之间有热量和质量的交换，如图 6-60 所示。其中密相处于最小流态化状态，密相中的气体为返混流；其余气体为气泡相，气泡相的气体为柱塞流。

20 世纪 60 年代初，Orcutt、Davidson 和 Pigford 修正了 May 的两相模型，即把 May 的气泡相分为气泡和气泡晕，气泡相和密相之间的热量和质量传递通过气泡晕完成，如图 6-61 所示。

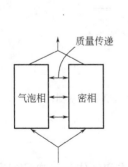

质量传递

气泡相　密相

图 6-60 May 两相模型示意图

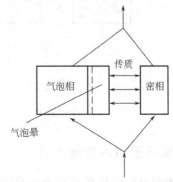

传质

气泡相　密相

气泡晕

图 6-61 Orcutt、Davidson 和 Pigford 两相模型示意图

20 世纪 60 年代末，Kunii 和 Levenspiel 提出了三相模型，即把流化床分为密相、气泡相及气泡晕和尾涡相。气泡相与气泡晕和尾涡相之间、气泡晕和尾涡相与密相之间有热量和质量传递，如图 6-62 所示。

此外对两相模型还有很多的修正，如气泡中含有颗粒、气泡相的轴向扩散模型、密相的轴向扩散模型、气体在气泡相和密相的分配等。其中比较常用的是对 Orcutt、Davidson 和 Pigford 两相模型中气体分配的修正。

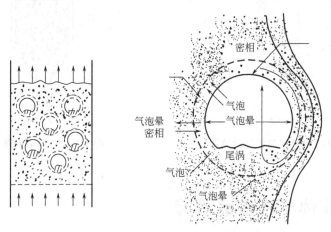

图 6-62　Kunii 和 Levenspiel 三相模型示意图

修正的 Orcutt、Davidson 和 Pigford 两相模型示于图 6-63，进入气泡相气体的体积流量 q_{Vb} 为

$$q_{Vb} = YA(u - u_{mf}) \tag{6-95}$$

进入密相气体的体积流量 q_{Vd} 为

$$q_{Vd} = q_V - q_{Vb} = A[u - Y(u - u_{mf})] \tag{6-96}$$

其中 q_V 是流态化气体的总体积流量，Y 是两相模型参数，它反映了密相不是处于最小流态化状态，所以气泡相气体的体积流量比密相处于最小流态化时的气泡体积流量要小。两相模型参数 Y 与颗粒阿基米德数 Ar 的关联示于图 6-64。

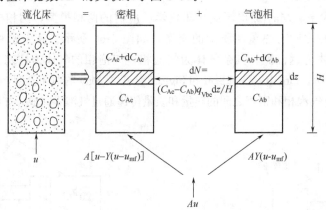

图 6-63　修正的 Orcutt、Davidson 和 Pigford 两相模型示意图

6.5.2　气泡与密相的传质系数

气泡与密相之间的传质可分解为气体通过气泡的对流传质和气体从气泡晕到密相的扩散

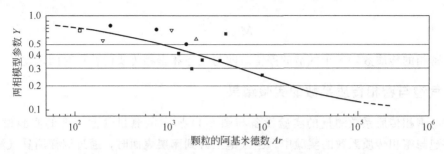

图 6-64 两相模型参数 Y 与颗粒的阿基米德数 Ar 的关联

传质，如图 6-65 所示，气泡与密相传质的有效传质系数定义为

$$-\frac{\mathrm{d}N_{\mathrm{Ab}}}{\mathrm{d}t}=k_{\mathrm{be}}(C_{\mathrm{Ab}}-C_{\mathrm{Ae}})S_{\mathrm{b}} \tag{6-97}$$

式中，N_{Ab} 是气泡与密相间交换 A 组分的物质的量；C_{Ab} 和 C_{Ae} 分别是气泡和密相中 A 组分的物质的量浓度；S_{b} 是气泡的表面积。

当气泡的表面积 S_{b} 取为等体积球的表面积时，即

$$S_{\mathrm{b}}\approx S_{\mathrm{bv}}=\pi d_{\mathrm{bv}}^{2} \tag{6-98}$$

Sit 和 Grace 给出的气泡与密相传质的有效传质系数 k_{be} 可表示为

$$k_{\mathrm{be}}=\frac{u_{\mathrm{mf}}}{3}+\sqrt{\frac{4\mathscr{D}\epsilon_{\mathrm{mf}}u_{\mathrm{b}}}{\pi d_{\mathrm{bv}}}} \tag{6-99}$$

式中第一项是对流传质项，第二项是扩散传质项，$\mathscr{D}$ 是分子扩散系数。

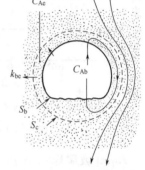

图 6-65 气泡与密相
传质示意图

把式(6-98)代入式(6-97)，方程两边同除以气泡的体积得

$$-\frac{\mathrm{d}C_{\mathrm{Ab}}}{\mathrm{d}t}=k_{\mathrm{be}}(C_{\mathrm{Ab}}-C_{\mathrm{Ae}})a_{\mathrm{b}} \tag{6-100}$$

其中 a_{b} 是单位气泡体积的气泡表面积，其值为

$$a_{\mathrm{b}}=\frac{6}{d_{\mathrm{bv}}} \tag{6-101}$$

当单一气泡在床内上升传质时，可认为密相中 A 组分的浓度近似不变，积分式(6-100)可得

$$\frac{(C_{\mathrm{Ab}}-C_{\mathrm{Ae}})_{\mathrm{out}}}{(C_{\mathrm{Ab}}-C_{\mathrm{Ae}})_{\mathrm{in}}}=\exp(-k_{\mathrm{be}}a_{\mathrm{b}}t)=\mathrm{e}^{-t_{\mathrm{H}}/\tau_{\mathrm{be}}} \tag{6-102}$$

其中 τ_{be} 是气泡与密相传质的特征时间，其值为

$$\tau_{\mathrm{be}}=\frac{1}{k_{\mathrm{be}}a_{\mathrm{b}}} \tag{6-103}$$

气泡在床内上升的时间，即气泡的停留时间可写为

$$t_{\mathrm{H}}=\tau_{\mathrm{b}}=\frac{H}{u_{\mathrm{b}}} \tag{6-104}$$

则式(6-102)可写为

$$\frac{(C_{\mathrm{Ab}}-C_{\mathrm{Ae}})_{\mathrm{out}}}{(C_{\mathrm{Ab}}-C_{\mathrm{Ae}})_{\mathrm{in}}}=\mathrm{e}^{-M_{\mathrm{be}}} \tag{6-105}$$

其中 M_{be} 为

$$M_{be} = \frac{\tau_b}{\tau_{be}} \qquad (6\text{-}106)$$

是气泡与密相的传质数,等于气泡的停留时间与气泡和密相传质的特征时间之比。

6.5.3 气泡与密相传质系数的实验结果

气泡与密相传质系数测量的实验设备与图 6-44 所示的测量气泡速度的实验设备相同。在测量气泡与密相传质系数的实验中,当气泡上升到床层表面时,通过取样测量气泡内氧气的浓度。由于单一气泡的氧气流量远小于流态化氮气的流量,密相中氧气的浓度可以忽略不计,积分式(6-100)可得

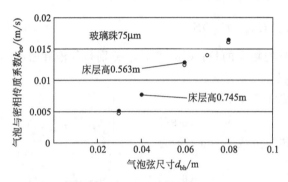

图 6-66 气泡与密相传质系数 k_{be}
与气泡弦尺寸的测量结果

$$k_{be} = \frac{d_{bv}}{6\tau} \ln \frac{1}{x_b} \qquad (6\text{-}107)$$

式中,τ 是气泡在床内的停留时间;x_b 是气泡在床层表面时氧气的体积分数。知气泡尺寸、停留时间及气泡在床层表面时氧气的体积分数的测量结果,气泡与密相传质系数 k_{be} 可由式(6-107)获得。$75\mu m$ 玻璃珠流化床的气泡与密相传质系数 k_{be} 的测量结果示于图 6-66,结果表明气泡与密相传质系数 k_{be} 几乎与气泡弦尺寸成正比。

$75\mu m$ 玻璃珠与 A 组 FCC 颗粒流化床的气泡与密相传质系数 k_{be} 的测量结果示于图 6-67,B 组颗粒的文献结果也示于图 6-67。结果表明 A 组和 B 组颗粒气泡与密相的传质系数 k_{be} 几乎与气泡投影尺寸成正比,且可表示为

$$k_{be} = 0.21 d_b \qquad (6\text{-}108)$$

式(6-108)中的单位为 SI 单位制。

这一结果与现有的气泡与密相传质的理论结果相反,现有的气泡与密相传质的理论结果表明,气泡与密相传质速率随气泡尺寸的增加而减少。

6.5.4 气泡与密相传质的理论分析

气泡与密相传质模型主要有以下三种。

① 扩散控制模型 气泡与密相的质量传递由气泡晕边界周围的扩散作用控制。

② 修正的扩散模型 气泡晕到密相的传质加上气体流入和流出气泡的流量。

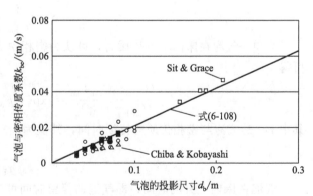

图 6-67 A 组和 B 组颗粒气泡与密相传质系数
k_{be} 与气泡投影尺寸的测量结果

③ 对流与扩散模型 气泡晕到密相的传质加上气体流入和流出气泡的对流传质。

但每一种模型都有其适用范围,如扩散控制模型只适用于小颗粒,且预测的传质系数小于真实的传质系数。由于过高地估算了对流传质,修正的扩散模型预测的传质系数明显高于真实的传质系数。由于考虑了对流传质,对流与扩散模型对较大颗粒与实验结果吻合得较

好，但随颗粒尺寸的减小，与实验结果的偏差变大。

对小颗粒，最小流态化很小，通常为每秒几毫米到几厘米，当流化床操作在最小流态化速度时，球对称坐标下忽略对流传质的扩散方程为

$$-\frac{u_\theta}{r}\frac{\partial c}{\partial \theta}=D\,\frac{\partial^2 c}{\partial r^2} \tag{6-109}$$

式中　c——密相中示踪气体的浓度；

　　　D——示踪气体的扩散系数；

　　　u_θ——密相气体在起跑周围的切向速度。

根据势流理论，密相气体在气泡周围的切向速度 u_θ 可以表示为

$$u_\theta=-\left(1+\frac{r_b^3}{2r^3}\right)u_b\sin\theta \tag{6-110}$$

把式(6-110)代入式(6-109)得

$$\frac{u_b}{r}\left(1+\frac{r_b^3}{2r^3}\right)\sin\theta\,\frac{\partial c}{\partial \theta}=D\,\frac{\partial^2 c}{\partial r^2} \tag{6-111}$$

令

$$\frac{\partial c}{\partial \theta}=\frac{\partial c}{\partial \eta}\frac{\partial \eta}{\partial \theta}\quad \text{其中}\ \frac{\mathrm{d}\eta}{\mathrm{d}\theta}=\frac{1}{\sin\theta} \tag{6-112}$$

$$\frac{\partial c}{\partial r}=\frac{\partial c}{\partial \xi}\frac{\partial \xi}{\partial r} \tag{6-113}$$

则

$$\frac{\partial^2 c}{\partial r^2}=\frac{\partial^2 c}{\partial \xi^2}\left(\frac{\partial \xi}{\partial r}\right)^2+\frac{\partial c}{\partial \xi}\frac{\partial^2 \xi}{\partial r^2}\quad \text{其中}\ \left(\frac{\mathrm{d}\xi}{\mathrm{d}r}\right)^2=\frac{2r^3+r_b^3}{r^4} \tag{6-114}$$

由于 $\partial^2\xi/\partial r^2$ 的分母中含有 r 的高次方项，与第一项相比 r 的影响较小，作忽略不计处理。

把式(6-112)和式(6-114)代入式(6-111)得

$$\frac{2D}{u_b}\frac{\partial^2 c}{\partial \xi^2}-\frac{\partial c}{\partial \eta}=0 \tag{6-115}$$

式中忽略了 $\mathrm{d}^2\xi/\mathrm{d}r^2$ 项。

设

$$\alpha=\frac{\xi}{b\sqrt{\eta}}\qquad \text{其中}\ b=\sqrt{\frac{2D}{u_b}} \tag{6-116}$$

则

$$\frac{\partial c}{\partial \eta}=-\frac{\xi}{2b}\eta^{-\frac{3}{2}}\frac{\partial c}{\partial \alpha} \tag{6-117}$$

$$\frac{\partial c}{\partial \xi}=\frac{1}{b}\eta^{-\frac{1}{2}}\frac{\partial c}{\partial \alpha} \tag{6-118}$$

$$\frac{\partial^2 c}{\partial \xi^2}=\frac{1}{b^2}\eta^{-1}\frac{\partial^2 c}{\partial \alpha^2} \tag{6-119}$$

把式(6-117)和式(6-119)代入式(6-115)得到二阶常微分方程

$$\frac{\mathrm{d}^2 c}{\mathrm{d}\alpha^2}=-\frac{r_b\alpha}{4}\frac{\mathrm{d}c}{\mathrm{d}\alpha} \tag{6-120}$$

边界条件为

$$r = r_b, c = c_b, \alpha_0 = \frac{\xi_{r=r_b}}{b\sqrt{\eta}} = 0; r \to \infty, c = c_e, \alpha \to \infty \tag{6-121}$$

对式(6-120)积分两次，并应用边界条件式(6-121)得

$$c_e - c_b = \int_0^\infty A e^{-\frac{1}{4}\alpha^2} \mathrm{d}\alpha = A\sqrt{\pi} \tag{6-122}$$

式中，A 是积分常数。

气泡到密相传质速率等于

$$N_b = -D \int_0^\pi 2\pi\varepsilon_{mf} r_b^2 \left(\frac{\partial c}{\partial r}\right)_{r=r_b} \sin\theta\,\mathrm{d}\theta \tag{6-123}$$

式中

$$\frac{\partial c}{\partial r} = \frac{\partial c}{\partial \alpha}\frac{\partial \alpha}{\partial r} = A e^{-\frac{\xi^2}{4b^2\eta}}\frac{1}{b\sqrt{\eta}}\frac{\mathrm{d}\xi}{\mathrm{d}r} \tag{6-124}$$

$$\frac{\mathrm{d}\xi}{\mathrm{d}r} = -\frac{\sqrt{2r^3 + r_b^3}}{r^2}, \quad \xi = \int_{r_b}^r -\frac{\sqrt{2r^3 + r_b^3}}{r^2}\mathrm{d}r \tag{6-125}$$

将式(6-124)和式(6-125)代入式(6-123)积分得

$$N_b = \pi\varepsilon_{mf} r_b^{\frac{3}{2}} A \sqrt{6Du_b} \int_0^\pi \left(\int_0^\theta \frac{\mathrm{d}\theta}{\sin\theta}\right)^{-\frac{1}{2}} \sin\theta\,\mathrm{d}\theta = 0.272\pi\varepsilon_{mf} r_b^{\frac{3}{2}} A \sqrt{6Du_b} \tag{6-126}$$

由气泡到密相传质速率的定义

$$N_b = 4\pi r_b^2 (c_b - c_e) k_{be} \tag{6-127}$$

得气泡到密相传质系数 k_{be} 等于

$$k_{be} = 0.135\varepsilon_{mf}\sqrt{\frac{Du_b}{d_b}} \tag{6-128}$$

此式与经典扩散控制模型有相似的结果。

对二维柱状气泡，二维轴对称柱坐标下的扩散方程与三维轴对称坐标下的扩散方程有相同的形式。根据势流理论，密相气体在气泡周围的切向速度 u_θ 可以表示为

$$u_\theta = -\left(1 + \frac{r_b^2}{r^2}\right)u_b\sin\theta \tag{6-129}$$

把式(6-129)代入式(6-109)得

$$\frac{u_b}{r}\left(1 + \frac{r_b^2}{r^2}\right)\sin\theta\frac{\partial c}{\partial \theta} = D\frac{\partial^2 c}{\partial r^2} \tag{6-130}$$

同样，令

$$\frac{\partial c}{\partial \theta} = \frac{\partial c}{\partial \eta}\frac{\partial \eta}{\partial \theta} \quad \text{其中} \quad \frac{\mathrm{d}\eta}{\mathrm{d}\theta} = \frac{1}{\sin\theta} \tag{6-131}$$

$$\frac{\partial c}{\partial r} = \frac{\partial c}{\partial \xi}\frac{\partial \xi}{\partial r} \tag{6-132}$$

此时

$$\frac{\partial^2 c}{\partial r^2} = \frac{\partial^2 c}{\partial \xi^2}\left(\frac{\partial \xi}{\partial r}\right)^2 + \frac{\partial c}{\partial \xi}\frac{\partial^2 \xi}{\partial r^2} \quad \text{其中} \quad \left(\frac{\mathrm{d}\xi}{\mathrm{d}r}\right)^2 = \frac{r^2 + r_b^2}{r^3} \tag{6-133}$$

与三维气泡相同，由于 $\partial^2\xi/\partial r^2$ 的分母中含有 r 的高次方项，与第一项相比 r 的影响较小，作忽略不计处理。

把式(6-131)和式(6-133)代入式(6-130)得

$$\frac{D}{u_b}\frac{\partial^2 c}{\partial \xi^2}-\frac{\partial c}{\partial \eta}=0 \tag{6-134}$$

其中忽略了 $\mathrm{d}^2\xi/\mathrm{d}r^2$ 项。

同样，设 $\qquad \alpha=\frac{\xi}{b\sqrt{\eta}} \qquad$ 其中 $b=\sqrt{\frac{D}{u_b}}$ $\tag{6-135}$

同样有 $\qquad \frac{\partial c}{\partial \eta}=-\frac{\xi}{2b}\eta^{-\frac{3}{2}}\frac{\partial c}{\partial \alpha} \tag{6-136}$

$$\frac{\partial c}{\partial \xi}=\frac{1}{b}\eta^{-\frac{1}{2}}\frac{\partial c}{\partial \alpha} \tag{6-137}$$

$$\frac{\partial^2 c}{\partial \xi^2}=\frac{1}{b^2}\eta^{-1}\frac{\partial^2 c}{\partial \alpha^2} \tag{6-138}$$

把式(6-136) 和式(6-138) 代入式(6-134) 得到二阶常微分方程

$$\frac{\mathrm{d}^2 c}{\mathrm{d}\alpha^2}=-\frac{\alpha}{2}\frac{\mathrm{d}c}{\mathrm{d}\alpha} \tag{6-139}$$

相同的边界条件为

$$r=r_b,c=c_b,\alpha_0=\frac{\xi_{r=r_b}}{b\sqrt{\eta}}=0;r\rightarrow\infty,c=c_e,\alpha\rightarrow\infty \tag{6-140}$$

对式(6-139) 积分两次，并应用边界条件式(6-140) 得

$$c_e-c_b=\int_0^\infty A\mathrm{e}^{-\frac{1}{4}\alpha^2}\mathrm{d}\alpha=A\sqrt{\pi} \tag{6-141}$$

式中，A 是积分常数。

对二维柱状气泡，气泡到密相传质速率为

$$N_b=-D\int_0^\pi \varepsilon_{mf}r_b L\left(\frac{\partial c}{\partial r}\right)_{r=r_b}\mathrm{d}\theta \tag{6-142}$$

式中，L 是柱体的长度。

$$\frac{\partial c}{\partial r}=\frac{\partial c}{\partial \alpha}\frac{\partial \alpha}{\partial r}=A\mathrm{e}^{-\frac{\xi^2}{4b^2\eta}}\frac{1}{b\sqrt{\eta}}\frac{\mathrm{d}\xi}{\mathrm{d}r} \tag{6-143}$$

$$\frac{\mathrm{d}\xi}{\mathrm{d}r}=-\frac{\sqrt{r^2+r_b^2}}{\sqrt{r^3}},\quad \xi=\int_{r_b}^r -\frac{\sqrt{r^2+r_b^2}}{\sqrt{r^3}}\mathrm{d}r \tag{6-144}$$

将式(6-143) 和式(6-144) 代入式(6-142) 积分得

$$N_b=\sqrt{2}D\,\varepsilon_{mf}r_b^{\frac{1}{2}}A\frac{L}{b}\int_0^\pi \left(\int_0^\theta \frac{\mathrm{d}\theta}{\sin\theta}\right)^{-\frac{1}{2}}\mathrm{d}\theta=1.245D\,\varepsilon_{mf}r_b^{\frac{1}{2}}A\frac{L}{b} \tag{6-145}$$

由气泡到密相传质速率的定义得气二维柱状气泡到密相传质系数 k_{be} 等于

$$k_{be}=0.158\varepsilon_{mf}\sqrt{\frac{Du_b}{d_b}} \tag{6-146}$$

式(6-128) 和式(6-146) 表明三维和二维的气泡到密相传质系数的理论结果与经典扩散控制模型的结果相似，但与图 6-67 的实验结果不符。实验结果表明气泡到密相的传质系数几乎与气泡尺寸成正比，但理论结果表明气泡到密相的传质系数随气泡尺寸的增加而减小。

在流化床中，密相颗粒的流动将引起气泡晕气体的湍流脉动，这样的湍流脉动将增加气体的分子扩散速率。因此，为考虑密相颗粒的流动对气体分子扩散速率的影响，引入流化床气体有效扩散系数 De。从实验测得气泡尺寸 d_b、气泡速度 u_b 及气泡到密相传质系数 k_{be}，三维和二维流化床气体的有效扩散系数 De 可分别从式（6-128）和式（6-146）获得。这样得到的流化床气体的有效扩散系数 De 示于图 6-68，表明流化床气体的有效扩散系数与气泡尺寸的 2.7 次方成比例关系，有

$$De = 13.3 d_b^{2.7} \tag{6-147}$$

气泡到密相传质系数 k_{be} 为

$$k_{be} = C_k \varepsilon_{mf} \sqrt{u_b d_b^{1.7}} \tag{6-148}$$

式中，常数 C_k 对三维和二维流化床分别等于 0.492 和 0.576。

把式（6-83）代入式（6-148），式中 ε_{mf} 取为 0.5，得气泡到密相传质系数 k_{be} 为

$$k_{be} = 0.3 d_b^{1.1} \tag{6-149}$$

式（6-149）的半经验半理论结果与式（6-108）的实验结果很接近。

6.5.5 气泡相与密相的传质数

流化床中 A 组分在气泡相和密相的质量平衡示于图 6-69。A 组分从气泡到密相的体积流量为

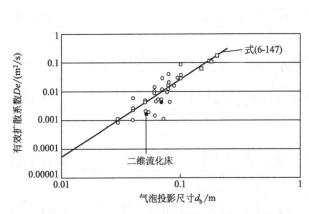

图 6-68 流化床气体的有效扩散系数与
气泡尺寸的关系

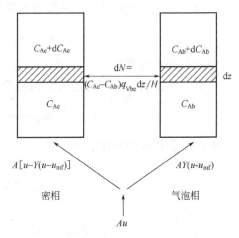

图 6-69 A 组分在气泡相和
密相的质量平衡示意图

$$q_{Vbe} = k_{be} \frac{\Sigma V_b}{AH} \frac{S_{bv}}{V_b} AH = k_{be} a_b \varepsilon_b AH \tag{6-150}$$

式中，ε_b 是床层气泡的体积分率，其表达式为

$$\varepsilon_b = \frac{\Sigma V_b}{AH} \approx \frac{A(H - H_{mf})}{AH} = 1 - \frac{H_{mf}}{H} \tag{6-151}$$

其中 H_{mf} 是床层最小流态化时的床层高度。

床层气泡的体积分率 ε_b 也可由气泡的体积流量衡算得

$$\varepsilon_b = \frac{q_{Vb}}{Au_b} \tag{6-152}$$

把气泡的体积流量式(6-94)带入上式得

$$\varepsilon_b = \frac{Y(u - u_{mf})}{u_b} \tag{6-153}$$

气泡相 A 组分增加的平衡计算为

单位时间内气泡相 A 组分的增加＝{气泡相 A 组分浓度的变化}×{气泡的体积流量}

＝{密相到气泡相 A 组分的质量流量}－{气泡相到密相的质量流量}

气泡相 A 组分增加的数学表达式为

$$dN_{Ab} = YA(u - u_{mf})dC_{Ab} \tag{6-154}$$

$$dN_{Ab} = C_{Ae}q_{Vbe}\frac{dz}{H} - C_{Ab}q_{Vbe}\frac{dz}{H} \tag{6-155}$$

联立式(6-154)和式(6-155)可得

$$\frac{dC_{Ab}}{dz} = \frac{C_{Ae} - C_{Ab}}{YA(u - u_{mf})H}q_{Vbe} \tag{6-156}$$

把式(6-150)代入上式得

$$\frac{dC_{Ab}}{dz} = -\frac{C_{Ab} - C_{Ae}}{Y(u - u_{mf})}k_{be}a_b\varepsilon_b \tag{6-157}$$

同理可得密相 A 组分增加的数学表达式为

$$dN_{Ae} = A[u - Y(u - u_{mf})]dC_{Ae} \tag{6-158}$$

$$dN_{Ae} = C_{Ab}q_{Vbe}\frac{dz}{H} - C_{Ae}q_{Vbe}\frac{dz}{H} \tag{6-159}$$

联立式(6-158)和式(6-159)可得

$$\frac{dC_{Ae}}{dz} = \frac{C_{Ab} - C_{Ae}}{AH[u - Y(u - u_{mf})]}q_{Vbe} \tag{6-160}$$

把式(6-150)代入上式得

$$\frac{dC_{Ae}}{dz} = \frac{C_{Ab} - C_{Ae}}{u - Y(u - u_{mf})}k_{be}a_b\varepsilon_b \tag{6-161}$$

用式(6-157)减去式(6-161)整理得

$$\frac{d(C_{Ab} - C_{Ae})}{C_{Ab} - C_{Ae}} = -\frac{k_{be}a_b\varepsilon_b u}{Y(u - u_{mf})[u - Y(u - u_{mf})]}dz \tag{6-162}$$

把式(6-153)代入上式得

$$\frac{d(C_{Ab} - C_{Ae})}{C_{Ab} - C_{Ae}} = -\frac{k_{be}a_b u}{u_b[u - Y(u - u_{mf})]}dz \tag{6-163}$$

积分上式可得

$$\frac{(C_{Ab} - C_{Ae})_{out}}{(C_{Ab} - C_{Ae})_{in}} = \exp\left\{-\frac{k_{be}a_b u}{u_b[u - Y(u - u_{mf})]}H\right\} = e^{-M_F} \tag{6-164}$$

式中，M_F 是气泡相与密相的传质数

$$M_F = \frac{k_{be}a_b u}{u_b[u - Y(u - u_{mf})]}H \tag{6-165}$$

上式可写为

$$M_F = \frac{H/u_b}{(1 - \beta)/k_{be}a_b} \tag{6-166}$$

式中，β 是气泡相体积流率分数，其表达式为

$$\beta = \frac{Y(u - u_{mf})}{u} \qquad (6\text{-}167)$$

把式(6-103)和式(6-104)代入式(6-166)得

$$M_F = \frac{\tau_b}{(1-\beta)\tau_{be}} \qquad (6\text{-}168)$$

若考虑流化床中气泡的运动快于单一气泡的运动时，设流化床中气泡的有效停留时间为

$$\tau'_b = \frac{\tau_b}{1-\beta} \qquad (6\text{-}169)$$

气泡相与密相的传质数为

$$M_F = \frac{\tau'_b}{\tau_{be}} \qquad (6\text{-}170)$$

图6-70是两相传质随两相传质数变化的计算结果，可以看出，当两相传质数 M_F 大于4时，两相间的质量交换达到动平衡状态。

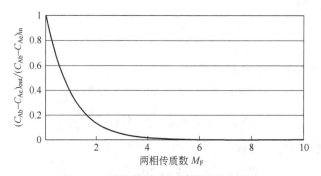

图6-70 两相传质随两相传质数的变化

【例题6-2】 在 $70\mu m$ 的FCC颗粒的流化床中，流态化气体为氮气，在最小流态化状态时注入一个投影直径为5cm的氧气气泡，床层高为0.6m，计算气泡的体积尺寸和弦尺寸、气泡与密相的传质系数 k_{be}、流化床内气体的有效扩散系数 D_e、气泡与密相的传质数 M_{be}、气泡中氧气转移到密相的分数。若流态化速度操作在0.5m/s，计算此时的气泡相与密相的传质数 M_F、气泡相中氧气转移到密相的分数。用经典的Sit和Grace式计算气泡与密相的传质系数 k_{be}，并与上面的计算结果比较。已知 $70\mu m$ 的FCC颗粒的密度为1400kg/ m^3，最小流态化速度为0.0053m/s，氧气在氮气中的扩散系数为 $2.4 \times 10^{-5} m^2/s$，氮气的黏性系数为 $18 \times 10^{-6} Pa \cdot s$，流化床内流体的密度为 $1.2kg/m^3$。

解 $70\mu m$ FCC颗粒的阿基米德数为

$$Ar = \frac{(1400 - 1.2) \times 1.2 \times 9.81 \times 70^3 \times 10^{-18}}{(18 \times 10^{-6})^2} = 17.43$$

由图6-41查得尾涡的体积分数为0.6，由式(6-80)和式(6-82)得气泡的体积尺寸和弦尺寸为

$$d_{bv} = \frac{d_b}{(1 + \beta_w)^{1/3}} = \frac{5}{(1 + 0.6)^{1/3}} = 4.3 \text{（cm）}$$

$$d_{bh} = 2.9 \text{（cm）}$$

当流化床操作在最小流态化状态时，由式(6-83)得气泡的上升速度为

$$u_b = C\sqrt{gd_b} = 0.5 \times \sqrt{9.81 \times 0.05} = 0.35 \ (\text{m/s})$$

气泡在床内的停留时间为

$$\tau_b = \frac{H}{u_b} = \frac{0.6}{0.35} = 1.71 \ (\text{s})$$

由式(6-108)得气泡与密相的传质系数为

$$k_{be} = 0.21 d_b = 0.21 \times 0.05 = 0.0105 (\text{m/s})$$

气泡与密相传质的特征时间为

$$\tau_{be} = \frac{1}{k_{be} a_b} = \frac{d_{bv}}{6k_{be}} = \frac{0.043}{6 \times 0.0105} = 0.683 (\text{s})$$

气泡与密相的传质数为

$$M_{be} = \frac{\tau_b}{\tau_{be}} = \frac{1.71}{0.683} = 2.504$$

由式(6-105)

$$\frac{C_{O_2,\text{out}}}{C_{O_2,\text{in}}} = e^{-M_{be}} = e^{-2.504} = 0.0818$$

可以得出气泡中只有约8%的氧没有转移到密相。

由式(6-147)得70μm FCC颗粒的有效扩散系数为

$$De = 13.3 d_b^{2.7} = 0.00408 \ \text{m}^2/\text{s}$$

远高于分子扩散系数。

当流态化速度操作在0.5m/s时，由式(6-90)得气泡的上升速度为

$$u_b = u - u_{mf} + 1.5\sqrt{gd_{bh}} = 0.5 - 0.0053 + 1.5 \times \sqrt{9.81 \times 0.029} = 1.295 \ \text{m/s}$$

由图6-64可得两相模型参数Y等于0.8，由式(6-153)得床层的气泡体积分率为

$$\varepsilon_b = \frac{Y(u - u_{mf})}{u_b} = \frac{0.8 \times (0.5 - 0.0053)}{1.295} = 0.306$$

由式(6-151)得床层高度为

$$H = \frac{H_{mf}}{1 - \varepsilon_b} = \frac{0.6}{1 - 0.306} = 0.864 (\text{m})$$

气泡在床内的停留时间为

$$\tau_b = \frac{H}{u_b} = \frac{0.864}{1.295} = 0.667 (\text{s})$$

由式(6-167)得气泡相体积流率分数为

$$\beta = \frac{Y(u - u_{mf})}{u} = \frac{0.8 \times (0.5 - 0.0053)}{0.5} = 0.792$$

气泡相与密相的传质准数为

$$M_F = \frac{\tau_b}{(1 - \beta)\tau_{be}} = \frac{0.667}{0.683 \times (1 - 0.792)} = 4.7$$

由式(6-164)得

$$\frac{(C_b - C_e)_{O_2,\text{out}}}{(C_b - C_e)_{O_2,\text{in}}} = e^{-M_F} = e^{-4.7} = 0.0091$$

气泡相中约有1%的氧气未转移到密相，可见气泡的相互作用增加了气泡与密相的传质

速率。

当流化床操作在最小流态化状态时，由气泡与密相传质系数的经典 Sit 和 Grace 式 (6-99)，得气泡与密相传质系数为

$$k_{be} = \frac{u_{mf}}{3} + \sqrt{\frac{4\mathcal{D}_{O_2}\varepsilon_{mf}u_b}{\pi d_{bv}}} = \frac{0.0053}{3} + \sqrt{\frac{4\times 2.4\times 10^{-5}\times 0.5\times 0.35}{3.14\times 0.043}} = 0.00177 + 0.0112$$

$$= 0.0129(m/s)$$

与式(6-108) 所得气泡与密相传质系数的结果相当。

当流态化速度操作在 0.5m/s 时，由气泡与密相传质系数的经典 Sit 和 Grace 式(6-103)，得气泡与密相传质系数为

$$k_{be} = \frac{u_{mf}}{3} + \sqrt{\frac{4\mathcal{D}_{O_2}\varepsilon_{mf}u_b}{\pi d_{bv}}} = \frac{0.0053}{3} + \sqrt{\frac{4\times 2.4\times 10^{-5}\times 0.5\times 1.295}{3.14\times 0.043}} = 0.00177 + 0.0215$$

$$= 0.0233(m/s)$$

约 2 倍于式(6-108) 所得气泡与密相传质的系数。

6.5.6 颗粒反应动力学

6.5.6.1 气-固反应的种类与类型

按反应物的种类，气-固反应可分为

$$\begin{cases} \text{固体} \xrightarrow{\text{高温高压}} \text{热解反应} \\ \text{固体+气体} \xrightarrow{\text{高温高压}} \text{化学反应} \end{cases}$$

按产物的种类，气-固反应可分为

$$\begin{cases} \text{固体} \xrightarrow{\text{热解反应}} \text{气体} \begin{cases} \text{有机物：煤的热解反应} \\ \text{无机物：} TiOSO_4 \cdot 4H_2O \longrightarrow TiO_2 + H_2O + SO_3 \end{cases} \\ \text{固体} \xrightarrow{\text{热解反应}} \text{固体+气体：} CaCO_3 \xrightarrow{\text{高温}} CaO + CO_2 \\ \text{固体+气体} \xrightarrow{\text{高温高压}} \begin{cases} \text{气体：} C + O_2 \xrightarrow{\text{高温}} CO_2 \\ \text{固体+气体：} ZnS + O_2 \xrightarrow{\text{高温}} Zn + SO_2 \\ \text{固体+气体：催化反应} \end{cases} \end{cases}$$

颗粒反应的一般情况示于图 6-71，反应步骤包括：

ⅰ.反应物扩散到颗粒表面；

ⅱ.反应物通过产物层扩散到反应表面；

ⅲ.反应物在反应表面吸附；

ⅳ.在反应表面发生化学反应；

ⅴ.产物在反应表面解吸；

ⅵ.产物通过产物层扩散到颗粒表面；

ⅶ.产物离开颗粒表面。

在实际应用中，根据反应条件的不同及反应物和产物性能的差别，这 7 个步骤的速率是不同的。速率慢的步骤，称为化学反应的控制步骤。为了研究颗粒动力学的问题，通常需要排除外扩散问题，即不考虑反应物扩散到颗粒表面和产物离开表面的过程。通过反应条件的适当选取，如增加流速以增加传质速率等方法可排除外扩散问题。

按反应的控制步骤，无孔颗粒的反应类型有表面反应、核表面反应和产物层扩散反应，如图 6-72 所示。表面反应是指在反应过程中，颗粒的尺寸在减小但没有形成产物层，所以反应发生在颗粒表面，且表面反应为控制步骤。对无杂质或无灰分的颗粒，反应过程不形成产物层，通常为颗粒表面反应。核表面反应是指在反应过程中有产物层生成，但未反应颗粒的尺寸在减小，反应发生在未反应颗粒表面且表面反应为控制步骤。产物层扩散反应是指在反应过程中有产物层生成，反应物或产物在产物层中的扩散为控制步骤。

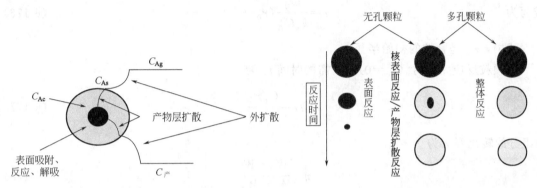

图 6-71 颗粒反应步骤示意图   图 6-72 反应为控制步骤时的
                                              颗粒反应类型示意图

按反应的控制步骤，多孔颗粒的反应类型有核表面反应、产物层扩散反应和整体反应，如图 6-72 所示。整体反应是指反应物和产物在颗粒内的扩散速度很快，整个颗粒均发生反应且反应为控制步骤。

气-固反应的类型可分为表面反应、核反应和整体反应，其中核反应又分为核表面反应和产物层扩散反应，即

$$\text{气-固反应类型} \begin{cases} \text{表面反应：无孔颗粒} \\ \text{核反应} \begin{cases} \text{核表面反应：无孔和多孔颗粒} \\ \text{产物层扩散反应：无孔和多孔颗粒} \end{cases} \\ \text{整体反应：多孔颗粒} \end{cases}$$

6.5.6.2 反应速率

（1）表面和核表面反应

设反应式为 $a\mathrm{A}$（气体）$+b\mathrm{B}$（固体）→产物，基于颗粒表面或核反应表面的反应速率定义为

$$\dot{r}_{\mathrm{B,s}} = -\frac{1}{S_{\mathrm{c}}} \frac{\mathrm{d}N_{\mathrm{B}}}{\mathrm{d}t} = k_{\mathrm{S}} C_{\mathrm{A}}^{n} \tag{6-171}$$

对于表面反应，式中 S_{c} 是反应中的颗粒表面积；对于核表面反应，S_{c} 是核反应表面的表面积。S_{c} 可写为

$$S_{\mathrm{c}} = 4\pi r_{\mathrm{c}}^{2} \tag{6-172}$$

颗粒中 B 组分的摩尔数为

$$N_{\mathrm{B}} = \frac{4}{3}\pi r_{\mathrm{c}}^{3} C_{\mathrm{B}} \tag{6-173}$$

式中，C_B 是颗粒中 B 组分的摩尔浓度。

把式(6-172) 和式(6-173) 代入式(6-171) 整理得

$$\frac{dr_c}{dt} = -\frac{k_s C_A^n}{C_B} \tag{6-174}$$

积分上式得

$$r_0 - r_c = \frac{k_s C_A^n}{C_B} t \tag{6-175}$$

或写为

$$t = \frac{C_B}{k_s C_A^n}(r_0 - r_c) \tag{6-176}$$

式中，r_0 是颗粒的初始半径。

当颗粒反应完全时（$r_c = 0$），所需的时间 t_f 为

$$t_f = \frac{C_B r_0}{k_s C_A^n} \tag{6-177}$$

B 组分的转化率 η 为

$$\eta = \frac{W_0 - W}{W_0 - W_f} \tag{6-178}$$

式中 W、W_0 和 W_f 分别是在反应的任一时刻、初始时刻和反应结束时颗粒的质量，可由失重曲线测得，如图 6-73 所示。

反应任一时刻、初始时刻和反应结束时刻颗粒的质量 W、W_0 和 W_f 可分别表示为

$$W_f = W_0 x_{ash} \tag{6-179}$$

$$W_0 = \frac{4}{3}\pi r_0^3 \rho_P x_B + W_0 x_{ash} \tag{6-180}$$

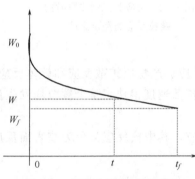

图 6-73 颗粒失重曲线示意图

$$W = \frac{4}{3}\pi r_c^3 \rho_P x_B + W_0 x_{ash} \tag{6-181}$$

其中 x_{ash} 和 x_b 分别是颗粒灰分和反应组分 B 的质量分数。

把式(6-179)~式(6-181) 代入式(6-178) 整理得

$$\eta = \frac{r_0^3 - r_c^3}{r_0^3} = 1 - \left(\frac{r_c}{r_0}\right)^3 \tag{6-182}$$

或写为

$$\frac{r_c}{r_0} = (1 - \eta)^{1/3} \tag{6-183}$$

由式(6-176) 和式(6-177) 相比得

$$\frac{t}{t_f} = 1 - \frac{r_c}{r_0} \tag{6-184}$$

把式 (6-183) 代入上式得

$$\frac{t}{t_f} = 1 - (1 - \eta)^{1/3} \tag{6-185}$$

当以 $[1-(1-\eta)^{1/3}]$ 为横坐标、以 t/t_f 为纵坐标整理颗粒的失重曲线时，表面反应和核表面反应为一条斜率为 1 的直线，如图 6-74 所示。

（2）整体反应

仍设反应式为 aA（气体）$+b$B（固体）$\rightarrow$产物，基于颗粒质量的反应速率定义为

$$\dot{r}_{\mathrm{B,w}}=-\frac{1}{W}\frac{\mathrm{d}W}{\mathrm{d}t}=k_{\mathrm{w}}C_{\mathrm{A}}^{n} \tag{6-186}$$

积分上式并整理得

$$t=\frac{\ln(W_0/W)}{k_{\mathrm{w}}C_{\mathrm{A}}^{n}} \tag{6-187}$$

反应的半衰期，$W=W_0/2$ 所需的反应时间 $t_{1/2}$ 为

$$t_{1/2}=\frac{\ln2}{k_{\mathrm{w}}C_{\mathrm{A}}^{n}} \tag{6-188}$$

式(6-187)与式（6-188）相比得

$$\frac{t}{t_{1/2}}=\frac{\ln(W_0/W)}{\ln2} \tag{6-189}$$

若定义转化率 η 为

$$\eta=\frac{W_0-W}{W_0}=1-\frac{W}{W_0} \tag{6-190}$$

则可得

$$\frac{t}{t_{1/2}}=\frac{-\ln(1-\eta)}{\ln2} \tag{6-191}$$

当以 $-\ln(1-\eta)$ 为横坐标、以 $t/t_{1/2}$ 为纵坐标整理颗粒的失重曲线时，整体反应是一条斜率为 $1/\ln2$ 的直线，如图 6-75 所示。

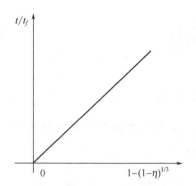

图 6-74　表面反应和核表面反应
转化率与反应时间的关系

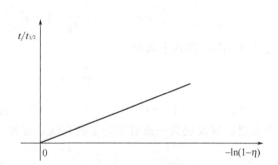

图 6-75　整体反应转化率与
反应时间的关系示意图

（3）产物层扩散反应

仍设反应式为 aA（气体）$+b$B（固体）$\rightarrow$产物，反应物和产物在产物层内的扩散方程为

当 $r_{\mathrm{c}}<r<r_0$ 时

$$D_{\mathrm{eA}}\left(\frac{\partial^2 C_{\mathrm{A}}}{\partial r^2}+\frac{2}{r}\frac{\partial C}{\partial r}\right)=0 \tag{6-192}$$

其中 D_{eA} 是反应物 A 在产物层内的有效扩散系数。

式(6-192)的边界条件为

在颗粒表面（$r=r_0$）

$$D_{\mathrm{eA}}\left(\frac{\partial C_{\mathrm{A}}}{\partial r}\right)_{r_0}=\delta_{\mathrm{m,A}}(C_{\mathrm{Ag}}-C_{\mathrm{As}}) \tag{6-193}$$

其中 $\delta_{\mathrm{m,A}}$ 是反应物 A 到颗粒表面的传质膜系数，C_{Ag} 和 C_{S} 分别是主流中和颗粒表面

上反应物 A 的浓度。

在核反应表面（$r=r_c$）
$$D_{eA}\left(\frac{\partial C_A}{\partial r}\right)_{r_c}=\frac{a}{b}\dot{r}_{B,S}=\frac{a}{b}k_sC_{Ac} \tag{6-194}$$

其中 $\dot{r}_{B,S}$ 是反应物 B 基于表面积的反应速率。从式（6-171）～式（6-173）可得

$$\dot{r}_{B,S}=-C_B\frac{dr_c}{dt} \tag{6-195}$$

边界条件式（6-194）变为

$$D_{eA}\left(\frac{\partial C_A}{\partial r}\right)_{r_c}=-\frac{a}{b}C_B\frac{dr_c}{dt}=\frac{a}{b}k_sC_{Ac} \tag{6-196}$$

式（6-192）和边界条件式（6-193）、式（6-196）的解为

$$t=\frac{\frac{a}{b}r_0C_B}{C_{Ag}}\left[\frac{1}{3}\left(\frac{1}{\delta_{m,A}}-\frac{r_0}{D_{eA}}\right)\left(1-\frac{r_c^3}{r_0^3}\right)+\frac{1}{\frac{a}{b}k_s}\left(1-\frac{r_c}{r_0}\right)+\frac{r_0}{2D_{eA}}\left(1-\frac{r_c^2}{r_0^2}\right)\right] \tag{6-197}$$

反应结束所需的时间 t_f 为

$$t_f=\frac{\frac{a}{b}r_0C_B}{C_{Ag}}\left(\frac{1}{3\delta_{m,A}}+\frac{1}{\frac{a}{b}k_s}+\frac{r_0}{6D_{eA}}\right) \tag{6-198}$$

反应物和产物在产物层内的扩散为控制步骤时，有 $D_{eA}/r_0\ll\delta_{m,A}$，$D_{eA}/r_0\ll_s$，由式（6-197）和式（6-198）可得

$$\frac{t}{t_f}=1-3\left(\frac{r_c}{r_0}\right)^2+2\left(\frac{r_c}{r_0}\right)^3 \tag{6-199}$$

把式（6-183）代入上式得

$$\frac{t}{t_f}=1-3(1-\eta)^{2/3}+2(1-\eta) \tag{6-200}$$

当以 $1-3(1-\eta)^{2/3}+2(1-\eta)$ 为横坐标，以 t/t_f 为纵坐标整理颗粒的失重曲线时，产物层扩散反应为一条斜率为 1 的直线，如图 6-76 所示。

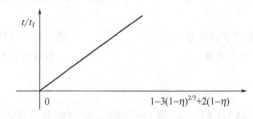

图 6-76　产物层扩散反应转化率与反应时间的关系

（4）外扩散反应

反应物和产物在颗粒外的扩散为控制步骤时，有 $\delta_{m,A}\ll D_{eA}/r_0$，$\delta_{m,A}\ll k_s$，由式（6-197）和式（6-198）可得

$$\frac{t}{t_f}=1-\left(\frac{r_c}{r_0}\right)^3 \tag{6-201}$$

把式（6-183）代入上式得
$$\frac{t}{t_f}=\eta \tag{6-202}$$

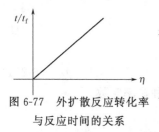

图 6-77　外扩散反应转化率
与反应时间的关系

当以 η 为横坐标，以 t/t_f 为纵坐标整理颗粒的失重曲线时，外扩散反应是一条斜率为 1 的直线，如图 6-77 所示。

（5）气-固催化反应

设反应为 A（气体）＋B（固体催化剂）→产物，反应速率定义为

$$\dot{r}_{A,V} = -\frac{1}{V}\frac{dN_A}{dt} = k_v C_A^n \tag{6-203}$$

式中 V 是催化剂颗粒的表观体积。

当反应为整体反应时，反应速率为

$$\dot{r}_{A,V\infty} = V k_v C_A^n \tag{6-204}$$

当反应物或产物在孔隙中的扩散为反应控制步骤时，反应速率可表示为

$$\dot{r}_{A,V} = \lambda \dot{r}_{A,V\infty} \tag{6-205}$$

式中 λ 为

$$\lambda = \frac{\tanh\phi}{\phi} \tag{6-206}$$

其中 ϕ 是 Thiele 数

$$\phi = \frac{e}{\sigma \rho_P}\sqrt{\frac{k_v}{D_{eA}}\frac{(n+1)C_{Ag}^{n-1}}{2}} \tag{6-207}$$

其中 e 和 σ 分别是颗粒的多孔率和比表面积。

当 $\phi < 0.2$ 时，$\lambda \to 1$，即可忽略反应物或产物在孔隙中的扩散阻力，反应为整体反应。

当 $\phi > 1.5$ 时

$$\lambda = \frac{1}{\phi} \tag{6-208}$$

此时反应物或产物在孔隙中的扩散为反应控制步骤。

当颗粒孔隙的直径远大于分子的自由程时，有效扩散系数就是分子扩散系数。当颗粒孔隙的直径接近或小于分子的自由程时，此时的扩散为 Knudson 扩散，Knudson 扩散的有效扩散系数为

$$D_{eA} = \frac{16}{3}\frac{e}{\sigma \rho_P}\sqrt{\frac{\mathscr{R}T}{2\pi M_A}} \tag{6-209}$$

式中 $\mathscr{R}$ 和 M_A 分别是通用气体常数和摩尔质量。

（6）反应速率系数间的关系

由于反应速率的定义可以基于颗粒的表面积（核反应表面积）、颗粒的体积及颗粒的质量，与之对应的就有基于颗粒表面的反应速率常数 k_s、基于颗粒体积的反应速率常数 k_v 及基于颗粒质量的反应速率常数 k_w。

单位颗粒体积的颗粒表面积 s_P 为

$$s_P = \rho_P \sigma \tag{6-210}$$

则固体 B 组分的消失速率为

$$\dot{r}_{B,S} s_P V = \dot{r}_{B,V} V = \dot{r}_{B,w} \rho_P V \tag{6-211}$$

把式（6-210）代入上式得

$$\dot{r}_{B,S} \rho_P \sigma = \dot{r}_{B,V} = \dot{r}_{B,w} \rho_P \tag{6-212}$$

把反应速率的定义代入上式得

$$k_s \rho_P \sigma C_{Ag}^n = k_v C_{Ag}^n = k_w \rho_P C_{Ag}^n \tag{6-213}$$

则可得反应速率常数之间的关系为

$$k_s \rho_P \sigma = k_v = k_w \rho_P \tag{6-214}$$

这样，已知颗粒的一种反应速率常数，由颗粒物性可算得其他两种速率常数。

6.5.7 化学反应器的 Damkoler 数

对于气-固化学反应器，通常化学反应和热质传递过程同时发生。当热质传递速度远大于化学反应速度时，气-固化学反应器的过程计算可只考虑化学反应过程。这样的化学反应器称为一相反应器，这样的反应器模型称为一相模型。对于可近似为一相的气-固化学反应器，有两种极限的气-固接触形式：柱塞流气-固接触［图 6-78(a)］和返混流气-固接触［图 6-78(b)］。

在柱塞流气-固接触反应器中，化学反应所发生的平面称为反应面，随着反应时间的增加，反应面向上移动直到反应结束。所以柱塞流气-固接触有较好的气-固接触效率，但有温度不均匀的缺点。固定床和移动床气-固接触接近于柱塞流气-固接触。

在返混流气-固接触反应器中，反应器内的温度与成分是均匀的，整个反应器均有化学反应，反应器出口的气体成分与反应器内的气体成分相同。所以返混流气-固接触有较差的气-固接触效率，但有温度均匀的优点。

对柱塞流气-固接触反应器的微元作 A 组分的质量平衡可得［参见图 6-78(a)］

$$uAC_A - (uAC_A + uA\,dC_A) = k_s S_P C_A A\,dz \tag{6-215}$$

积分上式得

$$\frac{C_{A,z}}{C_{A,in}} = \exp\left(-\frac{k_s S_P z}{u}\right) = \exp\left(-\frac{\dfrac{z}{u}}{\dfrac{1}{k_s S_P}}\right) = \exp\left(-\frac{t}{\dfrac{1}{k_s S_P}}\right) \tag{6-216}$$

则可得反应的特征时间 τ_r 为

$$\tau_r = \frac{1}{k_s S_P} \tag{6-217}$$

A 组分的转化率等于

$$\eta = 1 - \frac{C_{A,out}}{C_{A,in}} = 1 - \exp\left(-\frac{\tau_H}{\tau_r}\right) = 1 - e^{-Da} \tag{6-218}$$

其中 τ_H 是 A 组分在反应器内的停留时间

$$\tau_H = \frac{H}{u} \tag{6-219}$$

Da 是化学反应器的 Damkoler 数

$$Da = \frac{\tau_H}{\tau_r} \tag{6-220}$$

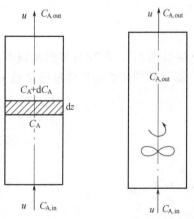

(a) 柱塞流气-固接触　(b) 返混流气-固接触

图 6-78　一相气-固接触化学反应示意图

对返混流气-固接触反应器作 A 组分的质量平衡得［参见图 6-78(b)］

$$uAC_{A,in} - uAC_{A,out} = k_s S_P C_{A,out} AH \tag{6-221}$$

从上式可得 A 组分的转化率为

$$\eta = \frac{Da}{1+Da} \tag{6-222}$$

图 6-79 比较了柱塞流气-固接触反应器和返混流气-固接触反应器的转化率与 Damkoler 数的关系，可以看出，对于相同 Da 数，柱塞流反应器的转化率高于返混流反应器的转化率。

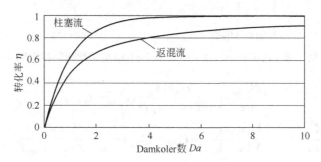

图 6-79　柱塞流气-固接触和返混流气-固接触反应器转化率与 Damkoler 数的关系

由于单位反应器体积的颗粒表面积 S_P 等于单位反应器体积的颗粒质量乘以单位质量颗粒的颗粒表面积，即

$$S_P = \varepsilon_P \rho_P \sigma \tag{6-223}$$

把上式代入式(6-217)得反应的特征时间 τ_r 为

$$\tau_r = \frac{1}{k_s \varepsilon_P \rho_P \sigma} \tag{6-224}$$

则由式(6-214) 可得反应的特征时间 τ_r 又为

$$\tau_r = \frac{1}{k_s \varepsilon_P \rho_P \sigma} = \frac{1}{k_v \varepsilon_P} = \frac{1}{k_w \varepsilon_P \rho_P} \tag{6-225}$$

式中，ε_P 是反应器内颗粒的体积分数并有如下关系式

$$\varepsilon_P = 1 - \varepsilon \tag{6-226}$$

其中 ε 是反应器床层的空隙率。

6.5.8　流化床化学反应器模拟

6.5.8.1　PF-PF 模型

由于在流化床中，大部分气体是以气泡的形式通过流化床，且气泡到密相传质的速度较慢，所以以一相模型的简化处理误差较大。常用的流化床反应器模型是修正的 Orcutt、Davidson 和 Pigford 两相模型，其中又分为气泡相简化为柱塞流、密相简化为返混流的 PF-M 模型 [如图 6-80(a) 所示] 和气泡相与密相均简化为柱塞流的 PF-PF 模型 [如图 6-80(b) 所示]。

由于气泡内没有化学反应，气泡相 A 组分的质量平衡方程为 [参见图 6-80(b)]

$$AY(u-u_{mf})dC_{Ab} = -k_{be}a_b\varepsilon_b(C_{Ab}-C_{Ae})Adz \tag{6-227}$$

密相中 A 组分一阶反应的质量平衡方程为

$$A[u-Y(u-u_{mf})]dC_{Ae} = k_{be}a_b\varepsilon_b(C_{Ab}-C_{Ae})Adz - k_v\varepsilon_P C_{Ae}Adz \tag{6-228}$$

整理式(6-227) 和式 (6-228) 得气泡相和密相 A 组分的质量平衡方程为

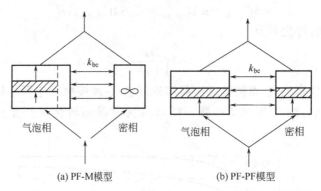

(a) PF-M模型　　　　　　　　(b) PF-PF模型

图 6-80　修正的 Orcutt、Davidson 和 Pigford 的流化床两相模型示意图

$$\frac{\mathrm{d}C_{\mathrm{Ab}}}{\mathrm{d}z} = -\frac{k_{\mathrm{be}}a_{\mathrm{b}}\varepsilon_{\mathrm{b}}}{Y(u-u_{\mathrm{mf}})}(C_{\mathrm{Ab}}-C_{\mathrm{Ae}}) \tag{6-229}$$

$$\frac{\mathrm{d}C_{\mathrm{Ae}}}{\mathrm{d}z} = \frac{k_{\mathrm{be}}a_{\mathrm{b}}\varepsilon_{\mathrm{b}}}{u-Y(u-u_{\mathrm{mf}})}(C_{\mathrm{Ab}}-C_{\mathrm{Ae}}) - \frac{k_{\mathrm{v}}\varepsilon_{\mathrm{P}}}{u-Y(u-u_{\mathrm{mf}})}C_{\mathrm{Ae}} \tag{6-230}$$

定义如下的量纲 1

$$\begin{cases} x = \dfrac{C_{\mathrm{Ab}}}{C_{\mathrm{A,in}}} \\[2mm] y = \dfrac{C_{\mathrm{Ae}}}{C_{\mathrm{A,in}}} \\[2mm] \zeta = \dfrac{z}{H} \end{cases} \tag{6-231}$$

得气泡相和密相 A 组分的质量平衡方程（量纲 1）为

$$\frac{\mathrm{d}x}{\mathrm{d}\zeta} = -\frac{k_{\mathrm{be}}a_{\mathrm{b}}\varepsilon_{\mathrm{b}}H}{Y(u-u_{\mathrm{mf}})}(x-y) \tag{6-232}$$

$$\frac{\mathrm{d}y}{\mathrm{d}\zeta} = \frac{k_{\mathrm{be}}a_{\mathrm{b}}\varepsilon_{\mathrm{b}}H}{u-Y(u-u_{\mathrm{mf}})}(x-y) - \frac{k_{\mathrm{v}}\varepsilon_{\mathrm{P}}H}{u-Y(u-u_{\mathrm{mf}})}y \tag{6-233}$$

把式(6-153)、式(6-166) 和式(6-167) 代入式(6-232) 得气泡相 A 组分的质量平衡方程（量纲 1）为

$$\frac{\mathrm{d}x}{\mathrm{d}\zeta} = -(1-\beta)M_{\mathrm{F}}(x-y) \tag{6-234}$$

把式(6-153)、式(6-166)、式(6-167) 及式(6-219)、式(6-220) 和式(6-225) 代入式(6-233) 得密相 A 组分的质量平衡方程（量纲 1）为

$$\frac{\mathrm{d}y}{\mathrm{d}\zeta} = \beta M_{\mathrm{F}}(x-y) - \frac{Da}{1-\beta}y \tag{6-235}$$

在流化床的进口处（$z=0$）有

$$C_{\mathrm{Ab}} = C_{\mathrm{Ae}} = C_{\mathrm{A,in}} \tag{6-236}$$

即

$$x_{\zeta=0} = y_{\zeta=0} = 1 \tag{6-237}$$

在流化床的出口处（$z=H$）有

$$AuC_{\mathrm{A,out}} = AY(u-u_{\mathrm{mf}})C_{\mathrm{Ab,out}} + A[u-Y(u-u_{\mathrm{mf}})]C_{\mathrm{Ae,out}} \tag{6-238}$$

由上式可得出口处的条件为

$$C_{A,out} = \frac{Y(u-u_{mf})}{u} C_{Ab,out} + \left[1 - \frac{Y(u-u_{mf})}{u}\right] C_{Ae,out} \qquad (6\text{-}239)$$

把式(6-167)代入上式得出口处的条件为

$$C_{A,out} = \beta C_{Ab,out} + (1-\beta) C_{Ae,out} \qquad (6\text{-}240)$$

即

$$\frac{C_{A,out}}{C_{A,in}} = \beta x_{\zeta=1} + (1-\beta) y_{\zeta=1} \qquad (6\text{-}241)$$

或

$$\eta = 1 - \frac{C_{A,out}}{C_{A,in}} = 1 - \beta x_1 - (1-\beta) y_1 \qquad (6\text{-}242)$$

PF-PF 模型 A 组分的求解方程为

$$\begin{cases} \dfrac{dx}{d\zeta} = -(1-\beta) M_F (x-y) \\[2mm] \dfrac{dy}{d\zeta} = \beta M_F (x-y) - \dfrac{Da}{1-\beta} y \\[2mm] x_{\zeta=0} = y_{\zeta=0} = 1 \\[2mm] \eta = 1 - \beta x_{\zeta=1} - (1-\beta) y_{\zeta=1} \end{cases} \qquad (6\text{-}243)$$

同样可得 n 阶反应的 PF-PF 模型 A 组分的求解方程为

$$\begin{cases} \dfrac{dx}{d\zeta} = -(1-\beta) M_F (x-y) \\[2mm] \dfrac{dy}{d\zeta} = \beta M_F (x-y) - \dfrac{Da^{(n)}}{1-\beta} y^n \\[2mm] x_{\zeta=0} = y_{\zeta=0} = 1 \\[2mm] \eta = 1 - \beta x_{\zeta=1} - (1-\beta) y_{\zeta=1} \end{cases} \qquad (6\text{-}244)$$

其中 $Da^{(n)}$ 是 n 阶反应的 Damkoler 数

$$Da^{(n)} = \frac{Da}{C_{A,in}^{n-1}} \qquad (6\text{-}245)$$

6.5.8.2　PF-M 模型

由于气泡内没有化学反应，气泡相 A 组分的质量平衡方程与 PF-PF 模型的气泡相 A 组分的质量平衡方程相同。密相中 A 组分一阶反应的质量平衡方程为［参见图 6-80(a)］

$$A[u - Y(u-u_{mf})](C_{Ae,in} - C_{Ae,out}) + \int_0^H k_{be} a_b \varepsilon_b (C_{Ab} - C_{Ae,out}) A dz = k_v \varepsilon_P C_{Ae,out} AH \qquad (6\text{-}246)$$

整理上式可得密相 A 组分的质量平衡方程（量纲 1）为

$$1 - y_{\zeta=1} + \int_0^1 \beta M_F (x - y_{\zeta=1}) d\zeta = \frac{Da}{1-\beta} y_{\zeta=1} \qquad (6\text{-}247)$$

PF-M 模型的边界条件与 PF-PF 的边界条件相同，所以 PF-M 模型 A 组分的求解方程为

$$\begin{cases} \dfrac{dx}{d\zeta} = -(1-\beta) M_F (x - y_{\zeta=1}) \\[2mm] 1 - y_{\zeta=1} + \displaystyle\int_0^1 \beta M_F (x - y_{\zeta=1}) d\zeta = \dfrac{Da}{1-\beta} y_{\zeta=1} \\[2mm] x_{\zeta=0} = y_{\zeta=0} = 1 \\[2mm] \eta = 1 - \beta x_{\zeta=1} - (1-\beta) y_{\zeta=1} \end{cases} \qquad (6\text{-}248)$$

同样可得 n 阶反应的 PF-M 模型 A 组分的求解方程为

$$
\begin{cases}
\dfrac{\mathrm{d}x}{\mathrm{d}\zeta} = -(1-\beta)M_{\mathrm{F}}(x - y_{\zeta=1}) \\[2mm]
1 - y_{\zeta=1} + \displaystyle\int_0^1 \beta M_{\mathrm{F}}(x - y_{\zeta=1})\mathrm{d}\zeta = \dfrac{Da^{(n)}}{1-\beta}y_{\zeta=1}^n \\[2mm]
x_{\zeta=0} = y_{\zeta=0} = 1 \\[2mm]
\eta = 1 - \beta x_{\zeta=1} - (1-\beta)y_{\zeta=1}
\end{cases}
\tag{6-249}
$$

其中 n 阶反应的 Damkoler 数 $Da^{(n)}$ 由式（6-245）给出。

6.5.8.3　近似解

PF-PF 一阶反应的近似解　由于化学反应发生在密相，而流化床气-固接触效率低的主要原因是气泡内的气体到密相转移的速率较低，因此在流化床模拟中的经典假设为

$$
\frac{\mathrm{d}C_{\mathrm{Ae}}}{\mathrm{d}z} = 0
\tag{6-250}
$$

式（6-250）的量纲 1 形式为

$$
\frac{\mathrm{d}y}{\mathrm{d}\zeta} = 0
\tag{6-251}
$$

由式（6-243）中的密相方程可得

$$
y = \frac{\beta M_{\mathrm{F}}}{\beta M_{\mathrm{F}} + \dfrac{Da}{1-\beta}} x
\tag{6-252}
$$

把上式代入式（6-243）中的气泡相方程并忽略 M_{F} 和 Da 随高度的变化，积分后得

$$
x_{\zeta=1} = \exp\left(-\frac{Da M_{\mathrm{F}}}{\beta M_{\mathrm{F}} + \dfrac{Da}{1-\beta}}\right)
\tag{6-253}
$$

把式（6-253）代入式（6-252）得密相出口处的浓度（量纲 1）为

$$
y_{\zeta=1} = \frac{\beta M_{\mathrm{F}}}{\beta M_{\mathrm{F}} + \dfrac{Da}{1-\beta}} \exp\left(-\frac{Da M_{\mathrm{F}}}{\beta M_{\mathrm{F}} + \dfrac{Da}{1-\beta}}\right)
\tag{6-254}
$$

把式（6-253）和式（6-254）代入式（6-243）中的出口条件得 A 组分的转化率为

$$
\eta = 1 - \frac{\beta\left(M_{\mathrm{F}} + \dfrac{Da}{1-\beta}\right)}{\beta M_{\mathrm{F}} + \dfrac{Da}{1-\beta}} \exp\left(-\frac{Da M_{\mathrm{F}}}{\beta M_{\mathrm{F}} + \dfrac{Da}{1-\beta}}\right)
\tag{6-255}
$$

对于快速反应，$Da \gg M_{\mathrm{F}}$，上式可简化为

$$
\eta = 1 - \beta e^{-(1-\beta)M_{\mathrm{F}}} = 1 - \beta e^{-M_{\mathrm{be}}}
\tag{6-256}
$$

即对快速反应，转化率取决于气泡内气体到密相转移的速率。

PF-M 模型一阶反应的近似解　积分式（6-248）中的气泡相平衡方程得

$$
\frac{x - y_{\zeta=1}}{1 - y_{\zeta=1}} = \exp\left[-(1-\beta)M_{\mathrm{F}}\frac{z}{H}\right]
\tag{6-257}
$$

把上式代入式（6-248）中的密相平衡方程并忽略 M_{F} 随高度的变化，积分后得

$$y_{\zeta=1} = \frac{1-\beta \, e^{-(1-\beta)M_F}}{1+Da-\beta \, e^{-(1-\beta)M_F}} \qquad (6\text{-}258)$$

把式(6-257) 和式(6-258) 代入式(6-248) 的出口条件得 A 组分的转化率为

$$\eta = 1 - \frac{1+\beta(Da-1)\, e^{-(1-\beta)M_F}}{1+Da-\beta \, e^{-(1-\beta)M_F}} \qquad (6\text{-}259)$$

对于快速反应，$Da \gg M_F$，上式可简化为

$$\eta = 1 - \beta \, e^{-(1-\beta)M_F} = 1 - \beta \, e^{-M_{be}} \qquad (6\text{-}260)$$

即对快速反应，转化率取决于气泡内气体到密相转移的速率。

【例题 6-3】 硫锌矿的煅烧，化学反应式及化学反应的条件为

$$2ZnS+3O_2 \xrightarrow{\text{1233K, 1atm}❶} 2ZnO+2SO_2$$

操作条件为	颗粒和流体物性
床层直径 6.38m	颗粒尺寸 d_V 60μm
操作压力 101kPa	颗粒密度(矿石)ρ_P 4100kg/m³
操作温度 1233K	最小流态化速度 u_{mf} 0.0048m/s
流态化速度 0.78m/s	氧气扩散系数 D_{O_2} 0.00025m²/s
处理量 2.48kg/s	氧气的黏性系数 0.000055Pa·s
床层物料 30000kg	氧气的密度 ρ 0.28kg/m³
	反应速率常数 k_s 1.47m/s

解 床内颗粒密度的估算

对于 ZnS $\longrightarrow$ ZnO 的系统，由它们的摩尔质量比可得床内物料的密度为

$$\rho_P = 4100 \times \frac{0.0814}{0.0975} = 3423 (\text{kg/m}^3)$$

颗粒的阿基米德数 Ar 为

$$Ar = \frac{\rho(\rho_P-\rho)g d_V^3}{\mu^2} = \frac{0.28 \times (3423-0.28) \times 9.81 \times 60^3 \times 10^{-18}}{55^2 \times 10^{-12}} = 0.67$$

由图 6-41 得气泡的尾涡体积分数为

$$\beta_w = 0.6$$

由图 6-59 可得两相模型参数 Y 为

$$Y = 0.8$$

气体通过气泡体积流率分数 β 为

$$\beta = \frac{Y(u-u_{mf})}{u} = \frac{0.8 \times (0.78-0.0048)}{0.78} = 0.795$$

取最小流态化时的床层空隙率 $\varepsilon_{mf} = 0.5$，由 $AH_{mf}(1-\varepsilon_{mf})\rho_P = 30000$ 可得最小流态化时的床层高度 H_{mf} 为

$$H_{mf} = \frac{30000}{\frac{\pi}{4} \times 6.38^2 \times (1-0.5) \times 3423} = 0.548(\text{m})$$

取气泡尺寸 d_{bv} 为 5cm，由 Werther 气泡的速度计算公式得气泡的上升速度为

---

❶ 1atm=101325Pa。

$$u_b = 2.5\sqrt{gd_{bv}} = 1.751 (\text{m/s})$$

得床层气泡的体积分率为

$$\varepsilon_b = \frac{Y(u-u_{mf})}{u_b} = \frac{0.8 \times (0.78-0.0048)}{1.751} = 0.354$$

流化床的床层高度为

$$H = \frac{H_{mf}}{1-\varepsilon_b} = \frac{0.548}{1-0.354} = 0.848 (\text{m})$$

气泡在床内的表观停留时间 τ_b 为

$$\tau_b = \frac{H}{u_b} = \frac{0.848}{1.751} = 0.484 (\text{s})$$

气泡在床内的停留时间 τ_b'

$$\tau_b' = \frac{\tau_b}{1-\beta} = \frac{0.484}{1-0.795} = 2.364 (\text{s})$$

气体在床内的停留时间 τ_H

$$\tau_H = \frac{H}{u} = \frac{0.848}{0.78} = 1.087 (\text{s})$$

床的密度为

$$\rho_B = \frac{30000}{\frac{\pi}{4} \times 6.38^2 \times 0.848} = 1107 (\text{kg/m}^3)$$

床层的空隙率

$$\varepsilon = 1 - \frac{\rho_B}{\rho_P} = 1 - \frac{1107}{3423} = 0.677$$

反应特征时间 τ_r

$$\tau_r = \frac{1}{k_s \sigma \rho_P \varepsilon_p} = \frac{1}{k_s \sigma \rho_P (1-\varepsilon)}$$

对无孔颗粒，颗粒的比表面积 σ

$$\sigma = \frac{\pi d_s^2}{\frac{\pi}{6} d_v^3 \rho_P} = \frac{6}{\psi d_v \rho_P}$$

取颗粒的球形度 $\psi = 0.85$，反应特征时间 τ_r

$$\tau_r = \frac{\psi d_v}{6k_s(1-\varepsilon)} = \frac{0.85 \times 60 \times 0.000001}{6 \times 1.47 \times (1-0.677)} = 0.0000179 (\text{s})$$

反应器的 Damkoler 数为

$$Da = \frac{\tau_H}{\tau_r} = \frac{1.087}{0.0000179} = 60726$$

由式(6-80)得气泡的投影尺寸为 $d_b = (1+\beta_w)^{\frac{1}{3}} d_{bv} = 5.9$ (cm)

气泡与密相的传质系数 k_{be} 为

$$k_{be} = 0.21 d_b = 0.0123 (\text{m/s})$$

气泡与密相传质的特征时间 τ_{be}

$$\tau_{be} = \frac{1}{k_{be} a_b} = \frac{d_{bv}}{6k_{be}} = \frac{0.05}{6 \times 0.0123} = 0.678 (\text{s})$$

气泡相与密相传质数 M_F 为

$$M_F = \frac{\tau_b'}{\tau_{be}} = \frac{2.364}{0.678} = 3.487$$

PF-M 模型 O_2 组分近似解的转化率为

$$\eta_{O_2} = 1 - \frac{1 + \beta(Da-1)e^{-(1-\beta)M_F}}{1 + Da - \beta e^{-(1-\beta)M_F}}$$

$$= 1 - \frac{1 + 0.795 \times (60726-1)e^{-(1-0.795) \times 3.487}}{1 + 60726 - 0.795e^{-(1-0.795) \times 3.487}}$$

$$= 1 - 0.389 = 0.611$$

PF-PF 模型 O_2 组分近似解的转化率为

$$\eta_{O_2} = 1 - \frac{\beta\left(M_F + \dfrac{Da}{1-\beta}\right)}{\beta M_F + \dfrac{Da}{1-\beta}} \exp\left(-\frac{DaM_F}{\beta M_F + \dfrac{Da}{1-\beta}}\right)$$

$$= 1 - \frac{0.795 \times \left(3.487 + \dfrac{60726}{1-0.795}\right)}{0.795 \times 3.487 + \dfrac{60726}{1-0.795}} \exp\left(-\frac{60726 \times 3.487}{0.795 \times 3.487 + \dfrac{60726}{1-0.795}}\right)$$

$$= 1 - 0.795\exp(-0.715) = 0.611$$

氧气的浓度为

$$C_{O_2} = 0.21\frac{P}{\mathscr{R}T} = 0.21 \times \frac{101000}{8.314 \times 1233} = 2.069(\text{mol/m}^3)$$

进入流化床氧气的摩尔流量 $= AuC_{O_2} = \dfrac{\pi}{4} \times 6.38^2 \times 0.78 \times 2.069 = 51.6$ （mol/s）

转化的氧气摩尔流量 $= 0.611 \times 51.6 = 31.5$ （mol/s）

转化的 ZnS 摩尔流量 $= \dfrac{2}{3}\eta_{O_2}\dot{m}_{O_2} = \dfrac{2}{3} \times 31.5 = 21.0$ （mol/s）

转化的 ZnS 质量流量 $= 21.0 \times 0.0975 = 2.048$ （kg/s）

ZnS 的转化率

$$\eta_{ZnS} = \frac{2.048}{2.48} = 0.826$$

习　题

6-1　在 $60\mu m$ 玻璃珠颗粒的流化床中，流态化气体为氮气，在最小流态化状态时注入一个投影直径为 10cm 的氧气气泡，床层高为 0.6m，计算气泡的体积尺寸和弦尺寸、气泡与密相的传质系数 k_{be}、流化床内气体的有效扩散系数 De、气泡与密相的传质数 M_{be}、气泡中氧气转移到密相的分数；若流态化速度操作在 0.5m/s，计算此时气泡相与密相的传质数 M_f、气泡相中氧气转移到密相的分数；用经典的 Sit 和 Grace 式计算气泡与密相的传质系数 k_{be}，并与上面的计算结果比较。已知 $60\mu m$ 的玻璃珠颗粒的密度为 2700kg/m^3、最小流态化速度为 0.006m/s、氧气在氮气中的扩散系数为 2.4×10^{-5} m^2/s、氮气的黏性系数为 18×10^{-6} Pa·s。

6-2　在例题 6-3 中，取气泡的体积尺寸为 10cm，重新计算例题 6-3。

参 考 文 献

［1］ Reh L. Zeitschrift fur Verfahrenstechnik，Technische Chemie und Apparatewesen. Chem-Ing-Techn. ，1968，40：509-556.

［2］ Reh L. Stromungs-und Austauschverhalten von Wirbelschichten. Chem-Ing-Techn. ，1974，46：180-188.

［3］ Geldart D. Gas Fluidization Technology. Hoboken：John Wiley & Sons，1986.

［4］ 宋春林. 流化床中气泡与密相传质的实验与理论研究. 大连：大连理工大学，2004.

7 粉粒体数值模拟

7.1 概述

粉粒体物系是由众多离散颗粒相互作用而形成的具有内在有机联系的复杂系统。在对粉粒体的各种物理特性进行模型化处理时，数值模拟的方法起着重要的作用。一方面，过程工业中，粉粒体的加工和处理会涉及许多亟待解决的实际问题，例如，常见的偏析问题以及架拱引起的流动闭塞等问题，均是工业上大量存在且急需解决的技术难题。近年来，为了满足工业上的需求，粉粒体数值模拟的方法得到了快速的发展。另一方面，数值模拟的基本观点本身也有重要的意义，依靠数值模拟的手段可以对很多实验无法测试的参数进行考察分析，这意味着数值模拟的方法是粉粒体研究不可或缺的手段之一。通过数值模拟，可对试验模型的有效性进行评价和确认，还可对试验条件和场合进行取舍，并通过试验结果和数值模拟结果的比较，得出最终正确的结果。

数值模拟的最终目标是实现粉粒体物理学特性的计算机模型化。它是从组成粉粒体物系最基本的单个粒子的性质出发，在明确粒子间相互作用的基础上，对各种工况条件下粉粒体的力学行为进行预测，并开发粉粒体物理学参数的一般计算方法。

迄今为止，学生已经学习了普通物理学的基本原理和有关物系的特性，但粉粒体物系是相当特殊的。对粉体颗粒间的碰撞和摩擦等性质进行模型化处理，是物理学者面临的一个难题。

7.1.1 粉粒体模拟的必要性

材料的制造过程中，正确地预测和控制粉粒体的流动对实现粉粒体物质的分离、混合以及调控反应操作等工艺都是必不可少的。因此，预测粉粒体流动的力学行为是十分必要的。此外，对于锥角较大的漏斗流型，当粉体处于临界流动状态时，滑动线周围的流动区是间断地形成并排出，再逐渐地传播到顶部，用传统的连续介质力学的知识对这种处于塑性平衡状态的滑动线进行预测显然是不合适的。因此，对粉粒体行为的预测尚不具备完备的粉粒体力学理论体系。

为了满足粉粒体工业操作和设计的要求，需要深入研究各种粉粒体行为的力学理论。无论如何，首先需要对各种粉体现象进行细微的观察，从而得到必要的宏观和微观的物理量。

完全依赖于粉粒体实验得到这些物理量是不可能的，基于实验的方法也不可能完全符合实际的粉体现象。

随着计算机技术的发展，数值模拟计算给各种工程学领域带来了强有力的影响，使得各种现象的计算机模拟成为可能，尤其是对连续介质力学的数值模拟，不仅能得到精度高的计算结果，还能对非常复杂的体系进行模拟。因此，计算机模拟的方法已经成为解决工程问题的第三种方法，其重要性越来越高。解决粉粒体问题的三种方法如图 7-1 所示。

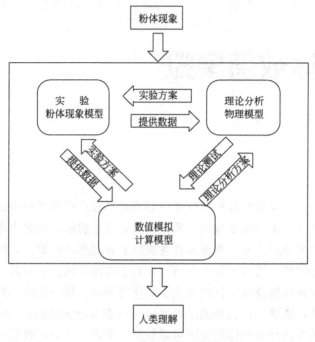

图 7-1 粉体现象的理解

学习粉体工程学知识，需要以"对与粉粒体相关的材料的设计和生产过程进行深入理解"为目标。这就需要我们建立相应的学习和研究方法，其中包括实验、理论分析和数值模拟三种方法。

实验是研究问题不可或缺的一个方面，在理论分析中如何简化物理模型，需要实验提供依据；在数值计算中，计算结果的正确性、可靠性以及计算模型的确立也需要实验提供依据，此外，对于无法建模或无法求解的数学模型，只能依靠实验。

理论分析首先需要建立相应的物理模型，这是粉粒体力学研究中关键的一步，需要通过实验观察，具体分析被研究的对象，抓住主要因素进行合理的简化和近似，从而建立一个简化的物理模型。其次，要建立数学模型，数学是研究粉粒体力学的基本工具，所提出的物理模型最终要转化为数学模型，再根据具体的研究对象进行具体分析，从而确定初始条件和边界条件。再次，利用数学工具求解上述数学模型，并分析求解结果，确定其准确程度及适用范围。

数值计算方法可以研究并解决更为复杂的粉体现象，且能够模拟更为符合生产实际的过程。首先，依靠实验不能观测的物理量，例如，流动的粒子群瞬时的速度分布、空隙率分布、配位数分布、构成粒子的回转速度分布等状态量，可以通过数值模拟的手段随时随地获得结果。其次，对于装置的几何形状或尺寸等参数需要经常变动的实验，建立实际的实验装置很必要，但考虑时间问题或经济成本的因素，通过数值模拟实验便可从实验条件的关键点入手，从而获得各种实验条件下的结果。再次，实验室内无法进行的实验或者自然界内不可能发生的假想实验，可以通过数值模拟的方法来完成。例如，固体内原子的扩散实验，颗粒间界面的能量推算，粒子群流动过程中单个粒子的速度与宏观观测的粒子群的流动速度之间的关系等，都可通过数值模拟的方法得到相应的结果。

7.1.2　粉粒体行为的数值模拟

构成粉粒体的粒子尺寸相对较大，或粒径相对较小可忽略粒子间隙空气影响的两种粉粒体行为的数值模拟，存在根本性的差别。一种是所谓的连续介质力学方法，即有限元法（Finite Element Method，FEM）和有限差分法（Finite Difference Method，FDM）；另一种是基于单个粒子运动的拉格朗日轨迹追踪方法，即离散颗粒动力学法（Distinct Element Method，DEM）。

① 基于连续介质力学的数值模拟　有限元法和有限差分法是流体力学和材料力学计算中两种最重要的数值方法。它们理论上系统、成熟，应用广泛且有效，因此，在早期它们用于模拟粉粒体的流动行为是适用的，但应用于粉粒体行为时，存在两个不容忽视的问题，需要对其进一步发展和完善。

ⅰ.由于缺乏粉粒体力学知识，有限差分法和有限元法描述粉粒体行为的力学方程式是必需的，这些方程式包括：ⅰ应力平衡方程式；ⅱ合适的初始条件和边界条件；ⅲ本构关系式或状态方程式。把粉体层假定为连续性物质能够获得比较简单的应力平衡方程式，辅以适当的条件式，以及各计算单元变形之和等于整体变形的几何变形协调条件式，不存在任何问题。问题在于ⅲ中的本构关系式或状态方程式，其涉及拥有粒子密度、粒径及其分布、粒子间的相互作用力、粒子形状、表面特性等多个参数的颗粒群以及在各种环境条件下与之相适应的应力-应变关系，加上粒子的聚集状态和压力的关系的具体描述等问题，一般而言，得到这些复杂的关系式是非常困难的。

ⅱ.粉粒体原本是离散的固体颗粒群的集合体，满足连续性假定条件的情况往往较少，加上依据连续性假定所得到的情报均是极其宏观的量，不能达到预测粉体现象所期望的精度。尽管如此，根据有限差分法或有限元法进行有效的数值模拟的场合还是存在的，例如，粉粒体压缩后所导致的内部应力分布规律的推算，微细粉体密实填充压缩成形过程中不存在大变形的场合，可以构建适当的本构方程式，用有限元法进行求解，多数情况下也可得到符合实际的模拟计算结果。

② 离散颗粒动力学数值模拟　颗粒物质是由众多离散颗粒相互作用而形成的具有内在有机联系的复杂系统。自然界中单个颗粒的典型尺度在 $10^{-6} \sim 10\text{m}$ 范围内，其运动规律服从牛顿定律；而整个颗粒介质在外力或内部应力状况变化时发生流动，表现出流体的性质，从而构成颗粒流。例如，图 7-2(a) 中沿箭头方向流动的粉体层，着眼于粉体层中某一个粒子的运动，某一瞬时着眼粒子周围有 8 个颗粒与之接触［见图 7-2(b)］，接触点处着眼粒子受到力的作用，如果着眼粒子受到的合力为 $\boldsymbol{F}$，质量为 m，则着眼粒子的运动方程符合牛顿第二定律，即

$$\boldsymbol{F} = m\boldsymbol{a} \tag{7-1}$$

图 7-2 对颗粒流的描述相对简单，但在重力作用下的密集流内，发生接触的颗粒间链接成较为稳定的直线状力链（force chain），这些力链在整个颗粒介质内构成力链网络，支撑

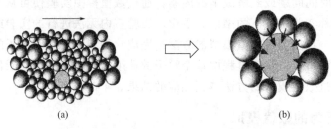

(a)   (b)

图 7-2   流动的粒子受到周围粒子的作用力

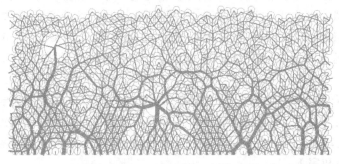

图 7-3   重力及其他外载荷条件下颗粒静止堆积时形成的力链及其构型

整个颗粒介质的重力和外载荷。图 7-3 是基于球形颗粒接触力学的离散颗粒动力学模型进行数值模拟得到的 2 个大颗粒与 1200 个小颗粒静态堆积时的力链构型（configuration），该模型由英国伯明翰大学（Birmingham University）的 Colin Thornton 教授开发。图中浅色圆表示颗粒，深色线表示力链，其粗细正比于接触力的大小。从图中可以看出粉体层内部接触应力水平的非均匀性。在剪切过程中，这些力链发生动态变化：在局部范围内若干颗粒聚集而形成一条力链，随着剪切而发生轻微旋转，力链逐渐变得不稳定并最终断裂，但很快又形成新的力链构型与外载荷达到平衡。

19 世纪 50 年代后期，随着计算物理学的发展，人们开发了研究分子动力学的新方法，分子动力学研究是由 Alder 和 Wainwright 两人研究刚体球之间相互作用时引进的。快速流中颗粒的碰撞传递特性与分子碰撞非常相似，只是颗粒碰撞过程中有能量损失，使问题更复杂些。描述分子运动特性的气体分子运动理论比较成熟，直接提供了建立颗粒流动理论的基础。但当时的计算机容量较小，计算速度也很低，各种粉体现象的数值模拟得不到较好的发展。

岩土力学研究者 Cundall 和 Strack 于 1979 年首次提出了软球模型，并编制了二维圆形颗粒的 BALL 程序，用于研究颗粒介质的力学行为，所得结果与光弹技术测定的实验结果相吻合，使 BALL 程序在研究颗粒介质的本构方程方面得到认可，之后他又开发了三维球形颗粒的 Trubal 程序，从而为离散颗粒动力学数值模拟方法（Distinct Element Method）的开发奠定了基础。在粉体力学及工程领域，由于对粒子间相互作用的设定方法等进行了一些改进，因此也把 DEM 法称为"离散颗粒法（Distinct Particle Method，DPM）"；又由于粒子本身具有离散性，所以该方法也简称为"颗粒单元法（Particle Element Method，PEM）"。

颗粒流动理论是一种微观理论，即着眼于一个颗粒，从考察颗粒碰撞和弥散运动入手，再进行平均，得出颗粒流的宏观平均运动特性量，如应力、浓度分布、能量分布和平均速度等。随着计算机计算能力的提升，粉体现象的任何相关模拟实验有可能实现，人们可以把粉粒体的这种宏观量和微观特性有机结合起来，从而使与粉粒体相关操作的设计手段和方法研究日趋活跃。

7.1.3　粉粒体数值模拟课题

迄今为止，离散颗粒动力学数值模拟方法已经取得了诸多成果，但目前只有含较少颗粒的粉粒体物系才可能进行数值模拟，对多粒子物系相关的粉体实际现象的数值模拟仍然是极为困难的课题。归根到底，这种方法需要逐个考虑构成粉粒体物系的每一个粒子相应的运动方程式，并需要对其进行求解，从而获得每个粒子的运动轨迹，当组成粉粒体物系的粒子数较多时，计算机的计算负荷就变得十分庞大。因此，需要对所研究粉粒体物系的粒子数强行限制。根据目前计算机的发展水平，所处理的粉粒体物系中粒子数最多可达到 5 万个，以粒径为 $200\sim300\,\mu m$ 的沙子为例，充其量不超过一小杯。因此，通过 DEM 数值模拟的方法对实际的粉粒体现象进行预测或直接得出设计条件是很困难的，DEM 方法仍然是需要深入研究的课题。

为了使粉粒体数值模拟向更深层次发展，需要研究建立新的数值模拟方法，使其不受所研究对象粒子数目的限制。进一步研究的方向有两个：一是开发全新的数值模拟手段；二是利用多种数值模拟方法的长处，开发复合型数值模拟手段。

7.2　连续介质力学的数值模拟方法

7.2.1　有限差分法

有限差分法（FDM）是最早建立的一种数值解法，也是计算力学中最重要的数值方法之一。它具有很多优点，如列式简单、求解容易、计算容量少，从而在工程上被广泛采用。

有限差分法的基本思想是以差商代替微商，对微分方程进行离散化，用包含多个未知量的差分方程近似代替微分方程，将微分方程问题化为代数问题，最后求得微分方程在各个离散点的数值解。用有限差分法求取偏微分方程问题的数值解时，首先需要把微分方程的偏导数化为相应的差分形式，建立和微分方程相对应的差分方程。应用有限差分法求解微分方程的数值解时，首先需要明确所求解的微分方程问题是适定的。所谓微分方程的适定性，是指微分方程的解必须存在，并在固定的域内解是唯一的。同时，解还必须具有连续性，也就是微分方程及其定解条件中的参数如果稍有变动，它的解仍应存在并是唯一的，而且扰动后和扰动前的解应当是近似的。微分方程的适定性并不能保证差分近似方程的适定性，差分方程与原微分方程适定性的条件相似，也必须保证其可解性、唯一性和连续性，这才能保证差分解就是所要求的物理问题的近似解。

把粉粒体物系近似看作是连续性介质，用偏微分方程描述粉体现象并进行数值求解，多数情况下所建立的偏微分方程具有比较复杂的形式，此时，用有限差分法对其进行求解是非常有用的。但在求解域内，如果网格过于细化，即使用最简单的等距差分网格划分，对微分方程进行差分离散，再用差分法对各节点上的未知函数联立求解，对现代高性能计算机而言也是相当困难的。此外，由于有限差分法只适用于比较简单的情况，且定解条件的确定也比较困难，所以设定实用的计算条件需要一定的知识和丰富的经验。

如图 7-4 所示，考虑二维问题，将求解域划分为许多矩形网格，空间网格节点间距分别为 Δx 和 Δy，时间步长为 Δt，各个节点上对应的差分方程可以用泰勒展开式来建立。

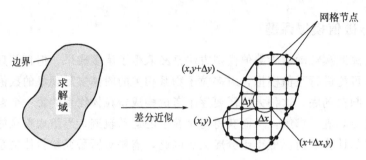

图 7-4　有限差分法的差分网格

考虑时间函数 $f(t)$，如果 $f(t)$ 在求解域内具有 $(n+1)$ 阶导数，则

$$f(t+\Delta t)=f(t)+\frac{f^1(t)}{1!}\Delta t+\frac{f^2(t)}{2!}\Delta t^2+\cdots+\frac{f^n(t)}{n!}\Delta t^n+Rn$$

$$Rn=\frac{f^{n+1}(t+\Delta t\theta)}{(n+1)!}\Delta t^{n+1}\ (0\leqslant\theta\leqslant 1) \tag{7-2}$$

因此，差商表示为

$$\frac{\mathrm{d}f(t)}{\mathrm{d}t}=\frac{f(t+\Delta t)-f(t)}{\Delta t} \tag{7-3}$$

其中截断误差包含了 Δt^2 高阶项以上的各项，数量级上和步长 Δt 同阶，具有一阶精度。高阶差商用一阶差商可表示为

$$\frac{\mathrm{d}^2 f(t)}{\mathrm{d}t^2}=\frac{\dfrac{f(t+2\Delta t)-f(t+\Delta t)}{\Delta t}-\dfrac{f(t+\Delta t)-f(t)}{\Delta t}}{\Delta t}$$

$$=\frac{f(t+2\Delta t)-2f(t+\Delta t)+f(t)}{\Delta t^2} \tag{7-4}$$

$$\frac{\mathrm{d}^3 f(t)}{\mathrm{d}t^3}=\frac{f(t+3\Delta t)-3f(t+2\Delta t)+3f(t+\Delta t)-f(t)}{\Delta t^3} \tag{7-5}$$

常见的一阶导数有限差分表达式有以下几种：

向前差分法　　　　　　　$f(t+\Delta t)=f(t)+f'(t)\Delta t \tag{7-6}$

向后差分法　　　　　　　$f(t-\Delta t)=f(t)-f'(t)\Delta t \tag{7-7}$

中心差分法　　　　　　　$f(t+\Delta t)=f(t-\Delta t)+2f'(t)\Delta t \tag{7-8}$

三点偏心差分法　　$f(t+\Delta t)=f(t-3\Delta t)+\dfrac{4}{3}\left[2f'(t-2\Delta t)-f'(t-\Delta t)+2f(t)\right]\Delta t \tag{7-9}$

① 抛物线形方程　热传导方程是抛物线形方程的模型方程，它描述物理问题的扩散过程，热传导方程及其定解条件为

$$\frac{\partial f}{\partial t}=\alpha\frac{\partial^2 f}{\partial x^2}\qquad\alpha=\mathrm{const}>0$$

$$f(x,0)=\varphi(x),(-\infty<x<+\infty,t\geqslant 0) \tag{7-10}$$

该问题的精确解为

$$f(x,\ t)=\frac{1}{\sqrt{4\pi at}}\int_{-\infty}^{+\infty}\exp\left[-\frac{(x-\xi)^2}{4at}\right]\varphi(\xi)\,\mathrm{d}\xi \tag{7-11}$$

其中，$\varphi(x)$ 为给定的初始值，若初始条件 $\varphi(x)$ 是一个给定的三角形，则随着时间的推移，解的演化如图 7-5 所示。可以看出，初始扰动波的角逐渐平滑化。不管初始分布如何集中，它总是在瞬间影响至无穷远。虽然这种影响是随距离按指数衰减的，但它是以无限速度传播的。这是抛物线形方程的特征。

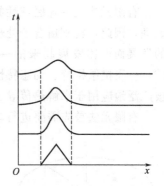

热传导方程所对应的差分表达式，在时间上基于欧拉法，在空间上用二阶偏导数的中心差分法，其表达式为

$$f_y^{n+1}=f_y^n+\frac{\alpha\Delta t}{\Delta x^2}(f_{y+1}^n-2f_y^n+f_{y-1}^n) \tag{7-12}$$

图 7-5 抛物线形方程
扰动波的传播

② 双曲线形方程　波动方程是双曲线形方程，它的解反映了非定常欧拉方程解中波传播的基本特征。对于一般的波动方程，其波形和波幅均有可能发生变化，但扰动波总是以有限速度传播，并能保持波阵面，这是双曲线形方程的一个重要特征。波动方程及其差分式表示为

$$\frac{\partial^2 f}{\partial t^2}=u^2\frac{\partial^2 f}{\partial x^2}\qquad(u\text{ 为速度}) \tag{7-13}$$

$$f_y^{n+1}=\lambda^2 f_{y+1}^n+2(1-\lambda^2)f_y^n+\lambda^2 f_{y-1}^n-f_y^{n-1}\qquad\left(\lambda=u\frac{\Delta t}{\Delta x}\right) \tag{7-14}$$

这就是著名的 CFL 差分格式，由 Courant、Friedrichs 和 Lewy 三位研究者于 1928 年在一篇关于偏微分方程（简称 PDE）有限差分法的论文中首次提出，以有限差分方法作为分析工具来证明某些偏微分方程解的存在性。其基本思想是：先构造 PDE 的差分方程，得到一个逼近解的序列，只要知道在给定的网格系统下这个逼近序列收敛，那么就很容易证明这个收敛解就是原微分方程的解。三位研究者发现，要使这个逼近序列收敛，必须满足 CFL 条件，这个条件也是计算稳定性条件，表明时间步长受控于空间网格的大小。对于双曲线形方程，一般取 CFL 数小于 1 且在 1 附近，这样沿特征线的传播不至于偏离得太远或者太近，进而可以保证数值解的准确性。

③ 椭圆形方程　椭圆形偏微分方程的模型方程是泊松（Poisson）方程，无源区域的 Poisson 方程简化成为拉普拉斯（Laplace）方程。二维的 Poisson 方程和 Laplace 方程分别为

$$\frac{\partial^2 f}{\partial x^2}+\frac{\partial^2 f}{\partial y^2}=-g\,(0\leqslant x,\ y\leqslant 1)\qquad g=\exp\left[\left(x-\frac{1}{2}\right)^2+\left(y-\frac{1}{2}\right)^2\right]$$

$$\frac{\partial^2 f}{\partial x^2}+\frac{\partial^2 f}{\partial y^2}=0 \tag{7-15}$$

Poisson 方程差分式为

$$f_{x,y}=\frac{1}{2(\Delta x^2+\Delta y^2)}\left[\Delta y^2(f_{x+1,y}+f_{x-1,y})+\Delta x^2(f_{x,y+1}+f_{x,y-1})+\Delta x^2\Delta y^2 g_{x,y}\right]$$

$$\tag{7-16}$$

椭圆形方程的主要定解问题是边值问题，要求问题的解 $f(x,y)$ 在某一封闭区域内满足微分方程，且在边界上满足给定的边界条件。

7.2.2 有限元法

有限元法是一种区域性的离散方法，其优点是对求解域的形状没有限制，边界条件易于处理，因此，特别适合于处理复杂边界条件下的数值模拟问题。有限元法是随着电子计算机的发展而迅速发展起来的一种现代计算方法。19 世纪 50 年代，它首先在连续体力学领域——飞机结构静、动态特性分析中得以应用，并成为一种有效的数值分析方法，随后很快被广泛地应用于求解热传导、电磁场、流体力学等连续性问题。

有限元法首先需要进行单元划分，即把某个工程结构离散为由各种单元组成的计算模型。离散后利用单元的节点把各个单元相互连接起来，单元节点的设置、性质和数目等应根据问题的性质、描述变形形态的需要和计算进度而定。用有限元分析计算所获得的结果只是近似值，当划分单元数目足够多且比较合理时，也能获得与实际情况相符合的数值计算结果。

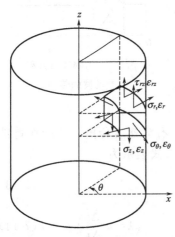

图 7-6　轴对称单元的
应力和应变

对于用有限元法来分析粉粒体行为的场合，需要用微分方程来描述本质上并不连续的粉体现象，或者用连续介质模型对其进行近似描述，这是首要考虑的问题之一。此外，有限元法所涉及的小变形线性分析和准静态假设等条件，对于非线性和动态的粉体层问题的适用性也存在一定的问题。下面简单介绍用有限元法求解容积密度较大的压缩粉体层内的应力分布状况。

动态粉体层中的粒子构造时刻都是变化的，表现出非线性的行为。这种非线性行为所对应的微小区间可以近似看作成是线性的。例如，图 7-6 所对应的轴对称问题，建立变形 $\mathrm{d}u$，应力 $\mathrm{d}\sigma$，应变 $\mathrm{d}\varepsilon$ 等未知参数相应的基本方程式如下

$$\frac{\mathrm{d}\sigma_r}{\mathrm{d}r} + \frac{\mathrm{d}\tau_{rz}}{\mathrm{d}z} + \frac{\sigma_r}{r} = 0$$

$$\frac{\mathrm{d}\sigma_z}{\mathrm{d}z} + \frac{\mathrm{d}\tau_{rz}}{\mathrm{d}r} + \frac{\tau_{rz}}{r} = 0 \tag{7-17}$$

变形协调方程为

$$\{\mathrm{d}\varepsilon\} = [\mathrm{d}\varepsilon_z\, \mathrm{d}\varepsilon_r\, \mathrm{d}\varepsilon_\theta\, \mathrm{d}\varepsilon_{rz}]^{\mathrm{T}} = \left[\frac{\partial(\mathrm{d}v)}{\partial z} \frac{\partial(\mathrm{d}u)}{\partial r} \frac{\mathrm{d}u}{r} \frac{\partial(\mathrm{d}u)}{\partial z} + \frac{\partial(\mathrm{d}v)}{\partial r}\right]^{\mathrm{T}} \tag{7-18}$$

本构关系式为

$$\{\mathrm{d}\sigma\} = [D]\{\mathrm{d}\varepsilon\} \tag{7-19}$$

式中，$[D]$ 为应力-应变矩阵，附加适当的边界条件，用位移法可进行求解。首先需要把求解问题的区域进行离散化，即把求解域划分成许多几何形状简单规则的单元子域。单元上作用的外力定义为等价的节点力 $\{f_n\}$。此外，单元内部任意点 $\vec{r}(r, \theta, z)$ 处的变形 $\{\mathrm{d}u\}$ 可以近似地写成形状函数 $[N]$ 和单元的节点变形 $\{\mathrm{d}u\}_n$ 的线形组合

$$\{\mathrm{d}u\} = [N]\{\mathrm{d}u\}_n \tag{7-20}$$

由此可得

$$\{\mathrm{d}\varepsilon\} = \left[\frac{\partial N}{\partial r}\right]\{\mathrm{d}u\}_n = [B]\{\mathrm{d}u\}_n$$

$$\{\mathrm{d}\sigma\} = [D]\{\mathrm{d}\varepsilon\} = [D][B]\{\mathrm{d}u\}_n \tag{7-21}$$

最后，在满足微分方程、相应边界条件和初值条件的情况下，对全部子域进行积分，总体合成，并建立有限元方程组。假设变形增量为 $\{\mathrm{d}\overline{u}\}$，与此变形对应的应变增量为 $\{\mathrm{d}\overline{\varepsilon}\}$，单位面积上的表面力增量为 $\{\mathrm{d}f\}$，忽略体积力时可得

$$\int \{\mathrm{d}\overline{\varepsilon}\}^{\mathrm{T}}\{\mathrm{d}\sigma\}\,\mathrm{d}V = \int \{\mathrm{d}\overline{u}\}^{\mathrm{T}}\{\mathrm{d}f\}\,\mathrm{d}S \tag{7-22}$$

这里表面力增量等于给定的单元各顶点的等价节点力 $\{\mathrm{d}f\}_n$，分别把式(7-21)的应变与节点变形的关系式和应力与节点变形关系式展开，可以得到单元的刚度矩阵 $[k]$

$$\{\mathrm{d}f\}_n = [k]\{\mathrm{d}u\}_n$$

$$[k] = \int [B]^{\mathrm{T}}[D][B]\,\mathrm{d}V \tag{7-23}$$

N 个单元数对应于单元刚度矩阵，可求得粉体层全部的节点力增量矢量 $\{\mathrm{d}F\}_n$ 和变形增量矢量 $\{\mathrm{d}U\}$ 与全部的刚度方程 $[K]$ 的关系。

$$\{\mathrm{d}F\}_n = \sum_{m=1}^{M} [k]_m \{\mathrm{d}U\} = [K]\{\mathrm{d}U\} \tag{7-24}$$

考虑到边界条件，用消去法或迭代法求解这个联立方程，便可求得未知变形。

7.3　颗粒单元数值模拟方法

7.3.1　数值模拟模型

图 7-7 所示的颗粒群沿着箭头方向流动，图 7-8 所示为流动的颗粒群中某一着眼颗粒的情况。着眼颗粒受到周围接触颗粒的作用而运动，如果知道每一时刻周围颗粒对着眼颗粒的作用力 F，就可以用牛顿第二定律来描述质量为 m 的着眼颗粒的运动规律，从而也可求得着眼颗粒的加速度 a，进一步再对时间积分，便可得到着眼颗粒的速度和位移，从而能计算出流动的着眼颗粒的运动轨迹，如果得出全部颗粒的运动轨迹，便能够描述颗粒群的流动行为。

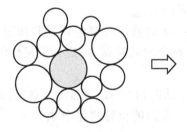

图 7-7　流动的颗粒群　　　　　　　图 7-8　着眼颗粒与周围颗粒的接触

用这种方法对颗粒群的流动行为进行描述时，首先需要确定颗粒间的接触作用力。通常情况下，流动的颗粒群中相邻的颗粒之间会发生碰撞、摩擦和返混等现象，颗粒之间的接触还具有弹性和非弹性的特点。因而，采用颗粒单元数值模拟法时，颗粒间的接触力用图 7-9 所示的 Voigt 模型进行描述。

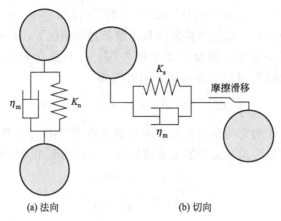

(a) 法向   (b) 切向

图 7-9　颗粒间接触力的 Voigt 模型

颗粒间的接触力作用在各个方向上，为了简化计算，把两个颗粒相互接触的作用力沿着法向和切向进行分解，此时，粉粒体中颗粒间的滑动摩擦力可以在切向分量中考虑。设质量为 m 的两个颗粒间的作用力为 $\boldsymbol{F}$，颗粒间的线变形为 u，角变形为 ψ，接触弹性系数为 K，黏性系数为 η，可分别列出颗粒间在切线和法线方向上力的平衡方程式

$$m\,\frac{\mathrm{d}u^2}{\mathrm{d}t^2}+\eta\,\frac{\mathrm{d}u}{\mathrm{d}t}+Ku=0 \tag{7-25a}$$

$$I\,\frac{\mathrm{d}\psi^2}{\mathrm{d}t^2}+\eta r^2\,\frac{\mathrm{d}\psi}{\mathrm{d}t}+Kr^2\psi=0 \tag{7-25b}$$

式中　I——惯性力矩，$I=\dfrac{\rho_{\mathrm{p}}\pi r^4}{2}$，$\mathrm{kg\cdot m}$；

ρ_{p}——颗粒的密度，$\mathrm{kg/m^3}$。

一般情况下，一个颗粒周围会有很多接触颗粒，因此每一个接触点都应满足式(7-25)，因此，若要获得着眼颗粒的运动情况，必须知道接触点的数目并建立同样数量的方程进行联立求解。为了避免繁杂的过程，实际计算时，可用时间差分近似代替时间增量进行计算，例如式(7-25a)，可得

$$m[u]_t=-\eta[u]_{t-\Delta t}-K[u]_{t-\Delta t} \tag{7-26}$$

因此，在下一时刻 t 的加速度 $[u]_t$ 可用间隔为 Δt 的前一时刻的位移和加速度求得。再利用数值积分，可求得时刻 t 的位移和加速度。对每个时间间隔 Δt 进行重复性的计算便可得到颗粒的运动轨迹。

① 颗粒间相对位移增量　如图 7-10 所示，颗粒 i 从时刻 $t-\Delta t$ 经过微小的时间增量 Δt 运动到 t 时刻，位置从 A 变化到 B，此时，在 x 和 y 方向的位移增量分别为 Δu_i 和 Δv_i，旋转位移增量为 $\Delta\psi_i$。

球形粒子 i 和 j 的半径分别为 r_i 和 r_j，二者接触时应满足如下接触条件

$$r_i+r_j\geqslant L_{ij}$$

$$L_{ij}=\sqrt{(x_i-x_j)^2+(y_i-y_j)^2} \tag{7-27}$$

在颗粒单元法中，颗粒不仅保持刚性变形，它们也可能互相挤压重叠。为了识别颗粒 i 和颗粒 j 接触点的位置，引入 i、j 颗粒中心连线和 x 轴的夹角 α_{ij}，如图 7-11 所示。这个角度与颗粒坐标的关系为

$$\sin\alpha_{ij} = -(y_i - y_j)/L_{ij}$$
$$\cos\alpha_{ij} = -(x_i - x_j)/L_{ij} \tag{7-28}$$

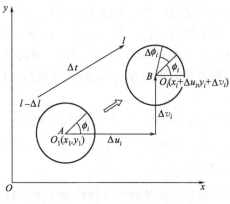

图 7-10 着眼颗粒的位移量　　　　　图 7-11 两个颗粒的接触

互相接触的两个颗粒在微小时间增量 Δt 内沿着法向和切向的相对位移量为

$$\Delta u_n = -(\Delta u_t - \Delta u_j)\cos\alpha_{ij} + (\Delta v_i - \Delta v_j)\sin\alpha_{ij}$$
$$\Delta u_s = -(\Delta u_i - \Delta u_j)\sin\alpha_{ij} + (\Delta v_i - \Delta v_j)\cos\alpha_{ij} + (r_i\Delta\psi_i + r_j\Delta\psi_j) \tag{7-29}$$

② 颗粒间的作用力　在 Δt 时间间隔内，颗粒间沿着法向的作用力使颗粒 i、j 产生了沿着法向的相对位移 Δu_n，这是由弹性力和黏性力共同作用的结果。假定压缩力为正，相对位移增量 Δu_n 与法向作用力的关系为

$$\Delta e_n = K_n \Delta u_n$$
$$\Delta d_n = \eta \frac{\Delta u_n}{\Delta t} \tag{7-30}$$

因此，在 t 时刻沿着法向的弹性力 $[\Delta e_n]_t$ 和黏性抵抗力 $[\Delta d_n]_t$ 可表示为

$$[e_n]_t = [\Delta e_n]_{t-\Delta t} + \Delta e_n$$
$$[d_n]_t = \Delta d_n \tag{7-31}$$

于是，在 t 时刻两个颗粒间沿着法向的压缩力 $[f_n]_t$ 表示为

$$[f_n]_t = [e_n]_t + [d_n]_t \tag{7-32}$$

同理，沿着切向的作用力使两个颗粒产生了切向的相对位移 Δu_s，假定沿着 i 颗粒顺时针的方向为正，相对位移增量 Δu_s 和切向力分量 Δd_s 的表达式分别为

$$\Delta e_s = K_s \Delta u_s$$
$$\Delta d_s = \eta_s \frac{\Delta u_s}{\Delta t} \tag{7-33}$$

于是，在 t 时刻沿着切向的作用力表示为

$$[e_s]_t = [\Delta e_s]_{t-\Delta t} + \Delta e_s$$
$$[d_s]_t = \Delta d_s \tag{7-34}$$

此时，从库仑定律可知，切向的作用力相对较小，因此，切向的作用力可附加以下条件

$$[e_n]_t \leqslant 0 \text{ 时，} [e_s]_t = [d_s]_t = 0$$
$$[e_s]_t \geqslant \mu[e_n]_t \text{ 时，} [e_s]_t = \mu[e_n]_t \times \text{SIGN}([e_s]_t),\ [d_s]_t = 0 \tag{7-35}$$

式中，μ 为颗粒间的摩擦系数；SIGN 是表示 $[e_s]_t$ 的正负号的符号函数。

与前面一样，在 t 时刻沿着切向的作用力 $[f_s]_t$ 表示为

$$[f_s]_t = [e_s]_t + [d_s]_t \tag{7-36}$$

③ 运动方程的差分近似　由上述方法可求得与着眼颗粒 i 相接触的颗粒 j 的接触力 $[f_n]_t$ 和 $[f_s]_t$。在图 7-12 中，设颗粒 i 的作用力沿 x 方向的分力为 X_i，沿 y 方向的分力 Y_i，围绕颗粒中心的回转力矩为 M_i（逆时针为正），可得出如下关系式

$$[X_i]_t = \sum_j \{-[f_n]_t \cos\alpha_{ij} + [f_s]_t \sin\alpha_{ij} + m_i g\}$$

$$[Y_i]_t = \sum_j \{-[f_n]_t \sin\alpha_{ij} - [f_s]_t \cos\alpha_{ij}\} \tag{7-37}$$

$$[M_i]_t = -r_i \sum_j \{[f_s]_t\}$$

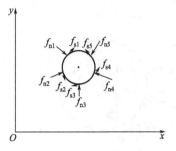

图 7-12　各接触力的合力沿 x、y 方向的分量

式中，$\sum$ 表示与颗粒 i 接触的所有颗粒的作用总和；m_i 是颗粒 i 的质量。

于是，可求得 t 时刻颗粒的加速度为

$$[\dot{u}_i]_t = [X_i]_t / m_i$$

$$[\dot{v}_i]_t = [Y_i]_t / m_i$$

$$[\dot{\psi}_i]_t = [M_i]_t / I_i \tag{7-38}$$

上式对时间增量 Δt 进行积分，可求得 t 时刻颗粒的速度，即

$$[u_i]_t = [u_i]_{t-\Delta t} + [\dot{u}_i]_t \Delta t$$

$$[v_i]_t = [v_i]_{t-\Delta t} + [\dot{v}_i]_t \Delta t$$

$$[\psi_i]_t = [\psi_i]_{t-\Delta t} + [\dot{\psi}_i]_t \Delta t \tag{7-39}$$

速度再对时间增量 Δt 积分，可得 Δt 时间间隔内位移增量 Δu 和 Δv，即

$$[\Delta u_i]_t = [u_i]_t \Delta t$$

$$[\Delta v_i]_t = [v_i]_t \Delta t$$

$$[\Delta \psi_i]_t = [\psi_i]_t \Delta t \tag{7-40}$$

④ 弹性系数 K 和黏性系数 η　当球形颗粒间有法向接触力作用时，基于 Hertz 弹性接触理论可计算出弹性系数 K。

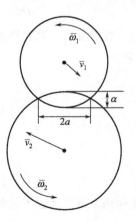

如图 7-13 所示，当半径分别为 R_1 和 R_2 的两球形颗粒发生接触时，法向重叠量 α 对应的法向接触力 N 可由 Hertz 理论计算

$$N = \frac{4}{3} E^* (R^*)^{1/2} \alpha^{3/2}$$

$$\frac{1}{R^*} = \frac{1}{R_1} + \frac{1}{R_2}$$

$$\frac{1}{E^*} = \frac{1-\nu_1^2}{E_1} + \frac{1-\nu_2^2}{E_2} \tag{7-41}$$

图 7-13　Hertz 弹性接触理论示意图

式中　R^*——球形颗粒的当量半径，m；

E^*——颗粒的当量弹性模量，N/m^2；

E_1，E_2——颗粒 1 和 2 的杨氏模量，N/m^2；

ν_1，ν_2——颗粒 1 和 2 的泊松比。

在一个时间步长内，如果两接触颗粒之间的重叠量增量为 $\Delta\alpha$ 时，由式(7-41)得到相应的法向接触力增量为

$$\Delta N = 2aE^*\Delta\alpha \tag{7-42}$$

式中　a——接触半径，$a=\sqrt{\alpha E^*}$，m。

为了简化，假定完全相同的两个颗粒互相接触，法向的弹性系数 K_n 为

$$K_n = \frac{\Delta e_n}{\Delta u_n} - \frac{\pi E}{2(1-\nu^2)[1.5+2\ln(2r/a)]} \tag{7-43}$$

切向的弹性系数 K_s 等于 K_n 乘以相应的系数 s，即

$$K_s = \frac{\Delta e_s}{\Delta u_s} = K_n s \tag{7-44}$$

黏性系数 η 由颗粒的运动方程（7-25）以及振动方程来确定，临界衰减条件下，黏性系数的表达式为

$$\eta_n = 2\sqrt{mK_n}, \quad \eta_s = \eta_n\sqrt{s} \tag{7-45}$$

7.3.2　数值模拟计算

以玻璃珠为例，本节讨论基本的二维两组分球形颗粒填充时，利用颗粒单元法进行数值模拟的基本思路和相关程序。

根据 Hertz 弹性接触理论，法向的弹性系数 K_n 可由下式给出：
颗粒间

$$K_n = \frac{8a}{3\pi}\left(\frac{1}{\delta_i+\delta_j}\right), \quad \delta_i = \frac{1-\nu_i^2}{E_i\pi}, \quad \delta_j = \frac{1-\nu_j^2}{E_j\pi}, \quad a = \frac{1}{2}\sqrt[3]{\frac{3}{2}\frac{1-\nu^2}{E}\frac{R_iR_jP}{R_i+R_j}} \tag{7-46}$$

颗粒壁面间

$$K_{nw} = \frac{8a}{3\pi}\left(\frac{1}{\delta_i+\delta_w}\right), \quad \delta_i = \frac{1-\upsilon_i^2}{E_i\pi}, \quad \delta_w = \frac{1-\upsilon_w^2}{E_w\pi}, \quad a = \frac{1}{2}\sqrt[3]{\frac{3R_i}{4}\frac{1-\upsilon_i^2}{E_p}\frac{(1-\upsilon_w^2)P}{E_w}} \tag{7-47}$$

通常情况下，K 和 η 被视为定值的情况较多，这里要确定相应的压缩力 P。

动态行为下的黏性系数 η_n 的数值模拟与颗粒的补偿系数 e 相对应，颗粒之间、颗粒与壁面间的撞击运动可用颗粒单元法（PEM 法）进行求解。颗粒填充时，在短时间内便可达到静止状态，由这一临界衰减条件得出的值可以采用。此外，切向弹性系数 G 和纵向弹性系数 E 的比可以确定接触线方向上的 K_s 和 η_s。

$$\frac{G}{E} = \frac{1}{2(1+\nu)} \tag{7-48}$$

从加速度获得速度的差分近似法和从速度获得位移的近似法的精度可以通过修正因子加以提高。

图 7-14 表示求解区域内单元划分和各个颗粒所占据的单元情况。单元尺寸 c 的设定应使每个单元以小颗粒的圆心 $[x_0(i), z_0(i)]$ 为中心，不能容纳一个颗粒，即

$$c < \sqrt{2}r_{min} \tag{7-49}$$

可能接触的颗粒的存在范围 L 可以用下式判断：

x 方向　$\text{INT}[x_0(i)-2r_{max}]+1 < L_x < \text{INT}[x_0(i)+2r_{max}]+1$

z 方向　$\text{INT}[z_0(i)-2r_{max}]+1 < L_z < \text{INT}[z_0(i)+2r_{max}]+1$ $\tag{7-50}$

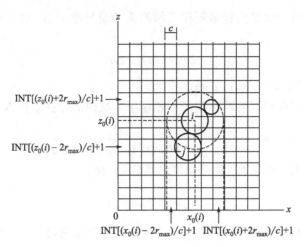

图 7-14　颗粒间接触的判定范围

此外，颗粒间力的传递遵循作用力和反作用力法则，两个接触颗粒的接触力以编号大的颗粒进行计算，这样，也就得到了尺寸相同的另一颗粒所受到的反作用力。

为了节约计算机内存，与编号为 i 的颗粒相接触的颗粒以及边界所对应的接触点的编号设定为 jk。

这个模拟计算实例包含 11 个子程序和 1 个主程序（见附录）。图 7-15 为程序框图，程序中的变量名见表 7-1。

表 7-1　PEM 法数值模拟计算程序变量名的说明

common/con/		common/con/	
dt：	离散化时间	x0(ni)：	颗粒中心的 x 坐标
fri：	颗粒间摩擦系数	z0(ni)：	颗粒中心的 z 坐标
frw：	壁面颗粒间摩擦系数	qq(ni)：	颗粒的旋转位移
e：	颗粒的弹性系数	common/vel/	
ew：	壁面的弹性系数	u0(ni)：	颗粒 x 方向的速度
po：	颗粒的泊松比	v0(ni)：	颗粒 z 方向的速度
pow：	壁面的泊松比	f0(ni)：	颗粒的旋转速度
so：	纵向弹性系数与切向弹性系数	common/for1/	
g：	重力加速度	xf(ni)：	颗粒 x 方向的合力
de：	颗粒的密度	zf(ni)：	颗粒 z 方向的合力
pi：	圆周率	mf(ni)：	颗粒的转矩
common/wep/		common/for2/	
rr(ni)：	颗粒半径	en(ni,nj)：	法向接触角
wei(ni)：	颗粒质量	es(ni,nj)：	切向接触角
pmi(ni)：	惯性矩	je(ni,nj)：	接触角点编号排列
common/cel/		common/dpm/	
b：	颗粒数	u(ni)：	x 方向的位移增量
idx：	x 方向单位数	v(ni)：	z 方向的位移增量
idz：	z 方向单位数	f(ni)：	旋转位移增量
ipz：	z 方向颗粒层数		
w：	容器宽		
c：	单元宽		
ncl：	单元排列		
nncl(ni)：	容纳颗粒的单元编号		

本程序为 669 个颗粒的填充实例（见图 7-16），为了判断从初期位置产生的变化，依次用 5 层颜色来区分不同的颗粒编号。填充程序的边界条件也可进行更改，它也可以对振动的粉体层、料仓内粉体的排出流动以及上部压缩流动等现象进行展开，均可实现数值模拟计算。

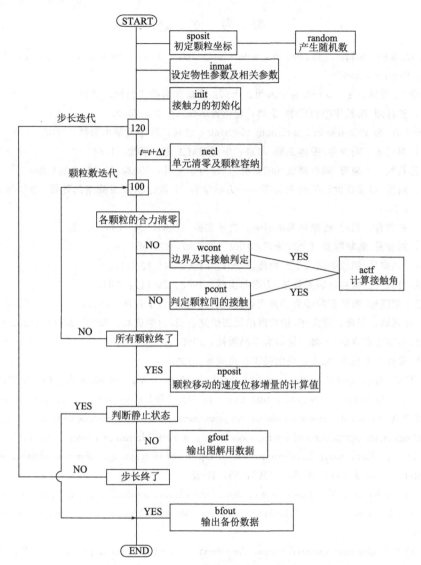

图 7-15 PEM 法数值模拟程序框图

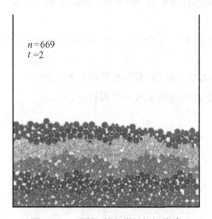

$n=669$
$t=2$

图 7-16 颗粒的初期填充状态

参 考 文 献

[1] Jacques DURAN. Sables, poudres et grains—Introduction à la physique des milieux granulaires, Paris: Editions Eyrolles, 1997.

[2] 粉体工学会. 粉体シミュレーション入門, 東京: 産業図書株式会社, 1998.

[3] 中西秀, 奥村剛. 粉粒体の物理学. 京都: 吉岡書店株式会社, 2002.

[4] Fung Y C. A First Course in Continuum Mechanics. 北京: 清华大学出版社, 2005.

[5] 张少明, 翟旭东, 刘亚运. 粉体工程. 北京: 中国建材工业出版社, 1994.

[6] 徐泳, 孙其诚, 张凌等. 颗粒离散元法研究进展. 力学进展, 2003, 33 (2): 251-260.

[7] 白以龙, 周恒. 迎接新世纪挑战的力学——力学学科 21 世纪初发展战略的建议. 力学与实践, 1999, 21 (1): 6-10.

[8] 凌邦国, 朱兆青, 周玲. 碰撞过程的研究, 物理实验, 2004, 24 (6): 10-12.

[9] 陆坤权, 刘寄星. 颗粒物质 (上). 物理, 2004, 33 (9): 629-635.

[10] 陆坤权, 刘寄星. 颗粒物质 (下). 物理, 2004, 33 (10): 713-721.

[11] 王光谦, 倪晋仁. 颗粒流研究评述. 力学与实践, 1992, 14 (1): 7-19.

[12] 吴清松, 胡茂彬. 颗粒流的动力学模型和实验研究进展. 力学进展, 2002, 32 (2): 250-258.

[13] 徐泳, 孙其诚, 张凌, 黄文彬. 颗粒离散元法研究进展. 力学进展, 2003, 33 (2): 251-260.

[14] 陆厚根. 粉体技术导论. 上海: 同济大学出版社, 1998.

[15] 卢寿慈. 粉体加工技术. 北京: 中国轻工业出版社, 1999.

[16] Steven C C, Raymond P C. Numerical Methods for Engineering. 3rd ed. 北京: 科学出版社, 2000.

[17] de Gennes P G. Granular matter: a tentative view. Rev. Mod. Phys., 1999, 71 (2): 374-382.

[18] Cundall P A. A computer model for simulating progressive, large scale movements in blocky rock systems. In Proceedings of the Symposium of International Society of Rock Mechanics. France: ISRM, 1971: 129-136.

[19] Bathurst R J, Rothenburg L. Micromechanical aspects of isotropic granular assemblies with linear contact interactions, J. Appl. Mech., 1998, 55: 17-23.

[20] Thornton C, Randall W. Applications of theoretical contact mechanics to solid particle system simulation//In M. Satake and J. T. Jenkins, editors, Micromechanics of Granular Materials, 1988: 133-142.

[21] Campbell C S. Granular material flows: An overview. Powder Technology, 2006, 162: 208-229.

[22] Campbell C S. Stress controlled elastic granular shear flows. J. Fluid Mech., 2005, 539: 273-297.

[23] Campbell C S. Granular shear flows at the elastic limit. J. Fluid Mech., 2002, 465: 261-291.

[24] Thornton C. Numerical simulations of discrete particle systems, Powder Technology, 2000, 109 (Special Issue): 292-301.

[25] Cundall P A. and Strack, O. D. L. A discrete numerical model for granular assembles. Geotechnique, 1979, 29 (1): 47-65.

[26] 傅德薰, 马廷文. 计算流体力学. 北京: 高等教育出版社, 2002.

[27] 张廷芳. 计算流体力学. 大连: 大连理工大学出版社, 1992.

8 造粒

8.1 造粒方法与颗粒尺寸

粉体材料可粗略地分为纳米颗粒材料、超细粉或亚微米材料和颗粒材料。其中尺寸 $1\sim 100nm$ 的材料称为纳米颗粒材料，$100nm\sim 1\mu m$ 的材料称为超细粉或亚微米材料，$1\mu m$ 以上的材料称为颗粒材料。超细粉或亚微米材料由于具有高的比表面积和良好的化学稳定性，广泛地用于建材、涂料、催化剂、电子材料、光学材料等领域。纳米颗粒材料处于原子和分子的微观世界与宏观物质世界之间，一方面可以视为超分子而充分地展现出量子效应，另一方面可视为非常小的宏观物质而表现出前所未有的特性，即纳米颗粒材料具有小尺寸、复杂结构、高集成度、强相互作用以及高比表面积的特征，体现了小尺寸效应、表面效应和量子效应，在电、磁、光、热、力、化学性质等方面与传统材料相比有显著不同，不仅在催化、环保、能源、医药、电子等领域有广阔的应用前景，也是制备纳米结构材料和纳米器件的基础材料。20 世纪 80 年代以来，各工业发达国家竞相投入大量人力物力开展纳米颗粒材料加工与合成技术及其应用的研究。

造粒的方法有气相法和液相法两类。气相造粒有物理造粒法、化学造粒法和机械化学造粒法等方法。物理造粒法主要有：

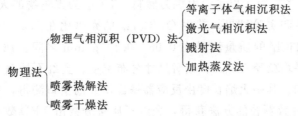

化学造粒法主要有：

$$
化学法\begin{cases} 化学气相沉积（CVD）法\begin{cases} 等离子体气相沉积（PCVD）法\\ 激光气相沉积（LCVD）法\\ 火焰气相沉积（FCVD）法 \end{cases}\\ 喷雾反应法 \end{cases}
$$

气相造粒方法与颗粒尺寸的关系示于图 8-1。

191

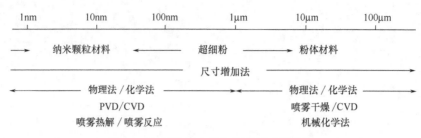

图 8-1 气相造粒方法与颗粒尺寸的关系

8.2 火焰 CVD 造粒

8.2.1 火焰 CVD 造粒技术

火焰气相沉积法由于具有工艺简单、产品纯度高、球形度高、粒径可控的优点，是工业上生产超细 TiO_2 和 SiO_2 的主要方法，生产成本较低，是近年来纳米颗粒材料，特别是纳米陶瓷颗粒材料研究与开发的主要制备技术之一，也是欧洲科学基金（ESF）重点资助的纳米颗粒材料制备技术。传统的火焰 CVD 法制备 TiO_2 和 SiO_2 超细粉所用的燃料有 CO（DuPont 过程）和氢气（Degusa 过程）。近年来在美国和欧洲发展了以甲烷为燃料的火焰 CVD 法制备纳米陶瓷颗粒材料的技术，在中国发展了以工业丙烷为燃料的火焰 CVD 法制备纳米陶瓷颗粒材料的技术。以甲烷和工业丙烷为燃料的火焰 CVD 法制备纳米陶瓷颗粒材料的技术不仅具有传统的火焰 CVD 法工艺简单、产品纯度高、球形度高、粒径可控的优点，而且能显著降低纳米陶瓷颗粒材料的生产成本，为制备低成本纳米陶瓷颗粒材料提供了可行的工艺过程和工艺技术。

图 8-2 是扩散火焰 CVD 法制备纳米陶瓷颗粒的示意图。燃料和氧化剂通过喷嘴燃烧产生高温火焰，陶瓷颗粒先驱物通过火焰与氧化剂发生氧化反应生成纳米陶瓷颗粒。图 8-3 是以工业丙烷为燃料的火焰 CVD 法制备纳米 TiO_2 和 SiO_2 陶瓷颗粒材料的实验装置示意图。工业丙烷和氧气通过喷嘴产生高温火焰，氮气通过汽化器把 $TiCl_4$ 或 $SiCl_4$ 蒸气载入火焰，与氧反应生成 TiO_2 或 SiO_2。通过滤网收集后可得纳米 TiO_2 和 SiO_2 颗粒材料。

表 8-1 列出了 16 个工况下以工业丙烷为燃料、$TiCl_4$ 为先驱物的火焰 CVD 法制备纳米 TiO_2 的实验操作参数和实验结果。其中 O_2/C_3H_8 的摩尔比在 $2.5\sim9$ 之间，O_2/C_3H_8 的恰当摩尔比为 5.0。$TiCl_4$ 的质量流量在 $0.06\sim0.135g/min$ 之间。16 个工况的火焰温度、火焰长度、TiO_2 的平均粒径（d_{50}）、相对尺寸分布宽度、金红石质量分数及碳质量分数的实验结果也列于表 8-1。其中火焰长度由反应器壁面所开的窗口测得，平均粒径和相对尺寸分布宽度由 TEM 照片数颗粒的方法获得，金红石质量分数由 XRD 数据获得，碳含量由电子探针测得，N_0 是喷嘴出口处颗粒的数密度。

$$N_0 = \frac{6}{\pi} \times 10^{27} \frac{M_{TiCl_4}}{M_{TiO_2}} \frac{\dot{w}_{TiCl_4}}{\dot{V}\rho_P} \tag{8-1}$$

其中 M_{TiCl_4} 和 M_{TiO_2} 分别是 $TiCl_4$ 和 TiO_2 的摩尔质量，$\dot{w}_{TiCl_4}$ 是 $TiCl_4$ 的质量流量，$\dot{V}$ 是气体在火焰温度下的体积流量。

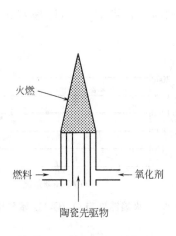

图 8-2 扩散火焰 CVD 法制备
纳米陶瓷颗粒的示意图

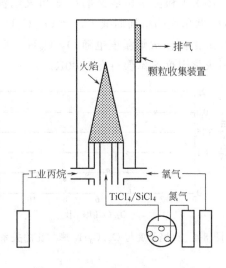

图 8-3 以工业丙烷为燃料的火焰
CVD 法制备纳米 TiO$_2$ 和 SiO$_2$ 陶瓷
颗粒材料的实验装置示意图

表 8-1 以工业丙烷为燃料、TiCl$_4$ 为先驱物的火焰 CVD 法制备纳米 TiO$_2$ 的操作条件与实验结果

工况	工业丙烷流量 /(mmol/s)	空气流量 /(mmol/s)	载气流量 /(mmol/s)	TiCl$_4$ 流量 /(g/min)	火焰温度 /K	火焰长度 /m	N_0 ×10^{20} /m^{-3}	d_{50} /nm	相对尺寸分布宽度	碳质量分数	金红石质量分数
1	0.129	5.539	0.75	0.0686	1250	0.04	4.07	22.0	0.500	0.0	0.11
2	0.259	5.988	1.12	0.113	1500	0.08	4.97	15.0	0.586	0.0	0.168
3	0.259	5.988	1.5	0.135	1440	0.08	6.19	25.0	0.612	1.324	0.166
4	0.259	6.737	0.37	0.0703	1500	0.06	3.0	34.0	0.500	0.828	0.298
5	0.259	8.234	0.37	0.0965	1225	0.04	3.87	22.5	0.227	0.0	0.201
6	0.259	9.880	0.37	0.0965	1173	0.035	3.4	17.0	0.453	1.358	0.175
7	0.259	11.078	0.37	0.079	1150	0.04	2.55	17.0	0.500	2.719	0.119
8	0.259	11.078	1.12	0.113	1005	0.04	4.17	20.5	0.537	0.0	0.087
9	0.259	10.78	1.5	0.135	980	0.04	5.24	21.0	0.155	0.0	0.126
10	0.259	11.976	0.37	0.079	1120	0.04	2.43	17.0	0.559	0.459	0.076
11	0.388	4.491	0.37	0.07	1753	0.20	3.26	42.5	0.476	22.29	0.21
12	0.388	5.614	0.37	0.06	1708	0.175	2.36	32.5	0.313	2.28	0.201
13	0.388	6.737	0.37	0.06	1695	0.13	2.0	52.0	0.414	4.618	0.205
14	0.388	7.859	0.37	0.06	1640	0.10	1.82	32.5	0.593	8.665	0.309
15	0.388	8.982	0.37	0.06	1623	0.09	1.63	48.5	0.394	10.083	0.275
16	0.388	8.982	0.74	0.076	1600	0.09	2.09	30.0	0.333	7.023	0.217

图 8-4 和图 8-5 是火焰长度和火焰温度与 O_2/C_3H_8 摩尔比的关系。火焰长度随 O_2/C_3H_8 摩尔比的增加而减少，当 O_2/C_3H_8 摩尔比超过恰当比时火焰长度基本恒定在 $0.04\sim0.05m$ 之间。火焰温度也随 O_2/C_3H_8 摩尔比的增加而减少，当 O_2/C_3H_8 摩尔比超过恰当比时火焰温度基本保持在 1200K。

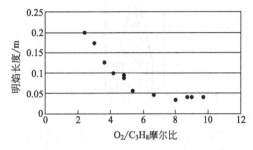
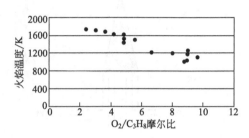

图 8-4　火焰长度与 O_2/C_3H_8 摩尔比的关系　　图 8-5　火焰温度与 O_2/C_3H_8 摩尔比的关系

典型 TiO_2 的 TEM 照片示于图 8-6，可以看出 TiO_2 颗粒有很好的球形度。平均粒径（d_{50}）随颗粒长大数的关系示于图 8-7，可以看出平均粒径与颗粒长大数近似成三分之一次方的关系

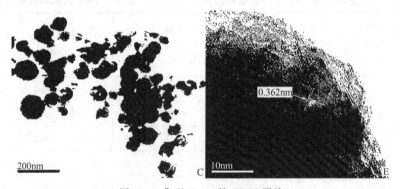

图 8-6　典型 TiO_2 的 TEM 照片

$$d_{50} = 1.35(1+N_{grw})^{1/3} \qquad (8\text{-}2)$$

其中颗粒的长大数为

$$N_{grw} = N_0\sqrt{\frac{\lambda k T}{\rho_P}}\frac{L}{u} \qquad (8\text{-}3)$$

式中　λ——气体分子自由程；

　　　k——玻耳兹曼常数；

　　　T——火焰温度；

　　　ρ_P——颗粒密度；

　　　L——火焰长度；

　　　u——火焰内气体的平均速度

$$u = \frac{\dot{V}}{\frac{\pi}{4}D^2} \qquad (8\text{-}4)$$

D——喷嘴的直径，对本实验的喷嘴直径 D 为 27mm。

颗粒的积累尺寸分布图和频率尺寸分布图通过数 TEM 照片上的颗粒获得。每个样品所数的颗粒数在 100～300 之间。16 个样品的频率尺寸分布示于图 8-8～图 8-11，颗粒积累尺寸分布示于图 8-12～图 8-15。16 个样品的平均粒径（d_{50}）在 15～50nm 之间；尺寸分布近似于正态分布，相对尺寸分布宽度在 0.2～0.6 之间，尺寸分布为较宽。

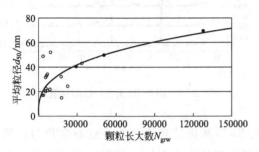

图 8-7　平均粒径与颗粒长大数的关系

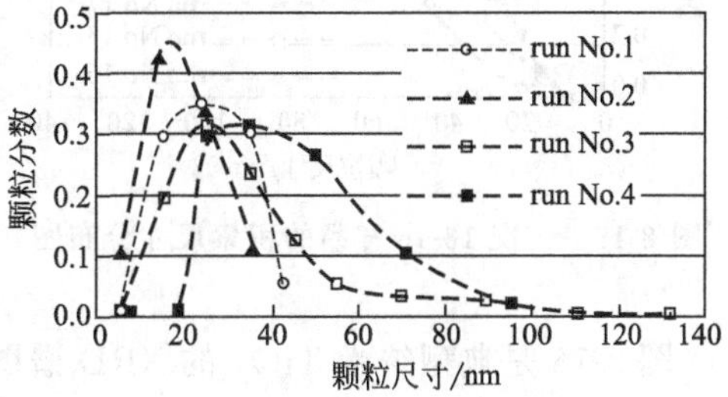

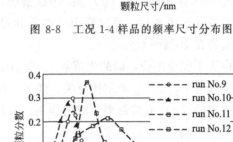

图 8-8　工况 1-4 样品的频率尺寸分布图

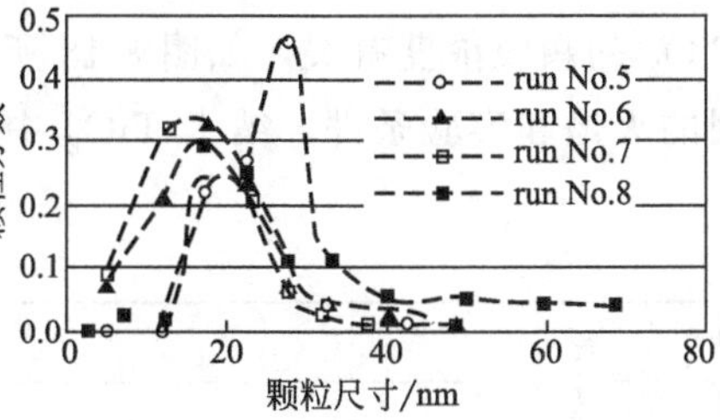

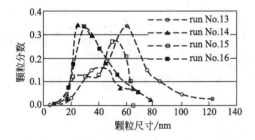

图 8-9　工况 5-8 样品的频率尺寸分布图

图 8-10　工况 9-12 样品的频率尺寸分布图

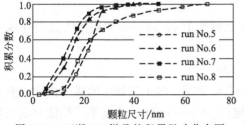

图 8-11　工况 13-16 样品的频率尺寸分布图

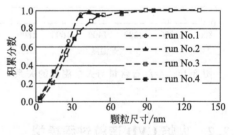

图 8-12　工况 1-4 样品的积累尺寸分布图

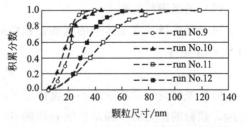

图 8-13　工况 5-8 样品的积累尺寸分布图

图 8-14　工况 9-12 样品的积累尺寸分布图

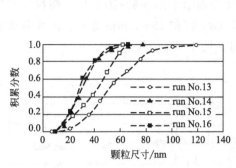

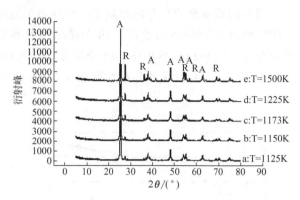

图 8-15　工况 13-16 样品的积累尺寸分布图　　　　图 8-16　纳米 TiO_2 的 XRD 谱图

图 8-16 是典型纳米 TiO_2 的 XRD 谱图，由 XRD 数据计算所得的金红石含量与火焰温度的关系示于图 8-17。可以看出金红石含量主要取决于火焰温度，对所采用的火焰，金红石含量约在 $10\% \sim 30\%$ 之间。

由于不完全燃烧，碳的生成随 O_2/C_3H_8 摩尔比的减少而增加。但实验结果表明，碳的生成不仅与 O_2/C_3H_8 摩尔比有关，还与火焰中 TiO_2 的颗粒浓度有关，如图 8-18 所示。说明火焰中的 TiO_2 有抑制碳生成的作用。对所采用的火焰和实验条件，纳米 TiO_2 中碳的质量分数可控制在 $0 \sim 22\%$ 之间。

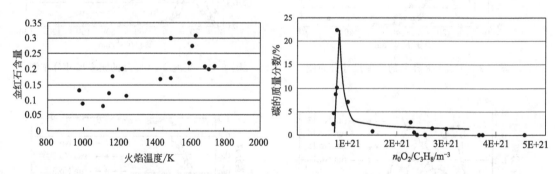

图 8-17　金红石含量与火焰温度的关系　　　　图 8-18　碳含量与 $n_0 O_2/C_3H_8$ 的关系

8.2.2　火焰 CVD 造粒过程模拟

8.2.2.1　纳米颗粒动力学

（1）纳米颗粒的阻力

对于微小颗粒在流体中的运动，颗粒的雷诺数远小于 1，球形颗粒的阻力遵循连续介质的 Stokes 定律

$$F_D = 3\pi\mu du \qquad (8\text{-}5)$$

但当颗粒的尺寸接近或小于流体分子的平均自由程时，分子与颗粒的碰撞由连续变为不连续，颗粒的阻力将不满足连续介质的 Stokes 定律。Cunningham 给出了不连续介质颗粒阻力的修正式

$$F_D = \frac{3\pi\mu du}{C_C} \qquad (8-6)$$

式中，C_C 是颗粒阻力的 Cunningham 修正系数，其表达式为

$$C_C = 1 + 2Kn(1.257 + 0.4e^{-0.55/Kn}) \qquad (8-7)$$

其中 Kn 是 Knudson 数，等于分子的平均自由程与颗粒尺寸之比

$$Kn = \frac{\lambda}{d} \qquad (8-8)$$

其中 λ 是分子的平均自由程。

Cunningham 修正系数随 Knudson 数的变化示于图 8-19。图 8-19 的结果表明 $Kn=0.1$ 可以用来划分连续介质和不连续介质的临界 Knudson 数。当 Knudson 数 Kn 小于 0.1 时，颗粒的阻力遵循连续介质的 Stokes 定律；当 Knudson 数 Kn 大于 0.1 时，颗粒的阻力要考虑不连续介质的 Cunningham 修正系数。

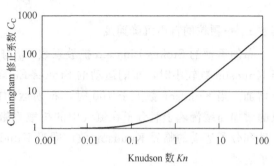

图 8-19 Cunningham 修正系数随 Knudson 数的变化

火焰 CVD 造粒过程以 O_2 作为流体介质，O_2 分子的直径为 $d_0 = 3.4\text{Å}$，标准状态下 O_2 的分子数浓度 N 为

$$N = \frac{6.023 \times 10^{23}}{22.4 \times 10^{-3}} = 2.69 \times 10^{25}(\text{个}/\text{m}^3)$$

O_2 分子的平均自由程 λ 为

$$\lambda = \frac{1}{\sqrt{2}\pi N d_0^2} = 72.4\text{nm}$$

在 1 个大气压、1000℃条件下，O_2 的分子数浓度 N 为

$$N = \frac{6.023 \times 10^{23}}{22.4 \times \frac{1273}{273} \times 10^{-3}} = 5.76 \times 10^{24}(\text{个}/\text{m}^3)$$

O_2 分子的平均自由程 λ 为

$$\lambda = \frac{1}{\sqrt{2}\pi N d_0^2} = 338\text{nm}$$

在 1 个大气压、1000℃条件下，当 $Kn \leqslant 0.1$ 时，即颗粒的直径大于 $3\mu m$ 时，颗粒的阻力遵循连续介质的 Stokes 定律；当颗粒的直径小于 $3\mu m$ 时，颗粒的阻力要考虑不连续介质的 Cunningham 修正系数。

（2）布朗运动

对于小颗粒，气体分子对颗粒的碰撞是不连续的。由于颗粒的尺寸很小，颗粒的质量也很小，气体分子对颗粒的碰撞将导致颗粒的热运动。这种热运动称为颗粒的布朗运动，简称布朗运动。对布朗运动的处理，是把它类比于气体分子的扩散问题，即由布朗运动导致颗粒的热运动满足 Fick 扩散定律

$$j = -\mathscr{D}_{\mathrm{P}} \frac{\partial N}{\partial x} \tag{8-9}$$

式中，j 是单位时间、单位截面积颗粒数的通量，$\mathscr{D}_{\mathrm{P}}$ 是布朗运动的 Stokes-Einstein 扩散系数并由下式得到

$$\mathscr{D}_{\mathrm{P}} = \frac{C_{\mathrm{C}}}{3\pi\mu d} kT = \mathscr{B}kT \tag{8-10}$$

其中 k 是波耳兹曼常数，T 是温度，$\mathscr{B}$ 是颗粒的可动性并由下式得到

$$\mathscr{B} = \frac{u_{\mathrm{t}}}{F_{\mathrm{D}}} = \frac{C_{\mathrm{C}}}{3\pi\mu d} \tag{8-11}$$

其中 u_{t} 是颗粒的自由沉降速度。

布朗运动的 Stokes-Einstein 扩散系数 $\mathscr{D}_{\mathrm{P}}$ 与 Knudson 数的关系示于图 8-20。可以看出，当 Knudson 数较小时，布朗运动的 Stokes-Einstein 扩散系数 $\mathscr{D}_{\mathrm{P}}$ 随 Knudson 数的增加而迅速增加；当 Knudson 数大于 100 时，布朗运动的 Stokes-Einstein 扩散系数 $\mathscr{D}_{\mathrm{P}}$ 随 Knudson 数的增加而缓慢趋于氧分子在氮气中的扩散系数。所以 $Kn = 100$ 可以作为划分不连续介质运动和分子运动的临界 Knudson 数，即当 Knudson 数大于 100 时，颗粒的运动可以简化为分子运动。

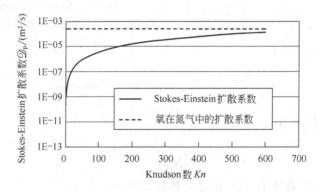

图 8-20　布朗运动的 Stokes-Einstein 扩散系数 $\mathscr{D}_{\mathrm{P}}$ 与 Knudson 数的关系

所以颗粒的运动可以用 Knudson 数分类为：

$$颗粒的运动 \begin{cases} Kn < 0.1 \text{ 时，连续介质的 Stokes 理论} \\ 0.1 < Kn < 100 \text{ 时，不连续介质运动，介观分子动力学} \\ Kn > 100 \text{ 时，分子动力学理论} \end{cases}$$

则在 1 个大气压、1000℃的 O_2 中颗粒的运动可分类为：

$$颗粒的运动 \begin{cases} d > 3\mu\mathrm{m} \text{ 时，连续介质的 Stokes 理论} \\ 3\mathrm{nm} < d < 3\mu\mathrm{m} \text{ 时，不连续介质运动，介观分子动力学} \\ d < 3\mathrm{nm} \text{ 时，分子动力学理论} \end{cases}$$

8.2.2.2　纳米颗粒的碰撞理论

（1）分子动力学碰撞理论

根据分子动力学理论，单位时间、单位体积内 i 颗粒和 j 颗粒的碰撞次数为

$$\dot{Z}_{ij} = \frac{1}{2} N_i N_j \sigma_{ij} \bar{v}_{ij} \tag{8-12}$$

式中，N_i 和 N_j 分别是 i 颗粒和 j 颗粒的颗粒数密度，σ_{ij} 是 i 颗粒和 j 颗粒的碰撞截面积

$$\sigma_{ij} = \pi d_{ij}^2 \tag{8-13}$$

其中 d_{ij} 是 i 颗粒和 j 颗粒的颗粒碰撞尺寸

$$d_{ij} = \frac{1}{2}(d_i + d_j) \tag{8-14}$$

其中 d_i 和 d_j 分别是 i 颗粒和 j 颗粒的直径，如图 8-21 所示。

式(8-12)中 $\bar{v}_{ij}$ 是 i 颗粒和 j 颗粒碰撞的均方根速度

$$\bar{v}_{ij} = \sqrt{\bar{v}_i^2 + \bar{v}_j^2} \tag{8-15}$$

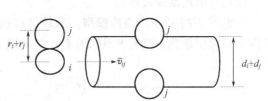

图 8-21 颗粒碰撞示意图

式中，$\bar{v}_i$ 和 $\bar{v}_j$ 分别是 i 颗粒和 j 颗粒热运动的均方根速度

$$\bar{v}_i = \sqrt{\frac{8kT}{\pi m_i}} = \sqrt{\frac{48kT}{\pi^2 d_i^3 \rho_P}} \tag{8-16}$$

$$\bar{v}_j = \sqrt{\frac{8kT}{\pi m_j}} = \sqrt{\frac{48kT}{\pi^2 d_j^3 \rho_P}} \tag{8-17}$$

把式(8-13)～式(8-17)代入式(8-12)，得单位时间、单位体积内 i 颗粒和 j 颗粒的碰撞次数

$$\dot{Z}_{ij} = \sqrt{\frac{3kT}{4\rho_P}}(d_i + d_j)^2 \sqrt{\frac{1}{d_i^3} + \frac{1}{d_j^3}} N_i N_j \tag{8-18}$$

设尺寸为 d，尺寸区间为 Δd 的颗粒数分布函数为

$$y = \frac{\Delta N}{N \Delta d} = f(d) \tag{8-19}$$

式中，ΔN 是尺寸为 d、尺寸区间为 Δd 的颗粒数，N 为颗粒的总数。由颗粒数分布函数的定义有

$$\int_0^\infty y \Delta d = \int_0^\infty f(d) \Delta d = 1 \tag{8-20}$$

由颗粒数分布函数的定义可得 i 颗粒和 j 颗粒的颗粒数密度 N_i 和 N_j 分别为

$$N_i = N \Delta d_i f(d_i) \tag{8-21}$$

$$N_j = N \Delta d_j f(d_j) \tag{8-22}$$

把式(8-21)和式(8-22)代入式(8-18)得单位时间、单位体积内 i 颗粒和 j 颗粒的碰撞次数

$$\dot{Z}_{ij} = \sqrt{\frac{3kT}{4\rho_P}}(d_i + d_j)^2 \sqrt{\frac{1}{d_i^3} + \frac{1}{d_j^3}} N^2 f(d_i) \Delta d_i f(d_j) \Delta d_j \tag{8-23}$$

则单位时间、单位体积内颗粒碰撞次数的总和为

$$\dot{Z} = N^2 \sqrt{\frac{3kT}{4\rho_P}} \int_0^\infty \int_0^\infty (d_i + d_j)^2 \sqrt{\frac{1}{d_i^3} + \frac{1}{d_j^3}} f(d_i) f(d_j) \Delta d_i \Delta d_j \tag{8-24}$$

上式可写为

$$\dot{Z} = \sqrt{\frac{3kT}{4\rho_P}} N^2 \Sigma_M \tag{8-25}$$

式中

$$\Sigma_M = \int_0^\infty \int_0^\infty (d_i + d_j)^2 \sqrt{\frac{1}{d_i^3} + \frac{1}{d_j^3}} f(d_i) f(d_j) \Delta d_i \Delta d_j \tag{8-26}$$

（2）布朗运动碰撞理论

考虑图 8-22 所示的碰撞模型，颗粒的碰撞由布朗运动产生。固定 i 颗粒，由扩散方程可得 j 颗粒扩散到 i 颗粒表面的速率，即碰撞速率

$$\dot{Z}_{i \leftarrow j} = 4\pi \mathscr{D}_P \left(r^2 \frac{\partial N}{\partial r} \right)_{r=(R_i+R_j)} = 4\pi \mathscr{D}_{Pj} (R_i + R_j) N_j \tag{8-27}$$

式中，R_i 和 R_j 分别是 i 颗粒和 j 颗粒的半径。

当 i 颗粒运动时，单位时间、单位体积内 i 颗粒和 j 颗粒的碰撞次数为

$$\dot{Z}_{ij} = \frac{1}{2} 4\pi (\mathscr{D}_{Pi} + \mathscr{D}_{Pj})(R_i + R_j) N_i N_j \tag{8-28}$$

把式（8-10）代入上式，得单位时间、单位体积内 i 颗粒和 j 颗粒的碰撞次数

$$\dot{Z}_{ij} = \frac{kT}{3\mu} \left(\frac{C_{C,i}}{d_i} + \frac{C_{C,j}}{d_j} \right)(d_i + d_j) N_i N_j \tag{8-29}$$

把式（8-21）和式（8-22）代入上式，得单位时间、单位体积内 i 颗粒和 j 颗粒的碰撞次数

$$\dot{Z}_{ij} = \frac{kT}{3\mu} N^2 \left(\frac{C_{C,i}}{d_i} + \frac{C_{C,j}}{d_j} \right)(d_i + d_j) f(d_i) f(d_j) \Delta d_i \Delta d_j \tag{8-30}$$

单位时间、单位体积内颗粒总碰撞次数为

$$Z = \frac{kT}{3\mu} N^2 \Sigma_B \tag{8-31}$$

式中
$$\Sigma_B = \iint \left(\frac{C_{C,i}}{d_i} + \frac{C_{C,j}}{d_j} \right)(d_i + d_j) f(d_i) f(d_j) \Delta d_i \Delta d_j \tag{8-32}$$

8.2.2.3 积分碰撞频率常数

一维稳态火焰 CVD 过程如图 8-23 所示，由于碰撞合并引起的颗粒数变化为

$$-\frac{dN}{dx} = \frac{\dot{N}_{coa}}{u} \tag{8-33}$$

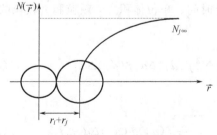

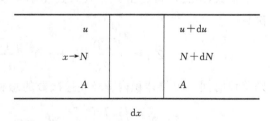

图 8-22　颗粒扩散碰撞模型示意图　　　　图 8-23　一维移态火焰 CVD 过程示意图

式中，$\dot{N}_{coa}$ 是由于碰撞合并引起的颗粒数变化率，并为

$$\dot{N}_{coa} = \dot{Z} = \beta N^2 \tag{8-34}$$

其中 β 是积分碰撞频率系数，且与颗粒数密度 N 无关。

8.2.1 节的实验结果表明，火焰 CVD 法制备的纳米颗粒的尺寸接近正态分布，既有

$$y = \frac{\delta N}{N \delta d} = f(d) = \frac{1}{\sigma \sqrt{2\pi}} e^{-\frac{(d-\bar{d})^2}{2\sigma^2}} \tag{8-35}$$

因此布朗运动的积分项 Σ_B 为

$$\Sigma_B = \int_0^\infty \int_0^\infty \left(\frac{C_{C,i}}{d_i} + \frac{C_{C,j}}{d_j} \right) (d_i + d_j) f(d_i) f(d_j) \Delta d_i \Delta d_j \tag{8-36}$$

由于正态分布是两参数模型，设均方差与平均尺寸有如下关系

$$\sigma = \bar{d} / \alpha \tag{8-37}$$

则得积分项 Σ_B，只与 Knudson 数有关

$$\Sigma_B = \chi \frac{\alpha^2}{2\pi} Kn = 14Kn \tag{8-38}$$

如图 8-24 所示，积分参数 $\chi^{\alpha^2}/2\pi$ 随尺寸分布参数 α 的增加而减少。当 α 值大于 4 时，积分参数 $\chi^{\alpha^2}/2\pi$ 趋于常数 14，如图 8-24 所示。

则从式(8-31)、式(8-34) 和式(8-38)，可得连续介质区的积分碰撞频率系数 β_B 为

$$\beta_B = 14Kn \frac{kT}{3\mu} \tag{8-39}$$

用同样的尺寸分布可得积分项 Σ_M 为

$$\Sigma_M = \int_0^\infty \int_0^\infty (d_i^2 + d_j)^2 \sqrt{\frac{d_i^3 + d_j^3}{d_i^3 d_j^3}} f(d_i) f(d_j) \delta d_i \delta d_j$$
$$= 0.253 \chi \alpha^2 \sqrt{\bar{d}} = 9.816 \sqrt{\bar{d}} \tag{8-40}$$

如图 8-24 所示，积分参数 $\chi\alpha^2/2\pi$ 随尺寸分布参数 α 的增加而减少。当 α 值大于 3 时，积分参数 $\chi\alpha^2/2\pi$ 趋于常数 5.5，如图 8-24 所示。

则从式(8-25)、式(8-34) 和式(8-40)，可得自由分子区的积分碰撞频率系数 β_M 为

$$\beta_M = 8.495 \sqrt{\frac{kT\lambda}{\rho_P}} \sqrt{\frac{1}{Kn}} \tag{8-41}$$

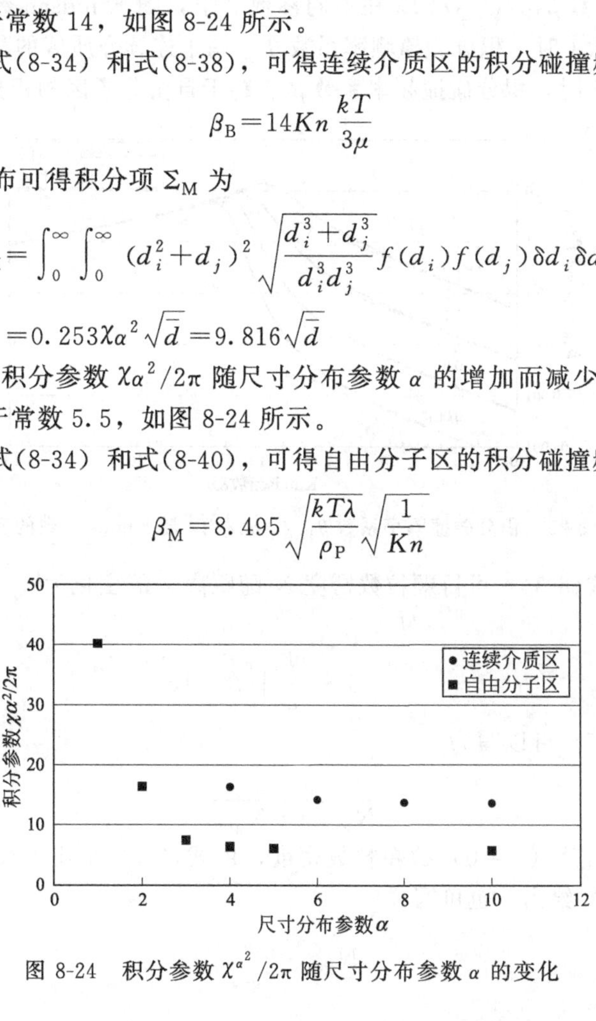

图 8-24 积分参数 $\chi^{\alpha^2}/2\pi$ 随尺寸分布参数 α 的变化

已知自由分子区的积分碰撞频率系数 β_{M} 和连续介质区的积分碰撞频率系数 β_{B}，由数值内插法获得过渡区的积分碰撞频率系数为

$$\beta_{\mathrm{TR}} = \sqrt{\frac{kT\lambda}{\rho_{\mathrm{P}}}} \, h(Kn) \tag{8-42}$$

式中，内插函数 $h(Kn)$ 为

$$h(Kn) = \frac{\gamma \sinh(5Kn)}{1 + \dfrac{\gamma \sinh(5Kn)}{p(Kn)}} \tag{8-43}$$

$\sinh(5Kn)$ 是双曲函数

$$\sinh(5Kn) = \frac{e^{-5Kn} + e^{5Kn}}{2} \tag{8-44}$$

γ 和 $p(Kn)$ 分别等于

$$\gamma = \sqrt{\frac{kT\rho_{\mathrm{P}}}{\lambda\mu^2}} \tag{8-45}$$

$$p(Kn) = \frac{8.495}{\sqrt{Kn}} + \frac{8.495}{Kn^2} \tag{8-46}$$

积分碰撞频率系数 $\beta_{\mathrm{TR}}/\sqrt{\rho_{\mathrm{P}}/kT\lambda}$ 在不同参数 γ 下，随 Knudsen 数的变化示于图 8-25。当 Knudsen 数小于 0.1 时，积分碰撞频率系数 β_{TR} 趋于连续介质区的积分碰撞频率系数 β_{B}，当 Knudsen 数大于 2 时，积分碰撞频率系数 β_{TR} 趋于自由分子区的积分碰撞频率系数 β_{M}。

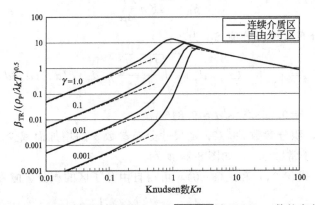

图 8-25　积分碰撞频率系数 $\beta_{\mathrm{TR}}/\sqrt{\rho_{\mathrm{P}}/kT\lambda}$ 随 Knudsen 数的变化

从式(8-33)和式(8-34)可得颗粒数密度 N 随距离 x 的变化为

$$\frac{N}{N_0} = \frac{1}{1 + \dfrac{N_0}{u}\displaystyle\int_0^x \beta_{\mathrm{TR}}\,\mathrm{d}x} \tag{8-47}$$

在出口处式(8-47)可以写为

$$\frac{N}{N_0} = \frac{1}{1 + N_{\mathrm{grw}}} \tag{8-48}$$

式中，N_0 是入口处（$x = 0$）的颗粒数密度，由式(8-1)给出，N_{grw} 颗粒的长大准数，由式(8-3)和式(8-4)给出，也可写成

$$N_{\mathrm{grw}} = \frac{\tau}{\tau_{\mathrm{grw}}} \tag{8-49}$$

其中 τ 是气体的停留时间

$$\tau = \frac{L}{u} \tag{8-50}$$

τ_{grw} 是颗粒长大的特征时间

$$\tau_{grw} = \frac{1}{N_0} \frac{1}{\int_0^1 \beta_{TR} d\xi} \tag{8-51}$$

其中 $\xi = x/L$，L 是反应器或火焰的长度。

对火焰 CVD 法制备纳米颗粒过程，由于温度高及氧化反应快的特点，假设反应瞬间完成而生成颗粒，颗粒的长大由随后的碰撞与合并完成，此时的颗粒质量守恒可写为

$$N \rho_P \frac{\pi}{6} \overline{d}^3 = const \tag{8-52}$$

结合式(8-48) 和式(8-52) 可得

$$\frac{\overline{d}}{d_0} = (1 + N_{grw})^{1/3} \tag{8-53}$$

式中，d_0 是由化学反应所生成颗粒的尺寸（$x = 0$）。当由化学反应所生成颗粒的尺寸取为 1nm 时，式(8-53) 成为

$$\overline{d} = (1 + N_{grw})^{1/3} \tag{8-54}$$

式(8-54) 与实验结果式(8-2) 十分接近。若由化学反应所生成颗粒的尺寸取为 1.35nm 时，则式(8-53) 与实验结果式(8-2) 相同。

对给定的实验条件和颗粒物性，从实验测量的平均颗粒尺寸，可以获得实验条件的 Knudsen 数。则由式(8-42)~式(8-46) 及实验条件的 Knudsen 数可获得实验条件下的积分碰撞频率系数。这样获得的实验积分碰撞频率系数与理论计算的积分碰撞频率系数的比较示于图 8-26。比较结果表明，纳米颗粒的碰撞合并长大过程属自由分子区，亚微米颗粒的碰撞合并长大过程在过渡区。

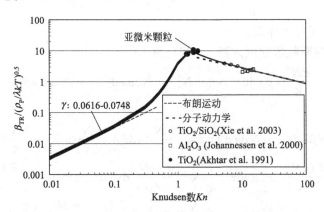

图 8-26　积分碰撞频率系数的计算结果与实验结果的比较

8.2.2.4　颗粒数守恒方程

考虑一维火焰 CVD 过程如图 8-23 所示，A 是截面积，u 是流速，对图示微元体作颗粒数平衡。

单位时间内由对流和扩散进入微元体的颗粒数

$$\dot{N}_{in} = uAN - \mathcal{D}_P A \frac{dN}{dx} \tag{8-55}$$

单位时间内由对流和扩散离开微元体的颗粒数

$$\dot{N}_{out} = uAn + A \frac{d(uN)}{dx} dx - \mathcal{D}_P A \frac{d(\mu N)}{dx} - A \frac{d}{dx}\left(\mathcal{D}_P \frac{dN}{dx}\right) dx \tag{8-56}$$

单位时间、单位体积内由化学反应生成颗粒的质量为

$$\dot{W}_p = \dot{r}_v M_P = \alpha k_v C_A^n M_P \tag{8-57}$$

式中，$\dot{r}_v$ 是单位反应器体积的化学反应速率；k_v 是基于反应器体积的反应速率常数；C_A 是反应物的浓度；n 是反应阶数；M_P 是颗粒的摩尔质量；α 是反应恰当比。

单位时间、单位反应器体积由化学反应生成的颗粒数为

$$\dot{N}_r = \frac{\dot{W}_p}{\frac{\pi}{6} d_0^3 \rho_P} = \frac{\alpha k_v C_A^n M_P}{\frac{\pi}{6} d_0^3 \rho_P} \tag{8-58}$$

式中，d_0 是由化学反应生成颗粒的尺寸。

单位时间、单位反应器体积因为碰撞造成的颗粒数的减少为

$$\dot{Z} = \beta_{TR} N^2 \tag{8-59}$$

式中，系数 β_{TR} 是有效碰撞系数，即导致颗粒合并长大的碰撞分数。

则图 8-23 所示微元体内颗粒数的平衡可得

$$A dx \frac{dN}{dt} = \dot{N}_{in} - \dot{N}_{out} + A dx \dot{N}_r - A dx \dot{Z} \tag{8-60}$$

把式(8-55)、式(8-56)、式(8-58) 和式(8-59) 代入上式，得颗粒数平衡方程为

$$\frac{dN}{dt} = -\frac{d(\mu N)}{dx} + \frac{d}{dx}\left(\mathcal{D}_P \frac{dN}{dx}\right) + \dot{N}_r - \beta_{TR} N^2 \tag{8-61}$$

对于三维问题，颗粒数守恒方程 (8-60) 为

$$\frac{dN}{dt} dV = \dot{N}_{in} - \dot{N}_{out} + \dot{N}_r dV - \dot{Z} dV \tag{8-62}$$

式中，dV 是微元体的体积。

直角坐标系下的颗粒数守恒方程 (8-62) 为

$$\frac{dN}{dt} dx\,dy\,dz = \dot{N}_{in} - \dot{N}_{out} + \dot{N}_r dx\,dy\,dz - \dot{Z} dx\,dy\,dz \tag{8-63}$$

式中

$$\dot{N}_{in} = uN\,dy\,dz + vN\,dx\,dz + wN\,dx\,dy - \mathcal{D}_P\left(\frac{\partial N}{\partial x} dy\,dz + \frac{\partial N}{\partial y} dx\,dz + \frac{\partial N}{\partial z} dx\,dy\right) \tag{8-64}$$

$$\dot{N}_{out} = \left[uN + \frac{\partial(uN)}{\partial x} dx\right] dy\,dz + \left[vN + \frac{\partial(vN)}{\partial y} dy\right] dx\,dz + \left[wN + \frac{\partial(wN)}{\partial z} dz\right] dx\,dy -$$

$$\mathcal{D}_P\left(\frac{\partial N}{\partial x} dy\,dz + \frac{\partial N}{\partial y} dx\,dz + \frac{\partial N}{\partial z} dx\,dy\right) - \frac{\partial}{\partial x}\left(\mathcal{D}_P \frac{\partial N}{\partial x} dx\right) dy\,dz -$$

$$\frac{\partial}{\partial y}\left(\mathcal{D}_P \frac{\partial N}{\partial y} dy\right) dx\,dz - \frac{\partial}{\partial z}\left(\mathcal{D}_P \frac{\partial N}{\partial z} dz\right) dx\,dy$$

$$\tag{8-65}$$

其中 u、v 和 w 分别是 x、y 和 z 方向的速度分量。

把式(8-64)、式(8-65)、式(8-59) 代入式(8-63) 得颗粒数守恒方程为

$$\frac{dN}{dt}=\frac{\partial(uN)}{\partial x}+\frac{\partial(vN)}{\partial y}+\frac{\partial(wN)}{\partial z}-\frac{\partial}{\partial x}\left(\mathscr{D}_P\frac{\partial N}{\partial x}\right)-\frac{\partial}{\partial y}\left(\mathscr{D}_P\frac{\partial N}{\partial y}\right)-\frac{\partial}{\partial z}\left(\mathscr{D}_P\frac{\partial N}{\partial z}\right)+\dot{N}_r-\beta_{TR}N^2$$

$$(8\text{-}66)$$

稳定状态下单元体内颗粒数的变化率为零，即

$$\frac{dN}{dt}=0 \qquad (8\text{-}67)$$

则稳定状态下的颗粒数守恒方程为

$$\frac{\partial(uN)}{\partial x}+\frac{\partial(vN)}{\partial y}+\frac{\partial(wN)}{\partial z}-\frac{\partial}{\partial x}\left(\mathscr{D}_P\frac{\partial N}{\partial x}\right)-\frac{\partial}{\partial y}\left(\mathscr{D}_P\frac{\partial N}{\partial y}\right)-\frac{\partial}{\partial z}\left(\mathscr{D}_P\frac{\partial N}{\partial z}\right)=\beta_{TR}N^2-\dot{N}_r$$

$$(8\text{-}68)$$

8.3 喷雾造粒

8.3.1 喷雾干燥造粒

喷雾干燥是把液体或溶液通过喷嘴喷成雾滴，再通过干燥来制备颗粒材料的造粒技术。由于雾滴的尺寸很小，喷雾具有很高的表面积。如 $1cm^3$ 的液体喷成 $100\mu m$ 的雾滴时，喷雾大约有 2×10^{12} 个雾滴，喷雾的表面积约为 $60000m^2$。因此，当喷雾暴露在高温气体中时，雾滴干燥的速度很快。一般在 $5\sim30s$ 之间。喷雾干燥可大容量地连续操作，自控容易，并可以控制产品的尺寸、含湿量及产品成分，广泛地用于化工、食品、医药、环保等领域。

图 8-27 是典型的喷雾干燥流程示意图。喷雾干燥过程可分为喷雾过程、雾气接触过程、干燥过程及产品收集过程。喷雾干燥设备可分为喷雾装置、干燥器、产品收集装置及气体清洁装置，如图 8-27 所示。

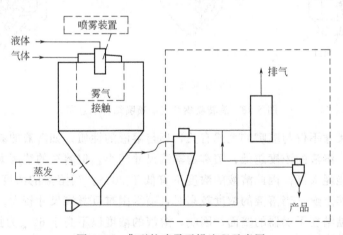

图 8-27 典型的喷雾干燥流程示意图

喷雾装置主要有 4 种类型：旋转喷嘴、高压喷嘴、气动喷嘴及超声波喷嘴。旋转喷嘴由马达驱动，旋转速度可高达 $10000\sim20000r/min$，液体离开旋转喷嘴时的切线速度可高达 $300m/s$，雾滴尺寸在 $10\sim100\mu m$ 之间，最大处理量可达到 $200000kg/h$。高压液泵使溶液在高压下喷出喷嘴出口雾化成雾滴。高压喷嘴的工作压力通常在 $100\sim300kg/cm^2$，但可高达 $700kg/cm^2$。雾滴尺寸与旋转喷嘴所雾化的雾滴尺寸相似，在 $10\sim100\mu m$ 之间。气动喷嘴利用高速旋转气流使溶液雾化。气动喷嘴的工作压力较低，在 $10kg/cm^2$ 的气体压力下即可

产生高速气流，并且雾滴尺寸远小于旋转喷嘴和高压喷嘴，约在 $2 \sim 15 \mu m$ 之间。超声波喷嘴利用超声波使溶液雾化，雾滴尺寸很小，在 $1 \sim 10 \mu m$ 之间。旋转喷嘴和气动喷嘴的结构示于图 8-28。

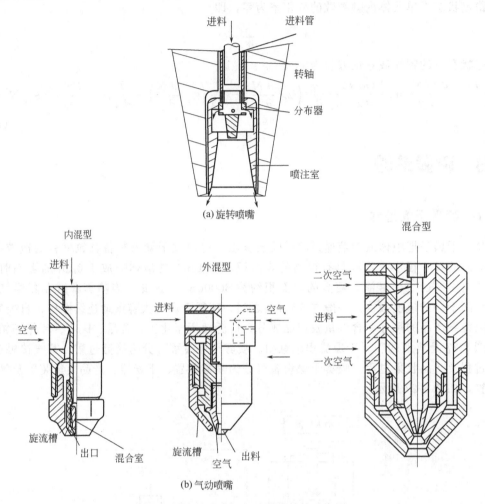

图 8-28　旋转喷嘴和气动喷嘴结构示意图

　　喷雾雾滴的尺寸不仅与喷嘴的型式有关，还与溶液的性质，如溶液的黏度、表面张力及溶液的浓度有关。溶液的浓度越低，喷雾的雾滴尺寸越小。但溶液的浓度太低时，为干燥过多液体，过程的能耗太高，因此溶液的浓度不宜低于 20％。当溶液的浓度低于 20％时，应浓缩后再进行喷雾干燥。当溶液的浓度较高时，喷雾困难且雾滴尺寸较大。所以雾滴的干燥速度较慢而易于黏结在干燥器的壁面。因此，溶液的浓度以不高于 60％为宜。

　　由于干燥过程中颗粒的长大，产品的尺寸要大于喷雾尺寸，一般在 $200 \sim 300 \mu m$ 之间，约是雾滴尺寸的 2～30 倍。各种产品的尺寸与喷雾尺寸示于图 8-29。

　　干燥器内的雾滴和气体流型主要有顺流型、逆流型和混流型，如图 8-30 所示。顺流型干燥器的突出优点是干燥器内的温度比较均匀，适用于热敏性产品。逆流型和混流型干燥器的突出优点是干燥效率高，能耗低，但干燥器内的温度不均匀，适用于非热敏性产品。三种流型干燥器的温度分布示于图 8-31。

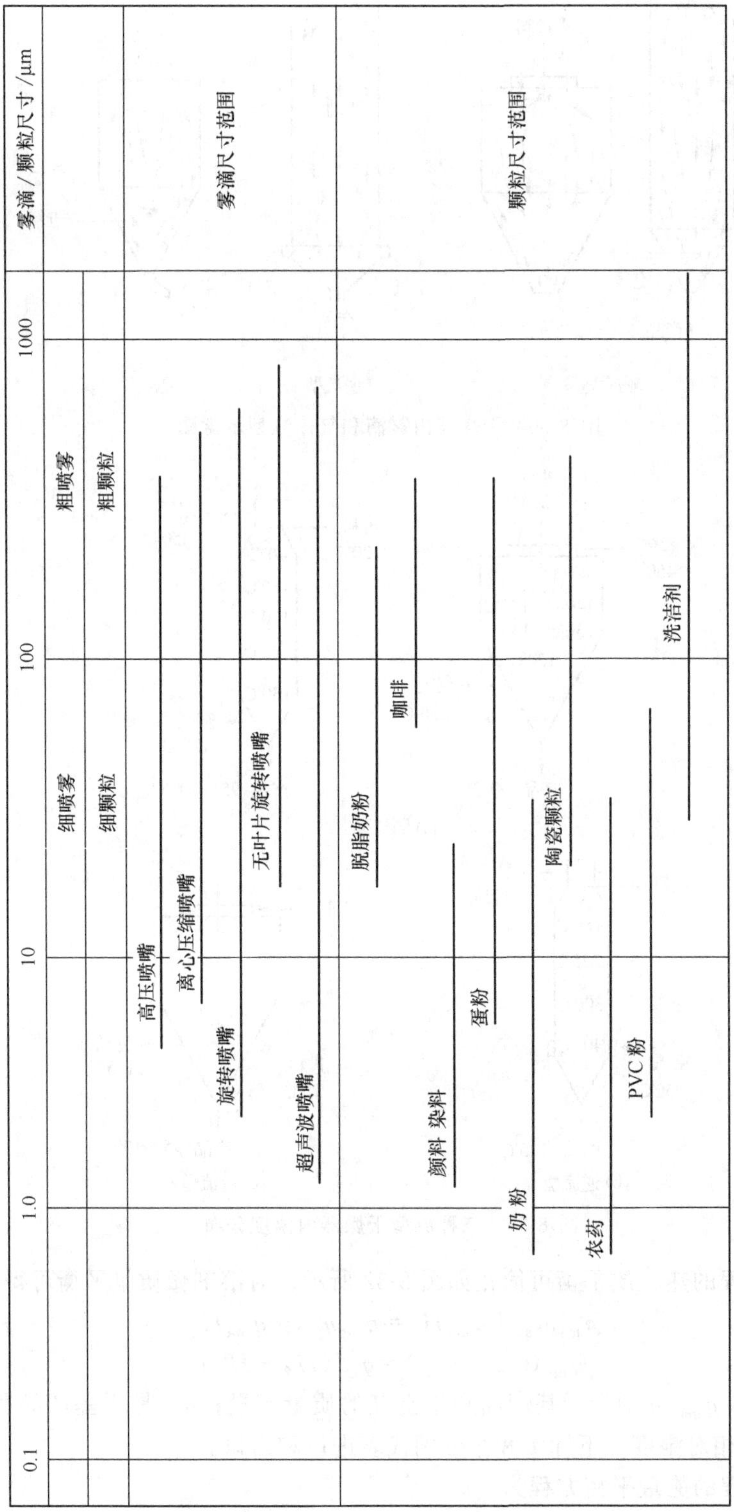

雾滴/颗粒尺寸/μm					
	0.1	1.0	10	100	1000
雾滴尺寸范围			细喷雾		粗喷雾
颗粒尺寸范围			细颗粒		粗颗粒

高压喷嘴
离心压缩喷嘴
旋转喷嘴
超声波喷嘴
无叶片旋转喷嘴
颜料 染料
奶粉
农药
脱脂奶粉
咖啡
蛋粉
陶瓷颗粒
PVC粉
洗涤剂

图 8-29 喷雾干燥造粒的喷雾尺寸与产品尺寸

207

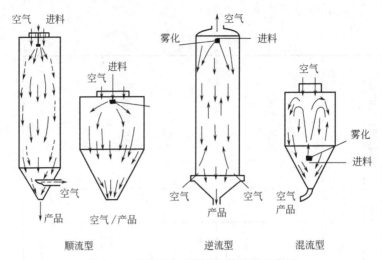

图 8-30　干燥器内雾滴和气体流型示意图

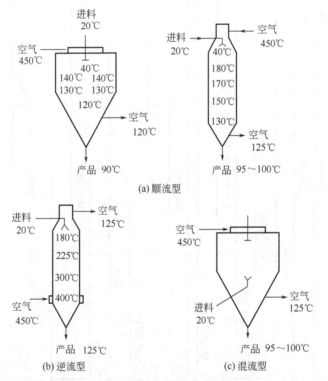

图 8-31　三种流型干燥器内温度分布

喷雾干燥过程的热、质平衡可简化如图 8-32 所示。对溶剂做质量平衡可得

$$q_{ms}m_{s1}+q_{ma}H_1=q_{ms}m_{s2}+q_{ma}H_2 \qquad (8\text{-}69)$$

或

$$q_{ms}(m_{s1}-m_{s2})=q_{ma}(H_2-H_1) \qquad (8\text{-}70)$$

式中，q_{ms} 和 q_{ma} 分别为干基产品和干空气的质量流量；m_s 是干基产品所含溶剂的质量；H 是空气的相对湿度，下标 1 和 2 分别代表进口和出口。

喷雾干燥过程的能量平衡方程为

$$q_{ma}Q_{a1}+q_{ms}Q_{s1}=q_{ma}Q_{a2}+q_{ms}Q_{s2}+Q_L \qquad (8\text{-}71)$$

式中，Q_L 是喷雾干燥设备的热损失；Q_s 是干基产品和溶剂的焓值

$$Q_s = c_{ps}\Delta T + m_s c_{pw}\Delta T \tag{8-72}$$

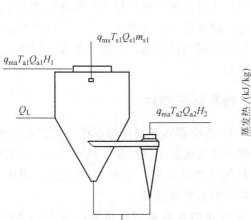

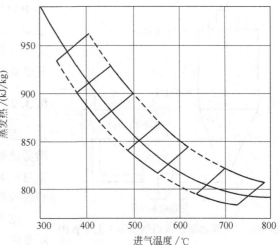

图 8-32 喷雾干燥过程热、质平衡示意图

图 8-33 进气温度对蒸发单位质量溶剂所需蒸发热的影响

其中 c_{ps} 和 c_{pw} 分别为产品和溶液的比定压热容；ΔT 为溶液进口温度与参考温度的温差（通常参考温度取溶剂的冰点温度）。

式(8-71) 中的 Q_a 为干燥介质的焓值

$$Q_a = c_{pa}\Delta T + H\lambda \tag{8-73}$$

式中，λ 是溶剂在冰点的蒸发潜热。

干燥过程的热效率为

$$\eta = \frac{\text{用于蒸发热}}{\text{输入热}} = \frac{q_{ma}(H_2 - H_1)\lambda}{q_{ma}Q_{a1} + q_{ms}Q_{s1}} \tag{8-74}$$

影响热效率的因素是进气温度和溶液的浓度，进气温度和溶液浓度对干燥过程热效率的影响示于图 8-33 和图 8-34。可以看出，随进气温度的增加，蒸发单位质量水分所需的蒸发热减少，即过程的热效率增加。对于给定的水分蒸发率，产品的产量随溶液浓度的增加而增加。

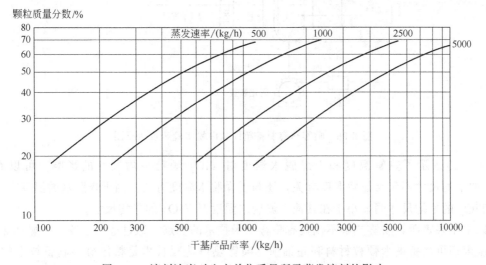

图 8-34 溶剂浓度对生产单位质量所需蒸发溶剂的影响

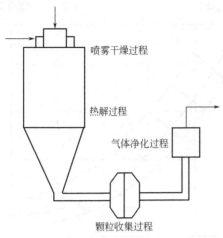

图 8-35 喷雾热解制备超细粉的工艺流程图

对某些产品如食品,过高的干燥速率会失去食品中的某些成分。因此进气温度和溶液浓度的选取主要考虑产品的质量,在满足、保证产品质量的前提下,尽可能提高进气温度和溶液浓度,以提高过程的热效率。

8.3.2 喷雾热解造粒

图 8-35 是喷雾热解制备超细粉的工艺流程图。喷雾热解可分为喷雾干燥过程、热解过程、颗粒收集过程和气体净化过程,如图 8-35 所示,图中的颗粒收集器为膜分离设备。

图 8-36 是喷雾热解制备超细钛白粉实验装置示意图。溶液的溶质为 $TiOSO_4 \cdot 4H_2O$,溶剂为 0.6mol/L 的硫酸,溶液的浓度为 $0.2kmol/m^3$。喷嘴分别为超声波喷雾器和气动喷雾器,雾滴尺寸分别在 $1 \sim 10\mu m$ 和 $2 \sim 15\mu m$ 之间,如图 8-37 所示。

图 8-38 是超声波喷雾器雾化 $TiOSO_4 \cdot 4H_2O$ 溶液的失重曲线,其中加热速率为 3K/min。可以看出,当温度为 300K 时,$TiOSO_4 \cdot 4H_2O$ 开始脱水,到 800K 时脱水结束。当温度在 900K 以上时,$TiOSO_4$ 开始热解生成 TiO_2 颗粒。

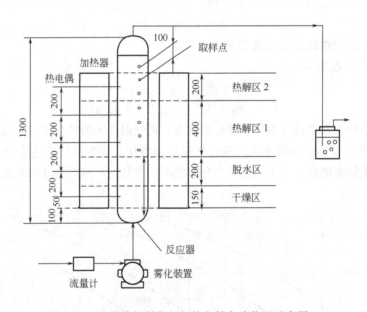

图 8-36 喷雾热解制备超细钛白粉实验装置示意图

图 8-39 表示了热解温度和干燥脱水温度对 TiO_2 颗粒平均尺寸的影响。可以看出,TiO_2 的平均尺寸不仅与热解温度有关,还与干燥脱水温度有关。当干燥脱水的温度在 673K 时,TiO_2 的平均尺寸明显小于在其他干燥脱水温度时 TiO_2 的平均尺寸。

以上结果表明,喷雾热解不仅具有喷雾干燥技术的优点,通过适当地控制干燥和热解反应的温度还可制备纳米颗粒材料和超细粉。喷雾热解造粒技术是粉体材料制备技术的前沿领域。

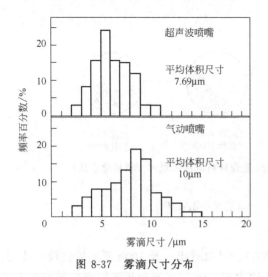

图 8-37 雾滴尺寸分布

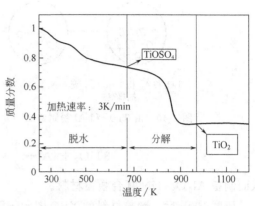

图 8-38 $TiOSO_4 \cdot 4H_2O$ 溶液失重曲线

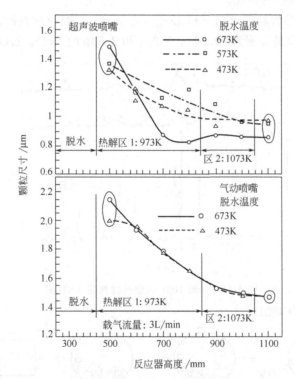

图 8-39 热解温度和脱水温度对 TiO_2 尺寸的影响

8.4 机械化学法造粒技术

图 8-40 表示了用机械化学法，由 TiO_2 粉和 Al 粉制备 Al_2O_3-TiN 复合材料流程示意图。TiO_2 粉和 Al 粉放入球磨机中，经抽真空后充入氮气至 400kPa，然后在 165r/min 的条件下运行 100h，在球磨机内将发生如下化学反应

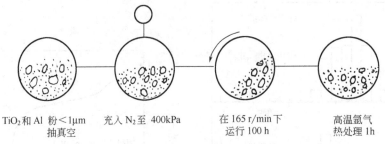

图 8-40　由 TiO₂ 和 Al 粉制备 Al₂O₃-TiN 复合材料流程示意图（机械化学法）

$$3TiO_2 + 4Al + \frac{3}{2}N_2 \longrightarrow 3TiN + 2Al_2O_3$$

从而制备 Al₂O₃-TiN 复合颗粒材料。

研磨 100h 后，颗粒材料的 XRD 图示于图 8-41。可以看出，经 100h 研磨后已没有 TiO₂ 和 Al 单相的存在。由电镜分析得最大颗粒尺寸约为 500nm。元素分析表明组成颗粒的元素是均匀的，没有单相颗粒的存在。

图 8-42 是机械化学法制备 PZT [Pb(Zr₀.₅₂T₀.₄₈)O₃] 颗粒材料的流程示意图。首先把尺寸从 0.1～10μm，质量分别为 20.56g、5.91g 和 3.53g 的 PbO、ZrO₂ 和 TiO₂ 粉体放入

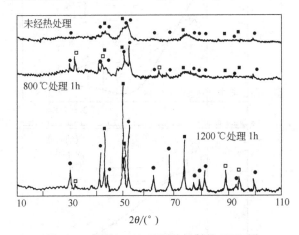

图 8-41　研磨 100h 后颗粒材料的 XRD 图

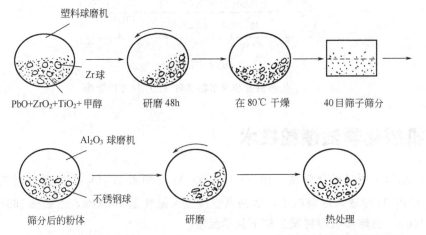

图 8-42　机械化学法制备 PZT [Pb(Zr₀.₅₂T₀.₄₈)O₃] 颗粒材料的流程示意图

塑料球磨机中，加入30g甲醇。球磨机中的球为Zr球，直径为5mm。研磨48h后，在80℃温度下进行干燥，干燥后再研磨，然后用40目的筛子筛分。把筛分后的材料放入Al_2O_3材料的球磨机，球为12.7mm的不锈钢球。研磨5h、10h、15h和20h后，在950～1100℃温度下进行热处理1h，升温速率和降温速率均为5℃/min。

表8-2列出了颗粒的比表面尺寸随处理时间的变化，可以看出，PZT的比表面积尺寸明显小于原料的颗粒尺寸。图8-43和图8-44分别是研磨并经热处理后材料的XRD图。可以看出经20h研磨后只有PZT材料相。由电镜分析得经20h研磨后获得了20～40nm的纳米颗粒PZT材料。这一过程的化学反应过程十分复杂，目前尚无研究报道。

表8-2　原料及研磨后PZT材料的比表面积尺寸随处理时间的变化

项　　目	比表面积/(m^2/g)	比表面积尺寸/nm
原　料	1.32	560
研磨10h	12.5	60
研磨15h	14.2	51
研磨20h	12.8	59

机械化学法的主要缺点是材料中含有少量的杂质，主要是研磨过程中球磨机和球本身的磨损所致。元素分析表明在Al_2O_3-TiN复合材料中含有少量铁元素，在PZT复合材料中含有少量的铁和Al_2O_3（<0.2%）。

碳化硼是一种重要的特种陶瓷材料，具有优良的力学性能与化学性能。其密度低，理论密度仅为2520kg/m^3；硬度高，莫氏硬度为9.3，显微硬度为55～67GPa，是仅次于金刚石和立方氮化硼的最硬材料；化学性质稳定，在常温下不与酸、碱和大多数无机化合物反应，仅在氢氟酸-硫酸、氢氟酸-硝酸混合物中有缓慢的腐蚀，是化学性质最稳定的化合物之一。此外，碳化硼还有很强的中子吸收能力。因此，碳化硼作为结构材料和化学原料，在抛光和精研、制备耐磨和耐腐蚀器件、钢表面渗硼、制造核反应堆堆芯组件等领域中有广泛的应用前景。

碳化硼的制备方法主要有碳还原硼酐法和镁热法。碳还原硼酐法所需的反应温度较高（2400～2700K），产物中有较高的游离硼和高硼化合物。镁热法所需的反应温度略低（1200～1500K），是目前制备的最好方法。

以氧化硼粉（分析纯98%B_2O_3）、镁粉（分析纯95%Mg）和石墨粉为原料，其尺寸均小于3mm；用南京大学仪器厂生产的QM-1F型球磨机，球磨罐体积为0.4L，

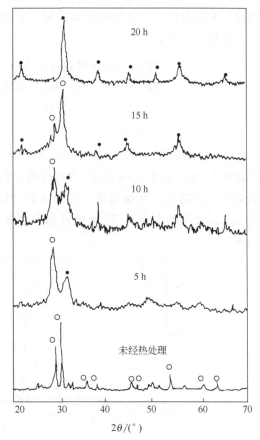

图8-43　研磨5h、10h、15h、20h后材料的XRD图

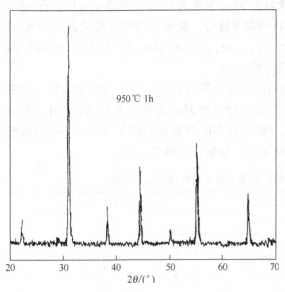

图 8-44　研磨 20h 后在 950℃下热处理
1h 后材料的 XRD 图

球磨罐盖和球磨罐体为螺纹配合（普通粗牙螺纹），以使反应产生的气体可通过螺纹间隙排出球磨罐；球磨介质为直径 19mm 的不锈钢球。实验研究了机械化学法在常温下诱发镁热反应、合成碳化硼的过程，实验结果表明，在氧化硼、镁粉及石墨粉的原料配比为 30g：33g：3g，球料比为 5：1 时，研磨时间为 72h 诱发了镁热反应，合成了亚微米碳化硼颗粒材料。

图 8-45 是在公转转速为 175r/min（正转）、研磨时间为 72h 的产物的 XRD 谱图。由图 8-45 可以看出，在此试验条件下没有诱发生成碳化硼的化学反应，球磨过程中没有观察到气体产物排出球磨罐。试验后在拆卸球磨罐时，球磨罐的温度接近室温。图 8-46 是在公转转速为 200r/min（正转）、研磨时间为 72h 的产物的 XRD 谱图。由图 8-46 可以看出产物主要是 MgO 和 B_4C，说明在此实验条件下诱发了生成 B_4C 的化学反应，球磨过程中观察到气体产物排出球磨罐。试验后在拆卸球磨罐时，球磨罐的温度略高于室温。可能的反应如下

$$2B_2O_3(s)+6Mg(s)+C(s)=\quad B_4C(s)+6MgO(s)$$

25.197g　26.390g　2.172g　9.996g　43.762g

$$2B_2O_3(s)\quad+5Mg(s)+C(s)=\quad B_4C(s)+5MgO(s)+CO(g)$$

4.803g　　4.192g　0.827g　1.905g　6.952g　　0.996g

其中 Mg 的过量为 2.418g（约为 8%）。两个反应产物中的 MgO 为 50.714g，约占固体产物的 81%。如图 8-46 所示，MgO 的衍射强度远大于 Mg 和 B_4C 的衍射强度。经盐酸和水洗后，产物呈黑色粉末状，它的 XRD 谱图示于图 8-47，可以看出所得产物的主要成分是 B_4C。碳化硼颗粒的 TEM 照片示于图 8-48，碳化硼颗粒在 100～200nm 之间，远小于 1μm。

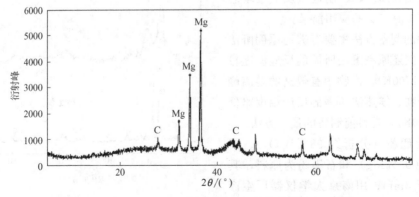

图 8-45　175 r/min 转速下研磨 72h 的产物的 XRD 谱图

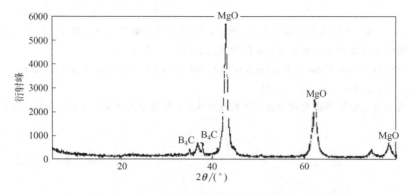

图 8-46 200 r/min 转速下研磨 72h 的产物的 XRD 谱图

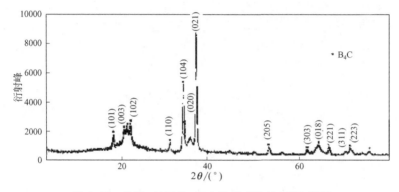

图 8-47 盐酸（18%）和水洗后产物的 XRD 谱图

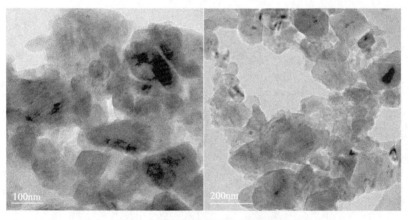

图 8-48 碳化硼颗粒的电镜照片

参 考 文 献

[1] Hidy G M. Aerosols, An Industrial and Enviromental Science. Pittsburgh: Academic Press, 1984.

[2] Masters K. Spray Drying Handbook. 3rd ed. London: Leonard Hillbooks, 1993.

[3] 张薇. 火焰 CVD 法制备纳米 TiO_2/炭黑的实验与理论研究. 大连: 大连理工大学, 2004.

[4] 郝晓梅. 火焰 CVD 法制备 TiO_2 纳米颗粒的数值模拟. 大连: 大连理工大学, 2005.

[5] 郝晓梅, 谢洪勇. 火焰 CVD 法制备纳米 TiO_2 颗粒材料的尺寸特征. 中国粉体技术, 2006, 12:

19-22.

[6] 谢洪勇. 火焰 CVD 法制备含纳米 TiO_2 的研究，中国材料科学与设备，2006，3：91-94.

[7] 邓丰. 机械合金制备碳化硼亚微米材料的研究. 大连理工大学，2005.

[8] Deng F，Xie H Y and Wang L. Synthecis of B_4C Submicron Particles by Mechanochemical Methed. Materials Letters，2006，60：1171-1173.

[9] 谢洪勇. 机械化学法制备碳化硼及其晶体结构研究. 上海第二工业大学学报，2006，23：122-126.

9 粉碎

9.1 颗粒的强度

9.1.1 颗粒的理想强度

当构成颗粒的材料没有缺陷时，颗粒的强度称为颗粒的理想强度。由于材料没有缺陷，材料晶格间的结合均为原子间或分子间的强结合。此时原子间或分子间作用力与它们之间距离的关系示于图 9-1。原子或分子间的引力源于原子或分子间的化学键如共价键、金属键、离子键等，原子或分子间的斥力为原子核间的排斥力。引力和斥力的作用使原子或分子处于平衡位置，如图 9-1 所示。原子或分子间抵抗外界作用而不偏离平衡位置的能力即为颗粒的理想强度。

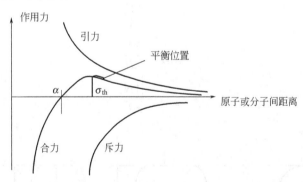

图 9-1 材料晶格原子或分子间力与它们之间距离的示意图

由颗粒理想强度的定义可得颗粒的理想强度 σ_{th} 等于使晶格间原子或分子离开平衡位置所需的能量，即

$$\sigma_{th} = \sqrt{\frac{\gamma Y}{\alpha}} \tag{9-1}$$

式中，γ 是表面能；α 是引力和斥力相等时原子或分子间的距离；Y 是材料的屈服极限强度。一些颗粒材料的理想强度列于表 9-1，颗粒的理想强度对选取和设计粉碎设备有重要参考价值。

表 9-1　一些颗粒材料的理想强度

材　料	σ_{th}/MPa	材　料	σ_{th}/MPa	材　料	σ_{th}/MPa
铁	40000	石英玻璃	16000	玻璃纤维	8000~10000
MgO	37000	钢	20000	石棉	20000
NaCl	4300	岩石	4000		

9.1.2　颗粒强度

由于实际材料不可避免地存在缺陷，因此颗粒强度小于颗粒的理想强度。当材料有缺陷时，材料的实际强度是使缺陷裂缝失稳扩展的外界作用。即当外界做功大于裂缝扩展形成新表面所需的能量时，裂缝将扩展而断裂。当材料有一椭圆形缺陷裂缝，如图 9-2 所示时，由 Griffth 理论可得颗粒的强度为

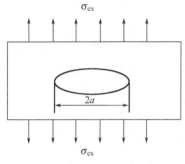

图 9-2　材料缺陷示意图

$$\sigma_{ex} = \sqrt{\frac{2\gamma Y}{\pi a}} \tag{9-2}$$

实际上材料的缺陷不仅是多样的，而且尺寸也大小不一，因此颗粒强度不仅与材料的性质有关，还与破坏的方式有关。根据颗粒的破坏方式，颗粒强度可分为挤压强度、剪断强度、磨蚀强度和冲击强度。

（1）颗粒的挤压强度

在测试颗粒的挤压强度时通常用标准形状的颗粒，如球形和柱形颗粒。对于球形颗粒，挤压接触为点接触，如图 9-3 所示。对于柱形颗粒，挤压接触有线接触和面接触两种情况。颗粒的点挤压、线挤压和面挤压强度分别为

$$\sigma_{ex,点} = \frac{2N}{\pi d^2} \tag{9-3}$$

$$\sigma_{ex,线} = \frac{2N}{\pi dL} \tag{9-4}$$

$$\sigma_{ex,面} = \frac{4N}{\pi d^2} \tag{9-5}$$

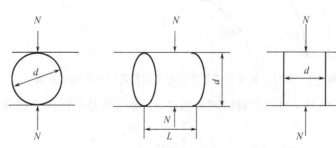

图 9-3　球形和柱形颗粒挤压强度测量示意图

实验表明，颗粒的点挤压强度与线挤压强度相当，如图 9-4 所示。颗粒的面挤压强度远大于点挤压或线挤压强度，且与圆柱的长径比有关，如图 9-5 所示。从图 9-5 可以看出，

当长径比为 1 时面挤压强度最小，因此通常采用等长径比的柱形颗粒测量颗粒的面挤压强度。

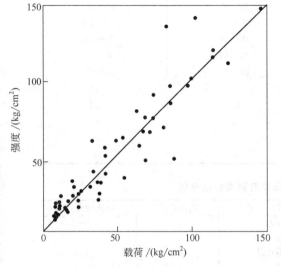

图 9-4　点挤压强度与线挤压强度的关系

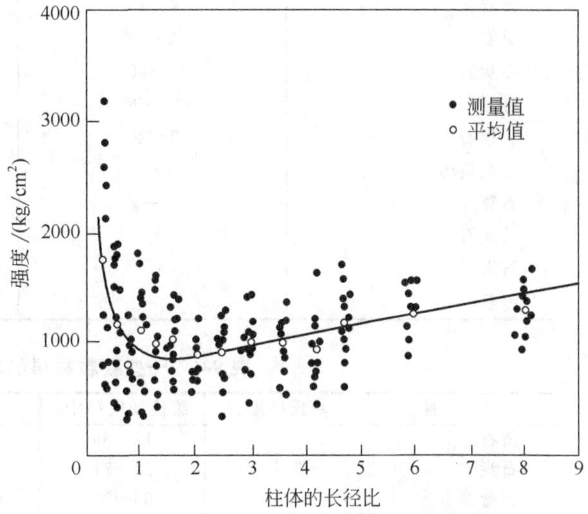

图 9-5　面挤压强度与长径比的关系

虽然实际颗粒不一定是球形或柱形，在粉碎单元操作中的方式也不一定完全是点挤压、线挤压或面挤压，但颗粒的点挤压和线挤压强度对粉碎设备的选取与设计有重要的参考价值。一些颗粒材料的点挤压强度列于表 9-2，表中数据均由 2cm 球测得。

表 9-2　一些颗粒材料的点挤压强度

材　　料	$\sigma_{ex,点}$/MPa	材　　料	$\sigma_{ex,点}$/MPa
石英玻璃	27.0	大理石	2.48
石英	11.4	石膏	2.42
石灰石	4.15	滑石	1.05

（2）剪断强度

图 9-6 是颗粒剪断强度示意图，颗粒的剪断强度为

$$\sigma_{ex,\tau} = \frac{T}{A} \qquad (9-6)$$

一些颗粒材料的面挤压强度、线挤压强度和剪断强度列于表 9-3。可以看出，颗粒的剪断强度约为线挤压强度的 1～2 倍，但颗粒的面挤压强度约为线挤压强度的 10 倍。

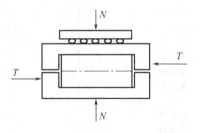

图 9-6　颗粒剪断强度示意图

（3）磨蚀强度

目前还没有标准的方法来测试颗粒磨蚀强度，但经验表明颗粒的磨蚀强度与材料的硬度有关。材料的硬度越高，颗粒的磨蚀强度越高，反之颗粒的磨蚀强度越低。一些颗粒材料的莫氏硬度和维氏硬度列于表 9-4。

表 9-3　一些材料的颗粒强度

材　料	线挤压强度/MPa	剪断强度/MPa	面挤压强度/MPa
花岗岩	7～25	14～49	100～250
砂岩	4～25	8～40	20～170
页岩	2～10	3～30	10～100
石灰岩	5～25	10～49	30～245
硅岩	10～30	20～59	147～294
大理石	7～20	15～30	98～245
石英玻璃	—	—	515
石英	—	55	146
石灰石	—	18	96
石膏	—	8	30
滑石	—	6	18

表 9-4　一些颗粒材料的莫氏硬度和维氏硬度值

材　料	莫氏硬度	维氏硬度/MPa	材　料	莫氏硬度	维氏硬度/MPa
滑石	1	12～56	磷灰石	5	300～600
石炭	2.5	53～71	玻璃	5	500
石膏	2	36～70	石英玻璃	6.5	465
云母	2～3	70～115	石英	6.5～7	750～1280
大理石	3	107	铁矿石	5～6.5	300～600
石灰石	4	115	金刚砂	7～8	—
白云石	3.5～4	145～180			

（4）冲击强度

目前也没有标准的方法来测试颗粒的冲击强度，但粉碎单元操作的经验表明，颗粒的冲击强度可用下式来估算

$$\sigma_{ex,im} = 0.6\rho_P Wi \tag{9-7}$$

式中，ρ_P 是颗粒的密度；Wi 是 Bond 功指数（kW·h/t）。一些材料颗粒的冲击强度的参考值列于表 9-5。

表 9-5　一些颗粒材料冲击强度的参考值（单位毫米厚度试样）

材　料	$\sigma_{ex,im}$/kJ	材　料	$\sigma_{ex,im}$/kJ
重晶石	18	石灰石	21
玄武岩	39	镁矿石	33
矾土	15	铬矿石	26
白云石	30	云母	26
锌矿石	30	镍矿石	26.5
金刚砂	135	钾矿石	14
铜矿石	27	黄铁矿石	20.4
玻璃	6	磁黄铁矿石	26
金矿石	30	石英岩	22
花岗岩	26	石英	22
石膏	54	砂石	21
钛铁矿石	39	硅砂	29
铁矿石	42	硅石（SiO_2）	24
银矿石	32	碳硅	48
水玻璃	18	锡矿石	28
铀矿石	33	钛矿石	33
铅矿石	26		

9.2 粉碎功

（1）Rittinger 定律

Rittinger 于 1867 年提出单位质量颗粒的粉碎功正比于颗粒生成的表面积，即

$$W = C_R (S_P - S_f) \tag{9-8}$$

式中，W 是单位质量颗粒的粉碎功；S_P 和 S_f 分别是颗粒粉碎后和粉碎前的比表面积。

（2）Kick 定律

Kick 于 1885 年提出单位质量颗粒的粉碎功正比于颗粒的变形能，即

$$W = C_K \int_0^\Delta d_P^2 \sigma \mathrm{d}\Delta = C_K \frac{d_P^3}{Y} \int_0^\sigma \sigma \mathrm{d}\sigma = C_K' \ d_P^3 \tag{9-9}$$

式中，d_P 是粉碎后的颗粒尺寸；σ 是应力；Δ 是应变。

（3）Bond 定律

Rittinger 定律和 Kick 定律适用于单一颗粒。由于在粉碎的单元操作中颗粒的尺寸和形状都是不均匀的，颗粒的破碎过程与机理都很复杂。Bond 认为在粉碎初期由于颗粒尺寸较大，粉碎功满足 Kick 定律，而在粉碎后期，随颗粒尺寸的减小粉碎功满足 Rittinger 定律。即在粉碎初期粉碎功正比于 d_P^3，而在粉碎后期应正比于 d_P^2。Bond 于 1952 年提出颗粒的粉碎功正比于 $d_P^{2.5}$，所以单位质量颗粒的粉碎功将与颗粒尺寸的平方根成反比。即

$$W = Wi \left(\frac{10}{\sqrt{d_P}} - \frac{10}{\sqrt{d_f}} \right) \tag{9-10}$$

式中，d_f 和 d_P 分别是原料和粉碎生成物的 80% 通过粒径（单位为 μm）；Wi 称为 Bond 功指数。

由式（9-10）可以看出，它是把单位质量无限大的颗粒粉碎成 80% 通过粒径为 $100\mu m$ 时所消耗的能量。因此 Bond 功指数可由实验室规模或商业规模粉碎试验获得。一些材料的 Bond 功指数列于表 9-6。

表 9-6 不同材料的 Bond 功指数

材　料	$Wi/(kW \cdot h/t)$	材　料	$Wi/(kW \cdot h/t)$	材　料	$Wi/(kW \cdot h/t)$
重晶石	6.24	钛铁矿石	13.11	磁黄铁矿石	9.57
亥武岗	20.41	铁矿石	15.44	石英岩	12.18
矾土	9.45	银矿石	17.30	石英	12.77
白云石	11.31	水玻璃	13.00	砂石	11.53
锌矿石	12.42	铅矿石	11.40	硅砂	16.46
金刚砂	58.18	石灰石	11.61	硅石(SiO_2)	16.40
铜矿石	13.13	镁矿石	12.46	碳硅	26.17
玻璃	3.08	铬矿石	9.60	锡矿石	13.70
金矿石	14.83	云母	134.50	钛矿石	11.88
花岗岩	14.39	镍矿石	11.88	铀矿石	17.93
石墨	45.03	钾矿石	8.88		
石膏	8.16	黄铁矿石	8.90		

虽然 Bond 功指数与测试设备和测试条件有关，且目前尚无测量 Bond 功指数的国际标准，但实验表明对同一颗粒材料，在不同实验室所得的数据很接近。因此 Bond 功指数可用于计算粉碎设备所需的功率，而且可用于评估现有粉碎设备的能耗效率。以粉碎石灰石为例，设原料 80％通过粒径为 1.5cm，产品 80％通过尺寸为 40μm，处理量为 5t/h，估算粉碎设备所需的功率。从表 9-6 查得石灰石 Bond 功指数为 11.61kW·h/t，从式（9-10）得粉碎功为 19kW·h/t。因此粉碎设备所需功率（如电机）为 95kW。若现有粉碎设备的电机功率远高于 95kW，则该粉碎设备的粉碎效率较低。改进的办法是完善该粉碎设备或改选其他类型的粉碎设备，以提高粉碎效率。

9.3 粉碎极限

粉碎设备的发展方向和研究的前沿领域是制备纳米颗粒材料和超细粉体材料。由粉碎法制备颗粒材料有无尺寸极限是多年来有争议的问题。Hosokawa 公司在 20 世纪 50 年代开发的粉碎设备所得颗粒尺寸可达 3μm，而这一尺寸保持了近 30 年。因此 3μm 多年来被认为是通过粉碎所能制备的颗粒材料极限尺寸。但近年来的研究表明通过添加粉碎助剂或用不同的粉碎介质可制备超细粉体材料。

图 9-7 是用振动球磨机粉碎 SiO_2 的实验结果。通过调节转速、振幅和振动强度可获得不同的颗粒尺寸。当粉碎介质是空气时，可获得的最小颗粒尺寸约为 3μm。当粉碎介质为水时，可获得的最小颗粒尺寸可达 0.5μm。图 9-7 的结果表明当粉碎的粒度达最小值后，随粉碎时间的增加，颗粒的比表面积和颗粒的尺寸都在增加。

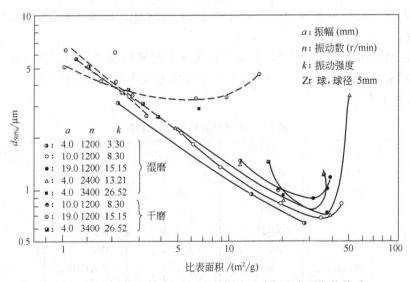

图 9-7   振动球磨机粉碎 SiO_2 所得颗粒尺寸与比表面积的关系

颗粒尺寸随粉碎时间的增加而增加，原因可能是随着颗粒尺寸进一步减小，由于颗粒间作用力使颗粒形成聚块（aggregate）或聚团（agglomerate），因此所测颗粒尺寸为聚块或聚团的尺寸。由于聚块或聚团具有较高的孔隙率，因此颗粒的比表面积在增加。因此粉碎过程可分为粒度减小区、粒度平衡区和粒度长大区，如图 9-8 所示。如何减少粉碎过程中颗粒间作用力是制备超细粉或纳米颗粒材料的关键问题，也是粉碎研究的前沿领域。

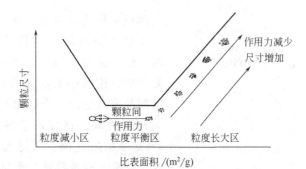

图 9-8　粉碎过程粒度变化机理示意图

9.4　研磨过程动力学

9.4.1　操作参数的影响

在球磨机中，磨料的研磨效果除了与自身的性质及球磨罐的尺寸等有关外，还与球磨罐中物料的多少、球磨介质与磨料之间的碰撞速度及碰撞速率、球磨罐中球磨介质尺寸及其质量与磨料的质量之比（球料比）等因素有很大关系。而球磨介质的碰撞速率及碰撞频率与球磨机的转速密切相关。

图 9-9 是南京大学仪器厂生产的 QM－1F 行星式球磨机，公转转速在 0～300r/min 之间可调，对应的自转转速在 0～600r/min 之间，球罐体积为 0.4L，研磨介质为直径 19mm 的钢球。

图 9-9　QM－1F 行星式球磨机

图 9-10 是球料比对氧化硼颗粒研磨效果的影响，氧化硼初始颗粒尺寸在 1～1.6mm 之间，可以看出高球料比的研磨效果较好。转速对研磨效果的影响示于图 9-11，转速高，研磨效果好。

9.4.2　粉碎速率常数

物料在球磨机里的粉碎率取决于物料颗粒的粒级以及本身强度特性。一般来说，任何给

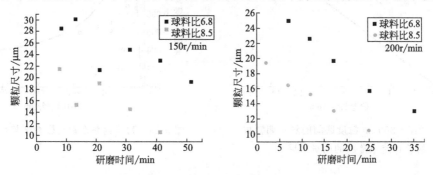

图 9-10　球料比对氧化硼研磨效果的影响

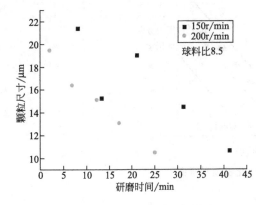

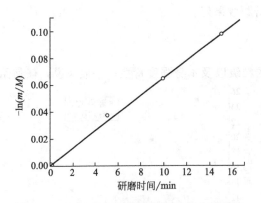

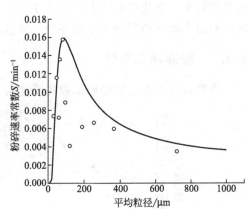

图 9-11 转速对研磨效果的影响

定的机械作用，对于一些大颗粒，由于力的作用不够大而难以有效粉碎；而对于一些小颗粒，由于施力作用的统计概率不合适而未能有效粉碎。用筛序来定义物料的粒度范围，一个区间粒度（也叫一个粒级）近似地作为一种均匀材料处理。这样，给料粒度范围可划分为 $1 \sim n$ 个粒度区间。若球磨机里的粉末质量为 W，粒级 j 的重量百分率为 w_j，粒级 j 的粉碎速率 S_j 定义为

$$粒级 j 粉碎到较小粒级的粉碎率 = S_j w_j W \tag{9-11}$$

其单位为时间的倒数，与化学动力学的一阶速率常数相类似。将给料粒级 j 的研磨速率与均匀一阶反应速率相比，假设 S_j 是常数，则式（9-11）为

$$d(w_j W)/dt = -S_j w_j W \tag{9-12}$$

积分上式得

$$w_j(t) = w_j(0) e^{-S_j t} \tag{9-13}$$

设研磨前初始质量为 M，经过短时间研磨后，通过筛分和称量，得到该尺寸区间的剩余质量为 m，通过改变研磨时间可得到 $-\ln(m/M)$ 与研磨时间 t 的曲线，则该尺寸区间的粉碎速率常数 S 可由该曲线的线性回归的斜率得出。

图 9-12 是 $216 \sim 300 \mu m$ 粒度区间的氧化硼颗粒的粉碎速率常数 S 测量结果，由实验点线性回归得到的粉碎速率常数为 $0.0066(\text{min}^{-1})$。其他粒度区间的氧化硼颗粒的粉碎速率常数 S 测量结果示于图 9-13。从图中可以看出氧化硼颗粒的粉碎速率常数 S 随粒度的变化可由下面函数近似表示

$$S = 0.01596 \times \exp\left[\frac{(\ln d - \ln 88)^2}{0.125 \times d^{0.5}}\right] \tag{9-14}$$

图 9-12 $216 \sim 300 \mu m$ 粒度区间的氧化硼颗粒的粉碎速率常数的测量结果

图 9-13 粉碎速率常数与颗粒平均尺寸的关系

氧化硼颗粒的区间尺寸及实验条件列于表 9-7 和表 9-8。

表 9-7 实验用氧化硼颗粒的尺寸区间及颗粒平均尺寸

区　　间	1	2	3	4	5	6
区间范围/μm	440～1000	300～440	216～300	150～216	105～150	88～105
平均尺寸/μm	720	370	258	183	128	97
区　　间	7	8	9	10	11	12
区间范围/μm	74～88	61～74	54～61	42～54	25.8～42	<25.8
平均尺寸/μm	81	68	58	48	33.9	13

表 9-8 氧化硼颗粒的粉碎速率常数 S 测量条件

球磨罐	数量	2
	内径/cm	8.4
	长度/cm	7.5
	体积/cm^3	415.6
转速	公转/(r/min)	200
	自转/(r/min)	400
球磨介质	材质	不锈钢
	直径/mm	16.6
	数量	17
	总质量/g	320.5
球磨料	材质	氧化硼
	密度/(g/cm^3)	2.8
	总质量/g	55.0
球料比	5.8∶1	

9.4.3　粉碎分布系数

在粉碎过程中，在一个一次通过装置内粉碎一个给定的粒级，所得到的粒度分布称为子系粉碎分布（daughter fragment distribution），习惯上以累计形式表示，$B_{i,j}$＝从粉碎较大粒级 j 中所得的小于粒度 x_i 的百分率，这里 x_i 是第 i 粒级中的最大粒度。很显然，$B_{i,j}$＝0，$1-B_{i,j}$ 代表了通过后第 j 粒级仍留在这个粒级的百分率。$b_{ij}=B_{i,j}-B_{i+1,j}$ 代表第 j 粒级转化到第 i 粒级的百分率。数列 b_{ij} 称之为粉碎分布系数。同粉碎速率常数实验一样，为了求得粉碎分布系数，将氧化硼分成不同的尺寸区间，然后对每一个区间研磨较短的一段时间，对研磨后的粉体进行筛分，看研磨后粉体在该区间以下各区间中的分布情况，进而求得其粉碎分布系数。对某一尺寸区间，其颗粒平均尺寸为 d_j，设研磨前初始质量为 M，经过短时间研磨后，通过筛分和称量，得到该尺寸区间的剩余质量为 m，及小于该尺寸区间的某个尺寸区间（其平均尺寸为 d_i）的质量为 m_i，则分布系数 b_{ij} 为

$$b_{ij}=m_i/(M-m) \tag{9-15}$$

以表 9-7 的粒度区间 5 为例，球磨前粉体的质量为 55.19g，球磨 5min 后，区间 5 剩余质量为 48.44g，磨下的质量为 6.75g，质量分布及区间 5 的分布系数如表 9-9 所示。其他尺寸区间的实验结果示于表 9-10 及图 9-14，实验结果表明分布系数 b_{ij} 几乎与 $d_i^{4.5}$ 成正比，其

表 9-9 粒度区间 5 的分布系数实验结果

区间	5	6	7	8	9	10	11	12	13
粒径	128	97	81	68	58	48	40.5	32.2	13
质量	48.44	3.6	1.1	0.55	0.5	0.35	0.25	0.2	0.2
b_{ij}	—	0.549	0.168	0.084	0.076	0.053	0.038	0.031	0.031

表 9-10 各区间分布系数 b_{ij} 的实验测量结果

i / j	2	3	4	5	6	7	8	9	10	11	12	13
1	0.775	0.175	0.050	0	0	0	0	0	0	0	0	0
2	—	0.721	0.16	0.046	0.038	0.02	0.016	0	0	0	0	0
3	—	—	0.723	0.141	0.051	0.034	0.028	0.023	0.723	0	0	0
4	—	—	—	0.572	0.168	0.067	0.044	0.038	0.043	0.041	0.027	0
5	—	—	—	—	0.549	0.168	0.084	0.076	0.053	0.038	0.031	0.031
6	—	—	—	—	—	0.558	0.111	0.101	0.055	0.078	0.046	0.051
7	—	—	—	—	—	—	0.558	0.218	0.047	0.062	0.057	0.058
8	—	—	—	—	—	—	—	0.617	0.064	0.102	0.103	0.114
9	—	—	—	—	—	—	—	—	0.326	0.232	0.167	0.275
10	—	—	—	—	—	—	—	—	—	0.557	0.255	0.188
11	—	—	—	—	—	—	—	—	—	—	0.718	0.282

比例常数与区间尺寸 d_j 有关。以 $b_{ij}^{\frac{1}{4.5}}d_j$ 为纵坐标，以 d_i 为横坐标的尺寸区间的结果示于图 9-15。由图 9-15 可以得出，$b_{ij}^{\frac{1}{4.5}}d_j$ 与 d_i 几乎成正比，即 b_{ij} 可近似为

$$b_{ij} = kd_i^{4.5}/d_j^{4.5} \tag{9-16}$$

则 b_{ij} 对尺寸 d_i 的导数为

$$b'_{ij} = kd_i^{3.5}/d_j^{4.5} \tag{9-17}$$

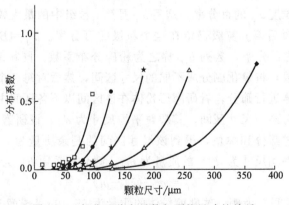

图 9-14 氧化硼分布系数与颗粒尺寸的关系

由分布系数的定义可知 $\int_0^{d_j} b'_{ij} d\phi = 1$，可求得 $k = 4.5$。图 9-15 中的直线是 $k = 4.5$ 的结果，与实验结果符合得很好。

滑石粉的粉碎速率常数与颗粒平均尺寸的关系示于图 9-16，与氧化硼不同，滑石粉的粉碎速率常数随颗粒平均尺寸的增加而增加，并可关联为

$$S = 0.007d^{0.57} \tag{9-18}$$

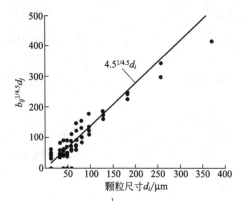

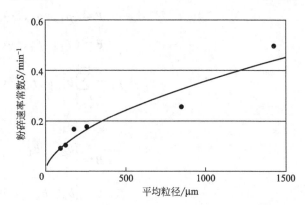

图 9-15 $b_{ij}^{\frac{1}{4.5}} d_j$ 与 d_i 的关系

图 9-16 滑石粉的粉碎速率常数与颗粒平均尺寸的关系

分布系数 b_{ij} 与颗粒尺寸 b_i 的平方成正比

$$b_{ij} = d_i^2 / d_j^2 \tag{9-19}$$

如图 9-17 所示。

9.4.4 研磨过程模拟计算

对于粉碎过程，有很多学者建立了不同的解析模型。最早的模型是 Epstein 在 1948 年提出的概率模型。他从统计观点确立了分别描述颗粒破碎概率的选择函数和破碎产物粒度的破碎分布函数，并建立了如下微分-积分方程

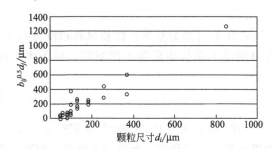

图 9-17 滑石粉的分布系数 $b_{ij}^{0.5} d_j$ 与 d_i 的关系

$$p_p(x) = \int_0^x \mathrm{d}p_p(y) + \int_{y=x}^{x_{\max}} \pi B(x, y) \mathrm{d}p_{p-1}(y) \tag{9-20}$$

式中，$p_p(x)$ 是第 p 次粉碎产物中粒径小于 x 的质量比，表示不同粒级颗粒受粉碎作用的概率（选择函数）；$B(x, y)$ 表示粒径为 y 的颗粒粉碎后生成粒径为 x 的颗粒质量比。

1953 年 Sedlatshek 和 Bass 将粉碎过程中粒度随时间的变化用类似化学分解反应模型的方法进行了描述，建立了如下矩阵微分方程组。

$$\mathrm{d}\boldsymbol{M}/\mathrm{d}t = \boldsymbol{VM} \tag{9-21}$$

其中，$\boldsymbol{M} = (m_1, m_2, \cdots, m_n)$

$$\boldsymbol{V} = \begin{bmatrix} -v_{1,1} & & & 0 \\ v_{2,1} & -v_{2,2} & & \\ \vdots & \vdots & & \\ v_{n,1} & v_{n,2} & \cdots & -v_{n,n} \end{bmatrix} \tag{9-22}$$

$v_{i,j}$ 为 j 粒度区间颗粒受到粉碎作用后，在单位时间内转到 i 粒度区间的质量比，由于它包含了颗粒被粉碎概率和破裂粒度分布两个方面内容，很难确定其值的大小。

1956 年 Broadbent 和 Callcott 在 Epstein 的基础上，导出了粉碎过程的静态矩阵模型

$$P = \{B\Omega + (I - \Omega)\}F = DF \tag{9-23}$$

式中

$$P = (p_1, \ p_2, \ \cdots, \ p_n)^T \tag{9-24}$$

$$F = (f_1, \ f_2, \ \cdots, \ f_n)^T \tag{9-25}$$

$$p_i = \sum_{\substack{j=1 \\ i>1}}^{i-1} b_{i,j}\omega_i f_i + (1-\omega_i)f_i \tag{9-26}$$

$$B = \begin{bmatrix} b_1 & & & 0 \\ b_2 & b_1 & & \\ \vdots & & & \\ b_n & b_{n-1} & \cdots & b_1 \end{bmatrix} \tag{9-27}$$

$$\Omega = \begin{bmatrix} \omega_1 & & & 0 \\ & \omega_2 & & \\ & & \ddots & \\ 0 & & & \omega_n \end{bmatrix} \tag{9-28}$$

P 和 F 分别为粉碎产物和原料粒度分布向量，Ω 和 B 分别为选择矩阵和分布矩阵，I 和 D 分别为单位矩阵和破碎矩阵。对于多阶段进行的批次粉碎过程，有如下的静态矩阵模型

$$P_p = D^p F \tag{9-29}$$

1984 年盖国胜对选择矩阵 Ω 进行了修正，即认为不同粒级颗粒被粉碎的选择函数随过程进行是不断变化的，提出如下的动态矩阵模型

$$P_p = \left[\prod_{i=1}^p D_i \right] \cdot F \tag{9-30}$$

并用石灰石等矿物粉碎过程进行了计算机模型和实验验证。

1962 年 Gaudin 与 Meloy 等人利用 Bass 建立的微分方程，将选择函数和分布函数以连续函数形式来表示，建立了如下的偏微分-积分方程

$$\frac{\partial^2 P(x,t)}{\partial t \partial x} = -S(x)\frac{\partial P(x,t)}{\partial x} + \int_{y-x}^{x_{max}} \frac{\partial P(y,t)}{\partial y} S(y) \frac{r(y-x)^r}{y^r} dy \tag{9-31}$$

同年，Gardner 和 Austin 对连续粉碎过程建立了如下的微分-积分方程

$$P(x, \ t) = P(x, \ 0) + \int_0^t \int_{y-x}^{x_{max}} s(y)B(y, \ x) dy dt \tag{9-32}$$

Filippov 从纯数学角度对粉碎过程的研究，也得到了相同的模型。

Austin综合许多粉碎动力学模型，提出了时间连续、尺寸离散的形式的一级动力学模型，对这一动力学模型的研究及应用相对来说较为广泛，其表示如下

$$dw_i(t)/dt = -S_i w_i(t) + \sum_{j=i+1} b_{ij} S_j w_j(t) \tag{9-33}$$

由于从实验中可近似得到粉碎速率及其分布系数与颗粒尺寸的连续函数，由式(9-33)可得研磨过程质量分数的积分微分方程为

$$\partial w(d,t)/\partial t = -S(d)w(t) + \int_d^{d_m} S(\phi)b'(d,\phi)w(\phi,t)d\phi \tag{9-34}$$

令 $\eta = \phi/d_{max}$、$\alpha = d/d_{max}$、$\beta = S/S_{max}$、$\tau = tS_{max}$，对氧化硼颗粒可得

$$\partial w(\alpha,\tau)/\partial\tau = -\beta(\alpha)w(\alpha,\tau) + 4.5\int_\alpha^1 \alpha^{3.5}\beta(\eta)w(\eta,\tau)\eta^{-4.5}d\eta \tag{9-35}$$

对滑石粉颗粒可得

$$\partial w(\alpha,\tau)/\partial\tau = -\beta(\alpha)w(\alpha,\tau) + 2\int_\alpha^1 \alpha S(\eta)w(\eta,\tau)\eta^{-2}d\eta \tag{9-36}$$

在数值计算中，离散时可以定义 $\eta = jh$，其中 $h = 0.001$，$j = 1$、2、$\cdots$、1000，则氧化硼颗粒研磨过程的质量分数积分-微分方程可以化简为以下的离散形式

$$\partial w_i(\tau)/\partial\tau = -\beta_i w_i + 4.5 \times i^{3.5} \sum_{j=i+1} \beta_j w_j/j^{4.5} \tag{9-37}$$

为求解给定的初始粒度分布、研磨时间 $t(min)$ 后的粒度分布，需解如下 1000 个一阶常微分方程组

$$\begin{cases} \partial w_1(\tau)/\partial\tau = -\beta_1 w_1 + 4.5 \times 1^{3.5} \sum_{j=2}^{1000} \beta_j w_j/j^{4.5} \\ \quad\vdots \\ \partial w_i(\tau)/\partial\tau = -\beta_i w_i + 4.5 \times i^{3.5} \sum_{j=i+1}^{1000} \beta_j w_j/j^{4.5} \\ \quad\vdots \\ \partial w_{1000}(\tau)/\partial\tau = -\beta_{1000} w_{1000} \end{cases} \tag{9-38}$$

滑石粉颗粒研磨过程的质量分数积分-微分方程可以化为

$$\begin{cases} dw_1(\tau)/d\tau = -\beta_1 w_1 + 2 \sum_{j=2}^{1000} \beta_j w_j/j^2 \\ \quad\vdots \\ dw_i(\tau)/d\tau = -\beta_i w_i + 2i \sum_{j=i+1}^{1000} \beta_j w_j/j^2 \\ \quad\vdots \\ dw_{1000}(\tau)/d\tau = -\beta_{1000} w_{1000} \end{cases} \tag{9-39}$$

氧化硼颗粒和滑石粉颗粒的模拟结果与实验结果的比较示于图 9-18。计算结果表明，粉体的研磨过程是个加速过程。当粉碎速率常数与时间成线性关系，即加速度取为常数时计

算结果与实验结果吻合的很好。对氧化硼颗粒和滑石粉颗粒，加速度 C 分别等于 0.000275 min^{-2} 和 0.0066min^{-2}。

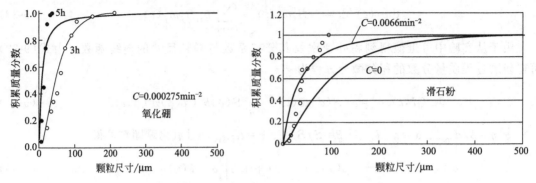

图 9-18　研磨过程计算结果与实验结果的比较

$$\partial S / \partial t = C \tag{9-40}$$

参 考 文 献

[1]　Perry R H，Green D W. Perry's Chemical Engineering Handbook. 7th ed. New York：McGraw-Hill，1997.

[2]　邓丰. 机械合金化制备碳化硼亚微米材料的研究. 大连：大连理工大学，2005.

[3]　邓丰，谢洪勇，张礼鸣，王来. 氧化硼研磨的实验与理论研究. 过程工程学报，2006，6：67-70.

10 混合

10.1 混合过程机理

　　混合是指把物性不同的粉体通过机械或流动的方法使它们宏观地均匀分布的粉体单元操作。混合单元操作既可以用于取得最终产品，也可以用于控制过程的传热速率、传质速率、化学反应速率，以提高过程的效率及获得高质量的产品。因此粉体混合的单元操作广泛地用于化工、制药、食品、农产品等工业领域。

　　虽然各工业中粉体混合的种类及对粉体混合的要求不同，粉体的混合大致有三种情况，如图 10-1 所示。

　　① 整体混合　把不同性质的颗粒或颗粒团块均匀混合的过程，如图 10-1(a) 所示。

　　② 解散混合　把不同性质的颗粒团块解散开并达到颗粒的均匀混合的过程，如图 10-1(b) 所示。

　　③ 混合混炼　把不同性质的颗粒团块解散开达到颗粒的均匀混合，并且使它们混炼成复合性能的颗粒，如图 10-1(c) 所示。

　　虽然粉体的混合设备种类很多，但在混合设备中粉体的混合机理可分为三种。

　　① 对流混合　粉体团块从设备中的一处移到另一处，类似于流体的对流。

　　② 扩散混合　对流混合分散的粉体团块中的颗粒，由于剪切、摩擦、碰撞、流动等因素而混合，类似于流体的湍流扩散混合。

　　③ 剪切混合　由于粉体的塑性行为，粉体流动时在粉体内部有滑移面，颗粒沿滑移面的流动具有一定的波动性而使滑移

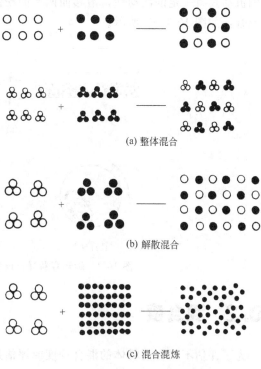

(a) 整体混合

(b) 解散混合

(c) 混合混炼

图 10-1　粉体混合操作种类示意图

面两侧的颗粒有一定交换的混合，类似于流体层流时的分子扩散混合。

图 10-2 是一立式螺旋搅拌混合设备，A、B 为两种物性不同的粉体。螺旋不仅自转而且还沿周向旋转，如图 10-2(a) 所示。随着螺旋的旋转，粉体 A 从下半部被输送到上半部并与粉体 B 混合，称为对流混合，如图 10-2(b) 所示。被螺旋输送到上半部的粉体 A 团块在螺旋搅拌运动作用下，因剪切、摩擦、碰撞、流动等因素进一步分散开并与粉体 B 混合，称为扩散混合，如图 10-2(c) 所示。

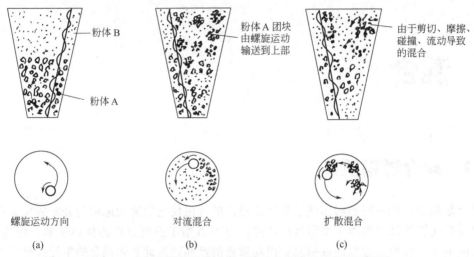

图 10-2　立式螺旋搅拌混合器内对流和扩散混合机理示意图

图 10-3 是一旋转容器混合设备，A、B 为两种物性不同的粉体。由于粉体的塑性行为，随着容器的旋转粉体将沿滑移面移动，图示的流线即为滑移面。由于颗粒沿滑移面移动，流线的流动具有一定的波动性，滑移面两侧的粉体有一定的交换而使 A、B 粉体混合，称为剪切混合，如图 10-3(c) 所示。

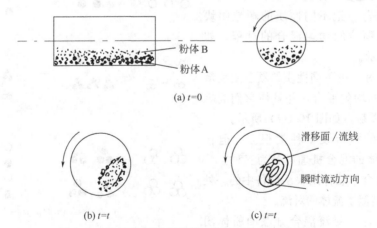

图 10-3　旋转容器混合设备内剪切混合机理示意图

10.2　混合度

为了评估不同物性粉体的混合程度或评估某一混合设备的混合效果，需对混合的粉体采样及分析。设样品数为 n，x_i 为每一样品某一组分的分数如浓度、质量分数等。则这一组

分分数的平均值为

$$\bar{x}=\frac{1}{n}\sum_{i=1}^{n}x_i \tag{10-1}$$

这一组分分数的标准偏差或均方根 S 为

$$S=\sqrt{\frac{1}{n-1}\sum_{i=1}^{n}(x_i-\bar{x})^2} \tag{10-2}$$

当粉体达到完全混合时，某一组分分数的标准偏差 S_R 为

$$S_R=\sqrt{\frac{P(1-P)}{N}} \tag{10-3}$$

式中，P 为该组分的百分数；N 为样品的颗粒总数。可以看出当样品取得很多时，即 $N\to\infty$ 时，$S_R\to 0$。

当粉体完全未混合时，某一组分分数的标准偏差 S_0 为

$$S_0=\sqrt{P(1-P)} \tag{10-4}$$

粉体的混合度定义为

$$M_1=\frac{S_0-S}{S_0-S_R} \tag{10-5}$$

或定义为

$$M_2=1-\frac{S}{S_0} \tag{10-6}$$

通常 M_1 与 M_2 不等，但当样品取的很多时，即当 $N\to\infty$ 时，理论上 M_1 与等于 M_2。

以混合黑白两种沙子颗粒为例，混合设备为容器旋转型混合器。粉体的填充率约为30%，其中黑沙子占粉体总量的20%，白沙子为80%。混合器以 21r/min 的转速旋转，某一时刻停机后进行随机取样。共取样30次（即在30个位置取样），每一样品黑沙子的数目列于表10-1。

表 10-1　样品中黑沙子数和沙子颗粒总数

样品编号	黑沙子数	沙子总数	黑沙子分数	样品编号	黑沙子数	沙子总数	黑沙子分数	样品编号	黑沙子数	沙子总数	黑沙子分数
1	36	114	0.316	11	21	115	0.183	21	22	116	0.190
2	27	112	0.241	12	18	120	0.150	22	23	115	0.200
3	44	111	0.396	13	18	111	0.162	23	13	112	0.116
4	33	114	0.290	14	22	115	0.191	24	20	110	0.182
5	22	119	0.185	15	27	110	0.246	25	25	115	0.217
6	31	117	0.265	16	17	104	0.164	26	17	109	0.156
7	28	119	0.235	17	25	115	0.217	27	15	109	0.138
8	34	113	0.301	18	24	124	0.194	28	23	113	0.204
9	20	114	0.175	19	26	108	0.241	29	27	106	0.255
10	25	111	0.225	20	10	120	0.083	30	20	112	0.179

由表10-1及式(10-1)～式(10-6)得样品的黑沙子比率的平均值为

$$x=\frac{1}{30}\sum_{i=1}^{30}x_i=0.21$$

黑沙子的标准偏差为

$$S=\sqrt{\frac{1}{29}\sum_{i=1}^{30}(x_i-\bar{x})^2}=0.0633$$

完全分离时黑沙子的标准偏差 S_0 为

$$S_0 = \sqrt{P(1-P)} = \sqrt{0.2 \times 0.8} = 0.4$$

完全混合时黑沙子的标准偏差 S_R 为

$$S_R = \sqrt{\frac{P(1-P)}{N}} = \sqrt{\frac{0.2 \times 0.8}{30}} = 0.007$$

则混合度 M_1 为

$$M_1 = \frac{S_0 - S}{S_0 - S_R} = 0.857$$

混合度 M_2 为

$$M_2 = 1 - \frac{S}{S_0} = 0.843$$

两种不同定义的混合度接近,说明取样次数比较合理。

混合度可以用来评估混合程度的好坏。对于正确的取样及样品分析,当混合度小于 0.6 时为不良混合,混合度大于 0.8 时为良好混合。

10.3 取样及样品分析

除用取样次数、取样地点、取样多少来保证取样的随机性外,取样方法及取样设备也很重要,应加以说明。取样方法和取样设备对取得的样品有一定的影响,如图 10-4 所示。当用取样管取样时,取样管插入粉体内部接近取样点时,由于取样管具有一定的体积,取样管将使取样管附近的粉体移动而影响样品的代表性。因此在保证有足够量的样品时应尽量减少取样管的体积。

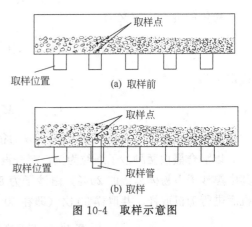

图 10-4 取样示意图

常用的取样管示于图 10-5,由外管及实心棒构成。实心棒在外管内自由移动,在外管一侧或不同方向开有圆孔或沟槽。圆孔或沟槽的大小及位置视颗粒的尺寸及取样的位置而定。当取样管插入粉体中时,实心棒完全处于取样管内,因此外管的圆孔或沟槽处于关闭状态。当取样管插入预定的位置时,缓慢向外抽拉实心棒,粉体将从外管的圆孔或沟槽流入取样管内。

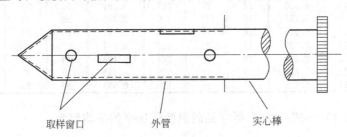

图 10-5 取样管示意图

最简单的样品分析方法是数颗粒数,但此法不是对所有的粉体都适用的。因此样品分析通常是根据混合的目的来测量颗粒及粉体的物性,如表 10-2 所示。通过所测物性计算标准偏差,从而确定混合度。当粉体是很细的粉体时,颗粒数是不可数的,因此常用混合度的定义 M_2 来衡量粉体混合的好坏。

表 10-2　样品分析方法

混合的目的	所测物性	混合的目的	所测物性
色　混　合	色　　度	成分混合	成分分析
尺寸混合	尺寸分布	导电性混合	电　导　率
密度混合	堆积密度	导热性混合	导热系数
形状混合	显微观察	溶解性混合	溶　解　性

10.4　混合设备

目前仍无统一的混合设备分类标准。根据容器的运动方式可分为容器旋转型、搅拌型及容器旋转+搅拌型，其中搅拌型又分为低速搅拌型和高速搅拌型。根据混合过程的机理可分为剪切混合型、对流与扩散混合型及混合混炼型。根据混合的应用可分为整体混合设备、解散混合设备及混合混炼设备，如表 10-3 所示。

表 10-3　混合设备的分类

混合机理 ＼ 混合应用	整体混合	解散混合	精密混合与混炼
剪切混合	容器旋转型		
对流与扩散混合	低速搅拌型	高速搅拌型	
精密混合与混炼			容器旋转+高速搅拌型

（1）容器旋转型混合设备

主要有 V 形、双锥形和圆柱形三种类型，如图 10-6 所示。容器旋转混合设备的混合机理为剪切混合，只能用于整体混合且混合速度较慢。其混合度低于其他类型的混合设备，如低速和高速搅拌型，如图 10-7 所示。

(a) V 形　　　　　　(b) 双锥形　　　　　　(c) 圆柱形

图 10-6　容器旋转型混合设备

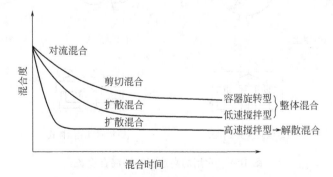

图 10-7　混合设备混合度随时间变化示意图

（2）低速搅拌型混合设备

常用的低速搅拌型混合设备为螺旋搅拌设备，如图 10-8 所示。低速搅拌混合设备的混合机理为对流和扩散混合，用于整体混合。与容器旋转型混合设备相比，低速搅拌混合设备具有较快的混合速率和较高的混合度，如图 10-7 所示。

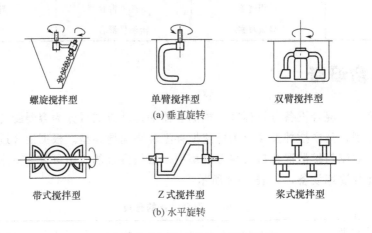

螺旋搅拌型   单臂搅拌型   双臂搅拌型

(a) 垂直旋转

带式搅拌型   Z式搅拌型   桨式搅拌型

(b) 水平旋转

图 10-8   常用低速搅拌型混合设备

（3）高速搅拌型混合设备

常用的高速搅拌型混合设备为叶片搅拌型，如图 10-9 所示。高速搅拌型混合设备的混合机理与低速搅拌型混合设备的混合机理相同，但由于在高速搅拌作用下粉体团（块）的运动十分剧烈，因此高速搅拌型混合设备可用于解散混合，其混合速率快，并能达到较高的混合度，如图 10-7 所示。

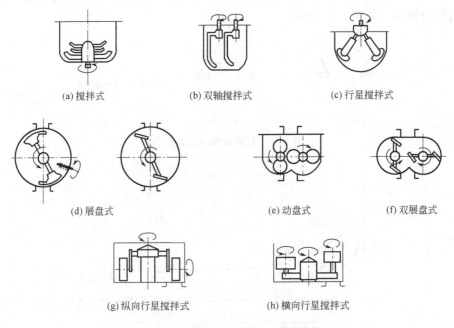

(a) 搅拌式   (b) 双轴搅拌式   (c) 行星搅拌式

(d) 展盘式   (e) 动盘式   (f) 双展盘式

(g) 纵向行星搅拌式   (h) 横向行星搅拌式

图 10-9   常用的高速搅拌型混合设备

（4）精密混合与混炼设备

图 10-10 所示为精密混合与混炼设备，它由椭圆形容器和椭圆形旋转轴组成。椭圆形容器和椭圆轴分别以高速反向旋转，不仅能够使容器内的粉体迅速地得到混合，而且在容器与椭圆轴缝间的挤压、剪断、磨蚀作用下，达到精密混合与混炼。由于强烈的混合和剪断作用，精密混合与混炼设备可用于纳米颗粒材料的混合并能达到很高的混合度。图 10-11 是把银合金复合到纳米陶瓷材料上的实验结果。当处理时间到 1000s 后，随着处理时间的增加，样品的色度急剧增加，说明陶瓷材料的表面已被银合金覆盖。

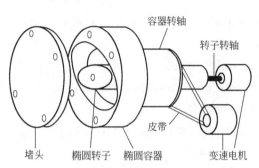

图 10-10　精密混合与混炼设备示意图

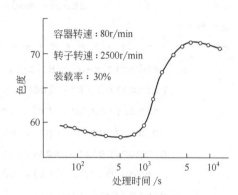

图 10-11　银合金/纳米陶瓷颗粒混合混炼实验结果

10.5　影响混合的因素

影响混合的因素主要有颗粒和粉体的物性、设备因素，操作因素及粉体与设备相互作用因素。

主要的颗粒及粉体物性有：形状、团聚性、尺寸、密度、含湿度、粉体的流动性等。

其中颗粒的团聚性与形状是影响粉体混合的主要因素。对混合团聚性强或形状极不规则的颗粒，需采用高速搅拌混合设备以达到解散混合及良好的混合度。

主要的设备因素有几何形状与尺寸、搅拌的型式与尺寸、加料及卸料的方式。设备因素主要影响粉体在混合设备内的流型及速度分布，因此影响对流混合速度。选取设备的形状与尺寸、搅拌器的型式与尺寸、加料及卸料的位置与方式的原则之一是使粉体在混合器内流动容易以增加对流混合速度。

主要的操作因素有加料量占混合器的体积分数、加料速率、容器旋转速度或搅拌速度。为了保证粉体在混合器内有良好的流动性，加料量以不超过混合设备容积的 1/3 为宜。对于连续运行的混合操作，加料速率应低于混合速率以保持良好的混合。搅拌速度的选取主要考虑混合的应用。对于解散混合的应用，应采用高速搅拌。对整体混合的应用，可采用低速搅拌，容器旋转或搅拌速度的选取还应考虑颗粒的易碎性。对于易碎的颗粒应尽可能降低容器旋转速度或搅拌速度。

粉体与设备的相互作用是指当混合设备内部有构件时，构件对粉体在混合设备内流动的影响。应尽可能地合理安排构件以减少对粉体在设备内流动的影响，从而减少构件对对流混合速度的影响。

附录 二维两组分球形颗粒填充数值模拟计算程序

```
c* * * * * * * * * * * * * * * * * * * * * * * * * * * * * * * * * * * *
* *
c* * *                                                          * * *
c* * *          two-dimensional particle element method         * * *
c* * *              sphere model  ......   i-pem. f              * * *
c* * *                                                        * * *
c* * * * * * * * * * * * * * * * * * * * * * * * * * * * * * * * * * * *
        implicit real* 8 (a-h, k, m, o-z)
        parameter (ni= 1000, nj= 13, nc= 20000)
        common/con/dt, fri, frw, e, ew, po, pow, so, g, de, pi
        common/wep/rr (ni), wei (ni), pmi (ni)
        common/cel/n, idx, idz, ipz, w, c, ncl (nc), nncl (ni)
        common/pos/x0 (ni), z0 (ni), qq (ni)
        common/vel/u0 (ni), v0 (ni), f0 (ni)
        common/for1/xf (ni), zf (ni), mf (ni)
        common/for2/en (ni, nj), es (ni, nj), je (ni, nj)
        common/dpm/u (ni+ 3), v (ni+ 3), f (ni+ 3)
        data maxstep/2000000/
c
c--------setting up the first position and initial condition
      call fposit (rmax)
c
      call inmat
c
c--------initial setting--------------------------
      call init
c
      t= 0. d0
c
c--------iteration for each step--------------------
      do 120 it= 1, maxstep
      t= t+ dt
c
c--------taking particle into cell--------------------
      call ncel
c
      do 100 i= 1, n
```

238

```
        xf (i) = 0. d0
        zf (i) = 0. d0
        mf (i) = 0. d0
c
c--------calculation of contact force between paricle and wall--
      call wcont (i)
c
c--------calculation of contact force between paricles----------
      call pcont (i, rmax)
c
  100  continue
c
c--------superposition of incremental displacement-------------
        call nposit (judge)
c
c--------judgment of static state----------------------------
        if   (1-judge) 200, 200, 199
c
  199  if   (mod (it, 100). eq. 0) then
       write (6, * )' time= ', t, z0 (n), v0 (n)
      endif
c--------output of graphic data-----------------------------
      if (it. eq. 1 . or. mod (it, 50000). eq. 0) then
      call gfout (it, t, rmax)
      endif
c
  120  continue
c--------output of back up data-----------------------------
  200  call bfout
c
      close (10)
      close (11)
c
      stop
      end
c
c* * * * * * fposit* * * * * * * * * * * * * * * * * * * * * * *
```

```
c
      subroutine fposit (rmax)
      implicit real* 8 (a-h, k, m, o-z)
      parameter (ni= 1000, nj= 13, nc= 20000)
      common/con/dt, fri, frw, e, ew, po, pow, so, g, de, pi
      common/wep/rr (ni), wei (ni), pmi (ni)
      common/cel/n, idx, idz, ipz, w, c, ncl (nc), nncl (ni)
      common/pos/x0 (ni), z0 (ni), qq (ni)
      data ii/584287/
      data r1, r2/1. d-2, 5. d-3/
      data w, ipz/5. d-1, 30/
c
      rmax= r1
      rmin= r2
      rn= rmax+ 1. d-5
      ipx= idint (w/2. d0/rn)
      n= 0
      do 20 i= 1, ipz
        if (mod (i, 2). eq. 0) then
          dx= 2. d0* rn
          ip= ipx-1
        else
          dx= rn
          ip= ipx
        elseif
        do 10 j= 1, ip
          call random (ii, ru)
          if (ru. lt. 2. d-1) goto 10
          n= n+ 1
          if (n. gt. ni) write (6, * )
     s          ' number of particales is more than', ni
          x0(n) = 2. d0* rn*  (j-1) + dx
          z0(n) = 2. d0* rn*  (i-1) + rn
c
          call random (ii, ru)
          if  (ru. lt. 5. d-1) then
            rr (n) = r1
          else
            rr (n) = r2
          endif
```

```
10   continue
20   continue
     write (6, * )' number of paricles;', n
     c= rmin* 1.35d0
     idx= idint (w/c) + 1
     idz= idint (z0 (n) /c) + 10
     if (idx* idz.gt.nc) then
     write (6, * )' ncl is over! !', idx* idz
     stop
     endif
     return
     end
c
c* * * * * * * inmat* * * * * * * * * * * * * * * * * * * * * * * * *
c
     subroutine inmat
     implicit real* 8 (a-h, k, m, o-z)
     parameter (ni= 1000, nj= 13, nc= 20000)
     common/con/dt, fri, frw, e, ew, po, pow, so, g, de, pi
     common/wep/rr (ni), wei (ni), pmi (ni)
     common/cel/n, idx, idz, ipz, w, c, ncl (nc), nncl (ni)
     data dt/1.d-6/, pi/3.14159d0/, g/9.80665d0/
     data de, e, ew, po, pow/2.48d3, 4.9d9, 3.9d9, 2.3d-1, 2.5d-1/
     data fri, frw/2.5d-1, 1.7d-1/
c
     so= 1.d0/2.d0/(1.d0+ po)
     do 10 i= 1, n
       wei(i) = 4.d0/3.d0* pi* rr (i) * rr (i) * rr (i) * de
       pmi(i) = 8.d0/15.d0* de* pi*  (rr (i) ) * * 5.
   10 continue
c
     return
     end
c
c* * * * * * * init* * * * * * * * * * * * * * * * * * * * * * * * * *
c
     subroutine init
     implicit real* 8 (a-h, k, m, o-z)
     parameter (ni= 1000, nj= 13, nc= 20000)
     common/cel/n, idx, idz, ipz, w, c, ncl (nc), nncl (ni)
```

```
      common/for2/en (ni, nj), es (ni, nj), je (ni, nj)
c

      do 3 i= 1, n
        do 2 j= 1, nj
          en (i, j) = 0. d0
          es (i, j) = 0. d0
    2  continue
        do 4 ij= 1, nj
        je (i, ij) = 0
    4  continue
    3 continue


      return
      end
c
c* * * * * * * ncel* * * * * * * * * * * * * * * * * * * * * * * * * * * * *
c

      subroutine ncel
      implicit real* 8 (a-h, k, m, o-z)
      parameter (ni= 1000, nj= 13, nc= 20000)
      common/cel/n, idx, idz, ipz, w, c, ncl (nc), nncl (ni)
      common/pos/x0 (ni), z0 (ni), qq (ni)
      common/vel/u0 (ni), v0 (ni), f0 (ni)
      common/for1/xf (ni), zf (ni), mf (ni)
      common/for2/en (ni, nj), es (ni, nj), je (ni, nj)
      common/dpm/u (ni+ 3), v (ni+ 3), f (ni+ 3)
c
      dO  10  ib= 1, (idx* idz)
        ncl (ib) = O
   10 continue
      dO  20  i= 1, n
        nncl (i) = 0
        ib= idint (z0 (i) /c) * idx+ idint (x0 (i) /c) + 1
        ncl (ib) = i
        nncl (i) = ib
   20  continue
      return
      end
c
c* * * * * * * wcont* * * * * * * * * * * * * * * * * * * * * * * * * * * * *
```

```
c
      subroutine wcont (i)
      implicit real* 8 (a-h, k, m, o-z)
      parameter (ni= 1000, nj= 13, nc= 20000)
      common/wep/rr (ni), wei (ni), pmi (ni)
      common/cel/n, idx, idz, ipz, w, c, ncl (nc), nncl (ni)
      common/pos/x0 (ni), z0 (ni), qq (ni)
      common/vel/u0 (ni), v0 (ni), f0 (ni)
      common/for1/xf (ni), zf (ni), mf (ni)
      common/for2/en (ni, nj), es (ni, nj), je (ni, nj)
      common/dpm/u (ni+ 3), v (ni+ 3), f (ni+ 3)
c
      xi= x0 (i)
      zi= z0 (i)
      ri= rr (i)
c
c---left wall----
      jk= 11
      j= n+ 1
      if (xi. lt. ri) then
        as= 0. d0
        ac= ─1. d0
        gap= dabs (xi)
        je (i, jk) = n+ 1
        call actf (i, j, jk, as, ac, gap)
    else
      en (i, jk) = 0. d0
      es (i, jk) = 0. d0
      je (i, jk) = 0
    endif
c
c ---under wall----
c
      jk= 12
      j= n+ 2
      if (zi. lt. ri) then
      as= ─1. d0
      ac= 0. d0
      gap= dabs (zi)
      je (i, jk) = n+ 2
```

```
          call actf (i, j, jk, as, ac, gap)
       else
          en (i, jk) = 0. d0
          es (i, jk) = 0. d0
          je (i, jk) = 0
       endif
c
c---right wall-----
c
       jk= 13
       j= n+ 3
       if (xi+ ri. gt. w) then
       as= 0. d0
       ac= 1. d0
       gap= dabs (xi-w)
       je (i, jk) = n+ 3
          call actf (i, j, jk, as, ac, gap)
       else
          en (i, jk) = 0. d0
          es (i, jk) = 0. d0
          je (i, jk) = 0
       endif
       return
       end
c
c
c* * * * * * * pcont* * * * * * * * * * * * * * * * * * * * * * * * * *
c
       subroutine pcont (i, rmax)
       implicit real* 8 (a-h, k, m, o-z)
       parameter (ni= 1000, nj= 13, nc= 20000)
       common/wep/rr (ni), wei (ni), pmi (ni)
       common/cel/n, idx, idz, ipz, w, c, ncl (nc), nncl (ni)
       common/pos/x0 (ni), z0 (ni), qq (ni)
       common/vel/u0 (ni), v0 (ni), f0 (ni)
       common/for1/xf (ni), zf (ni), mf (ni)
       common/for2/en (ni, nj), es (ni, nj), je (ni, nj)
       common/dpm/u (ni+ 3), v (ni+ 3), f (ni+ 3)
c
       xi= x0 (i)
```

```
      zi= z0 (i)
      ri= rr (i)
c

      lup= idint ( (zi+ 2.d0* rmax) /c)
      lun= idint ( (zi-2.d0* rmax) /c)
      lrf= idint ( (xi-2.d0* rmax) /c)
      lrg= idint ( (xi+ 2.d0* rmax) /c)
      if (lup.ge.idz) lup= idz-1
      if (lun.lt.0) lun= 0
      if (llf.lt.0) llf= 0
c

      if (lup.le.lun) then
        write (6, * ) i,' lup= ', lup,' lun= ', lun,' c= ', c,
     &              ' rmax', rmax, xi, zi, idz
      endif
c

      do 90 lz= lun, lup
        do 80 lx= llf, lrg
          ib= lz* idx+ lx+ 1
          j= ncl (ib)
          if (j.le.0) goto 80
          if (j.eq.i) goto 80
          do 11 jj= 1, 10
            if (je (i, jj).eq.j) then
              jk= jj
              goto 70
          end if
  12      continue
  70      xj= x0 (j)
          zj= z0 (j)
          rj= rr (j)
          gap= dsqrt ( (xi-xj) * (xi-xj) + (zi-zj) * (zi-zj) )
          if (gap.lt.dsqrt ( (ri+ rj) * (ri+ rj) ) ) then
            if (i.gt.j) then
              ac= (xj-xi) /(gap)
                as= (zj-zi) /(gap)
                j0= 0
                do 555 jj= 1, 10
                if (je (j, jj).eq.i) then
                  j0= jj
```

245

```
            goto 554
        endif
555     continue
554     call actf (i, j, jk, as, ac. gap)
        en (j, j0) = en (i, jk)
        es (j, j0) = es (i, jk)
        j0= 0
        endif
     else
85        en (i, jk) = 0. d0
        es (i, jk) = 0. d0
        je (i, jk) = 0
   endif
80        continue
90 continue
   return
   end
c
c* * * * * * * nposit* * * * * * * * * * * * * * * * * * * * * * * * * * * *
c
     subroutine nposit (judge)
     implicit real* 8 (a-h, k, m, o-z)
     parameter (ni= 1000, nj= 13, nc= 20000)
     common/con/dt, fri, frw, e, ew, po, pow, so, g, de, pi
     common/wep/rr (ni), wei (ni), pmi (ni)
     common/cel/n, idx, idz, ipz, w, c, ncl (nc), nncl (ni)
     common/pos/x0 (ni), z0 (ni), qq (ni)
     common/vel/u0 (ni), v0 (ni), f0 (ni)
     common/for1/xf (ni), zf (ni), mf (ni)
     common/dpm/u (ni+ 3), v (ni+ 3), f (ni+ 3)
c
     sum= 0. d0
     do 110 i= 1, n
       v0 (i) = v0 (i) + (zf (i) -wei (i) * g) /wei (i) * dt
       u0 (i) = u0 (i) + xf (i) /wei(i) * dt
       f0 (i) = f0 (i) + mf (i) /pmi(i) * dt
       v (i) = (v0 (i) * dt+ v(i) ) /2. d0
       u (i) = (u0 (i) * dt+ u(i) ) /2. d0
       f (i) = (f0 (i) * dt+ f(i) ) /2. d0
       z0 (i) = z0 (i) + v(i)
```

```
      x0 (i) = x0 (i) + u(i)
      qq (i) = qq (i) + f(i)
      sum= dabs (u (i) ) + dabs (v (i) ) + sum
  110 continue
    av= sum/real (n) /2.d0
    if (av.lt.(dt* dt* g* 1.0d-1) ) then
      judge= 1
    else
      judge= 0
    endif
    return
    end
c
c
c* * * * * * actf* * * * * * * * * * * * * * * * * * * * * * * * * *
c
      subroutine actf (i, j, jk, as, ac, gap)
      implicit real* 8 (a-h, k, m, o-z)
      parameter (ni= 1000, nj= 13, nc= 20000)
      common/con/dt, fri, frw, e, ew, po, pow, so, g, de, pi
      common/wep/rr (ni), wei (ni), pmi (ni)
      common/cel/n, idx, idz, ipz, w, c, ncl (nc), nncl (ni)
      common/pos/x0 (ni), z0 (ni), qq (ni)
      common/vel/u0 (ni), v0 (ni), f0 (ni)
      common/for1/xf (ni), zf (ni), mf (ni)
      common/for2/en (ni, nj), es (ni, nj), je (ni, nj)
      common/dpm/u (ni+ 3), v (ni+ 3), f (ni+ 3)
c
      ri= rr (i)
      if ( (j-n).lt.0) then
        rj= rr (j)
        dis= ri+ rj-gap
        wei3= 2.d0* wei (i) * wei (j) /(wei (i) + wei(j) )
      else
        rj= 0.d0
        dis= ri-gap
        wei3= wei (i)
      endif
      enn= en (i, jk)
      if (enn.le. 0.d0) enn-1.d0
```

```
        if ( (j-n).le.0.d0) then
          b1= (3.d0/2.d0/e* ri* rj/(ri+ rj) * (1.d0-po* po)
     &    * enn) ** (1./3.)
          knn= 2.d0/3.d0* b1* e/(1.d0-po* po)
          kss= knn* so
          vnn= 2.d0* dsqrt (wei3* knn)
          vss= vnn* dsqrt (so)
        else
          b1= ( (3.d0/4.d0* ri ( (1.d0-po* po) /e+ (1.d0-pow* pow) /ew) )
     &    * enn) ** (1./3.)
          knn= 4.d0/3.d0* b1* e* ew/( (1.d0-po* po) * ew+ (1.d0-pow* pow) * e)
          kss= knn* so
          vnn= 2.d0* dsqrt (wei3* knn)
          vss= vnn* dsqrt (so)
        endif
        ddt= 1.d-1* dsqrt (wei3* knn)
        if (ddt.lt.1.d-6) write (6, * )' over! ! ddt= ', ddt, i, j, jk, knn,
  wei (i)
        un= (u (i) -u (j) ) * ac+ (v (i) -v (j) ) * as
        us= - (u (i) -u (j) ) * as+ (v (i) -v (j) ) * ac+ (ri* f (i) + rj*
  f (j) )
  c-------------------------------------------------------------------
        if (en (i, jk).eq.0.d0) then
          if (un.ne.0.d0) us= us* dis/un
          un= dis
        endif
  c-------------------------------------------------------------------
        en (i, jk) = knn* un+ en (i, jk)
        es (i, jk) = es (i, jk) + kss* un
        if (i.eq.4) then
        endif
        dn= vnn* un/dt
        ds= vss* us/dt
        if (en (i, jk).lt.0.d0) then
          en (i, jk) = 0.d0
          es (i, jk) = 0.d0
          dn= 0.d0
          ds= 0.d0
          je (i, jk) = 0
          return
```

```fortran
      elseif ( (j-n).le.0) then
        frc= fri
      else
        frc= frw
      endif
        if ( (dabs (es (i, jk) ) -frc* en (i, jk) ).gt.0) then
        es (i, jk) = frc* dsign (en (i, jk), es (i, jk) )
        es= 0.d0
      endif
        hn= en (i, jk) + dn
        hs= es (i, jk) + ds
        xf (i) = -hn* ac+ hs* as+ xf (i)
        zf (i) = -hn* as+ hs* ac+ zf (i)
        mf (i) = mf (i) -ri* hs
        if (jk.lt.10) then
          xf (j) = -hn* ac-hs* as+ xf (j)
          zf (j) = -hn* as+ hs* ac+ zf (j)
          mf (j) = mf (j) -rj* hs
        endif

      return
      end
c
c* * * * * * gfout* * * * * * * * * * * * * * * * * * * * * * * * * *
c
      subroutine gfout (it, t, rmax)
      implicit real* 8 (a-h, k, m, o-z)
      parameter (ni= 1000, nj= 13, nc= 20000)
      common/wep/rr (ni), wei (ni), pmi (ni)
      common/cel/n, idx, idz, ipz, w, c, ncl (nc), nncl (ni)
      common/pos/x0 (ni), z0 (ni), qq (ni)
      common/vel/u0 (ni), v0 (ni), f0 (ni)
      common/for2/en (ni, nj), es (ni, nj), je (ni, nj)
c
      if (ti.eq.1) then
        open (10, file= ' graph11.d')
        open (11, file= ' graph21.d')
        write (10, * ) n, t, w, rmax
      else
        write (10, * )(sngl (x0 (i) ), sngl (z0 (i) ), sngl (rr (i) ),
```

```
i= 1, n)
          write (10, * )(sngl (u0 (i) ), sngl (v0 (i) ), sngl (f0 (i) ),
i= 1, n)

          write (11, * )
  ( (sngl (es (i, j) ), sngl (en (i, j) ), sngl (rr (i) ), j= 1, nj), i=
1, n)
          write (11, * )( (je (i, j), j= 1, nj), i= 1, n)
       endif

       return
       end
c
c* * * * * * bfout* * * * * * * * * * * * * * * * * * * * * * * * * * *
c
       subroutine bfout
       implicit real* 8 (a-h, k, m, o-z)
       parameter (ni= 1000, nj= 13, nc= 20000)
       common/con/dt, fri, frw, e, ew, po, pow, so, g, de, pi
       common/wep/rr (ni), wei (ni), pmi (ni)
       common/cel/n, idx, idz, ipz, w, c, ncl (nc), nncl (ni)
       common/pos/x0 (ni), z0 (ni), qq (ni)
       common/vel/u0 (ni), v0 (ni), f0 (ni)
       common/for1/xf (ni), zf (ni), mf (ni)
       common/for2/en (ni, nj), es (ni, nj), je (ni, nj)
       common/dpm/u (ni+ 3), v (ni+ 3), f (ni+ 3)
c
       open (13, file= ' back1. d')
       write (13. * ) n, idx, idz, ipz
       write (13. * ) rmax, t, w, c, dt
       write (13. * ) de, fri, frw, g, pi
       write (13. * ) e, ew, po, pow, so
       write (13. * )(wei (i), pmi (i), i= 1, n)
       write (13. * )(x0 (i), z0 (i), rr (i), i= 1, n)
       write (13. * )(u (i), v (i), f (i), i= 1, n)
       write (13. * )(u0 (i), v0 (i), f0 (i), i= 1, n)
       write (13. * )(es (i, j), en (i, j), j= 1, nj), i= 1, n)
       write (13. * )(je (i, j), j= 1, nj), i= 1, n)
       close (13)
```

```
      return
      end
c
c* * * * * * * random* * * * * * * * * * * * * * * * * * * * * * * * * *
c
      subroutine random (ii, ru)
      implicit real* 8 (a-h, k, m, o-z)
c
      ii= ii* 65539
      if (ii. lt. 0) ii=  (ii+ 2147483647) + 1
      ru= ii* 0. 4656613d-9
      return
      end
```